U0146854

河南省“十四五”普通高等教育规划教材

线性代数

（第二版）

主编　徐琛梅　王秀琴

科学出版社
北　京

内 容 简 介

本书依据普通高等学校非数学专业线性代数课程教学大纲的基本要求，在作者多年的教学实践经验的基础上编写而成. 全书以线性代数的重要概念——矩阵为主线展开讨论，主要内容包括矩阵、行列式、线性方程组、向量组的线性相关性、方阵的特征值与特征向量、二次型等. 此外，每章都有与线性代数课程内容相关的数学家简介、相应的 MATLAB 实验、难度适中并具有启发性的例题和习题；书末附有部分习题参考答案及提示；附录中介绍了 MATLAB 软件及线性代数中简单的数值计算. 书中一些重要或较难结论的完整证明、补充内容、部分典型或较难习题的解题过程、每章测试题及其参考答案均以二维码链接的形式呈现.

本书适合作为高等院校非数学专业理工类、经管类等专业线性代数课程的教材，也可供自学者和相关研究人员参考.

图书在版编目（CIP）数据

线性代数 / 徐琛梅，王秀琴主编. —2 版. —北京：科学出版社，2022.7
河南省"十四五"普通高等教育规划教材
ISBN 978-7-03-072516-5

Ⅰ. ①线… Ⅱ. ①徐… ②王… Ⅲ. ①线性代数-高等学校-教材 Ⅳ. ①O151.2

中国版本图书馆 CIP 数据核字（2022）第 101126 号

责任编辑：胡海霞 李香叶 / 责任校对：杨聪敏
责任印制：张 伟 / 封面设计：蓝正设计

科学出版社 出版
北京东黄城根北街 16 号
邮政编码：100717
http://www.sciencep.com
北京厚诚则铭印刷科技有限公司 印刷
科学出版社发行 各地新华书店经销
*
2019 年 8 月第 一 版 开本：720 × 1000 1/16
2022 年 7 月第 二 版 印张：15
2023 年 7 月第三次印刷 字数：302 000

定价：39.00 元

（如有印装质量问题，我社负责调换）

前　言

本次改版保持了第一版教材的基本结构、主要内容、编写思路和编写风格不变，根据学生认知情况，对教材内容做适当修订和增补.

主要修改点如下：

(1) 为更好地契合教学内容，适当调整了个别习题的次序、修改或增加少量典型题. 例如，交换习题 4 中第 1 题和第 2 题的次序，修改习题 2 中第 1 题(3)和(4)的内容，增加习题 6 的第 28 题等.

(2) 增加部分重要或较难理解的定理的完整证明. 例如，性质 6.3 和定理 6.6 的证明.

(3) 补充了有助于学习本课程的部分内容. 例如，多项式的定义和运算.

(4) 以 pdf 文本或视频形式提供了典型题或有一定难度习题的详细解题过程. 例如，习题 5 中 24 题的 pdf 文本形式的详细解题过程，以及习题 1 中第 7 题的讲解视频.

(5) 增加具有一定广度和深度的章测试题及其参考答案.

以上(2)—(5)的内容，均以二维码链接的形式呈现给读者.

本书于 2020 年被评为河南省“十四五”普通高等教育规划教材，并得到资助；本书的修订得到河南大学本科教学改革研究与实践项目(HDXJJG2020-133)的支持.

在本书的使用和修订过程中，河南大学数学与统计学院相关领导和老师给予极大的支持，线性代数课程组的老师们提出非常宝贵的意见，在此向他 (她) 们表示衷心的感谢.

限于作者水平，书中难免存在不妥之处，敬请有关专家和读者指正.

作　者

于河南大学数学与统计学院

2021 年 12 月

第一版前言

本书的指导思想是希望帮助学生学习线性代数课程的基本知识，同时让学生领悟线性代数课程内容的思想和方法，并了解线性代数课程中重要概念的实际背景等，以便培养学生利用线性代数知识解决实际问题的能力，为后续课程的学习和以后的工作奠定坚实的基础. 在编写本书的过程中，作者坚持以突出主线、分散难点为原则，力求内容充实，论述清晰，理论严谨，难易适当. 本书以线性代数的重要概念——矩阵为主线展开讨论，主要内容不仅涵盖线性代数课程的经典教学内容：矩阵、行列式、线性方程组、向量组的线性相关与无关、方阵的特征值与特征向量、矩阵的对角化和二次型等，且每章都有与该章内容相关的应用实例，同时还介绍了与线性代数内容相关的 MATLAB 命令的应用，在附录中简要介绍了 MATLAB 软件和线性代数中简单的数值计算等. 本书中*号部分属于延伸教学内容，教师可根据学生学情、课程学时与学分等具体情况选择教学.

本书在内容取舍和习题处理方面，不仅考虑到不同专业对线性代数知识的共同需求点，还参考了近几年全国硕士研究生入学考试中涉及的线性代数课程的内容. 因此，本书既能满足学生掌握线性代数课程内容的要求，又可以为学生准备研究生入学考试提供一定的帮助.

基于目前大众化教育模式的特点，本书的编写过程中，特别注意以下四点.

(1) 基本结构：在不影响数学逻辑完整的条件下，先介绍矩阵的概念和基本运算等，再学习行列式等内容，严格遵循了由浅入深的教学规律，有利于学生的理解和学习.

(2) 主题思路：每个重要概念的引入，尽可能从介绍相关的问题入手，适当地强调数学建模的思想和方法，让学生了解线性代数课程中重要概念的实际背景，从而培养学生学习该课程的兴趣.

(3) 主要内容：在不减少线性代数课程的传统教学内容基础上，每章内容中适当增加了与线性代数课程内容相关的教学案例及 MATLAB 实验. 为了减轻线性代数课程的课堂教学压力并培养学生的自学能力，比较复杂的应用问题都放在 MATLAB 实验和实验练习题之中.

(4) 风格特点：每章开始都有与线性代数内容相关的数学家简介，同时具有该章知识点的概要；章末都有 MATLAB 实验内容，主要介绍与本章内容相关的应用实例和 MATLAB 命令的应用；每章中除具有线性代数课程经典的教学内容和习题之外，还配置了难度适中并具有一定启发性的练习题.

在本书的编写过程中，参阅了国内外大量的参考书，谨向有关作者表示诚挚的感谢.

本书的编写得到河南大学本科教学改革研究与实践项目 (HDXJJG2018-91) 的资助和2017年河南省高等教育教学改革研究与实践项目 (2017SJGLX231) 的支持. 河南大学数学与统计学院相关领导和线性代数课程组老师给予本书作者极大的鼓励和支持，特别是数学与统计学院王波教授对本书的出版给予了非常热情的帮助，在此向他们表示衷心的感谢.

限于作者水平，书中难免存在不妥之处，敬请有关专家和读者批评指正.

作　者

于河南大学数学与统计学院

2019 年 5 月

目　　录

第1章 矩　　阵

数学家西尔维斯特

西尔维斯特 (Sylvester, 1814～1897) 是英国著名数学家，生于伦敦，曾就读于剑桥大学圣约翰学院，1841 年在都柏林大学三一学院取得硕士学位，1846 年进入内殿法学协会，1850 年取得律师资格，1876 年任美国约翰·霍普金斯大学数学教授，1883 年返回英国，任牛津大学几何学教授.

西尔维斯特的主要贡献在代数学方面. 他同凯莱一起，发展了行列式理论，共同奠定了关于代数不变量的理论基础；在数论方面做出了突出的贡献，特别是在整数分拆和丢番图分析方面；创造了许多数学名词，如不变量、不变因子和初等因子等. 西尔维斯特是《美国数学杂志》的创始人，为发展美国的数学研究做出了贡献. 1901 年，英国为纪念西尔维斯特设立西尔维斯特奖章，用于奖励数学上取得成就的研究者.

“矩阵”一词是数学家西尔维斯特于 1850 年首先使用的.

基本概念

矩阵、特殊矩阵、分块矩阵.

基本运算

矩阵的加法和减法、数乘、乘法、转置.

基本要求

熟悉矩阵的基本概念和几类常用的特殊矩阵；掌握矩阵运算和运算规律；熟悉分块矩阵的概念及分块矩阵的运算等.

矩阵是数学中一个重要的基本概念，也是代数学的主要研究对象之一. 在自然科学、社会科学、经济管理等领域中，矩阵是被广泛应用的数学工具，也是贯穿本书的重要概念. 本章主要介绍矩阵的概念、运算和分块矩阵等内容.

1.1 矩阵的概念

在实际问题中，人们经常会遇到各种各样的数字表格，它们所代表的实际意义千差万别，但是它们在形式和性质方面却有着某些共同点. 本节从实际问题中的表格引入矩阵的概念，然后介绍几种常见的特殊矩阵等.

1.1.1 几个产生矩阵概念的实例

实例 1.1 某学校的校友为感恩母校的培养，其中第 A_1，A_2，A_3 届校友分别于 B_1，B_2，B_3，B_4 年向母校捐赠建设校园基金，捐赠数量用“建设校园基金表”表示，见表 1.1.

表 1.1 建设校园基金表 (单位：万元)

届数＼年份	B_1	B_2	B_3	B_4
A_1	a_{11}	a_{12}	a_{13}	a_{14}
A_2	a_{21}	a_{22}	a_{23}	a_{24}
A_3	a_{31}	a_{32}	a_{33}	a_{34}

其中 $a_{ij}\ (i=1,2,3;j=1,2,3,4)$ 表示第 A_i 届校友于 B_j 年向母校捐赠建设校园基金的数量.

实例 1.2 5 支球队 $A_i\ (i=1,2,3,4,5)$的循环比赛问题，他们的比赛结果用表格形式表示，见表 1.2.

表 1.2 5 支球队的比赛结果表

球队	A_1	A_2	A_3	A_4	A_5
A_1	0	3	2	−2	−1
A_2	−3	0	1	2	−1
A_3	−2	−1	0	2	1
A_4	2	−2	−2	0	2
A_5	1	1	−1	−2	0

表 1.2 中第 i 行 (横排称为**行**)、第 j 列 (纵排称为**列**) $(i,j=1,2,\cdots,5)$ 的数表示

第 i 支球队 A_i 赢第 j 支球队 A_j 的分数.

实例 1.1 和实例 1.2 都用表格的形式给出所需要的信息. 这些表格有一个共同特点：表格中的数字排列有序，且不能随意交换表格中数字的位置. 人们关心的是这些数字以及它们之间的顺序关系，或者更深层的含义. 从这些表格中抽象出排列有序的简化矩形数表，以便用数学方法进行深入研究，从而产生了矩阵的概念.

1.1.2 矩阵的定义

定义 1.1 由 $m\times n$ 个数 $a_{ij}\ (i=1,2,\cdots,m;\ j=1,2,\cdots,n)$ 按一定的次序排成 m 行 n 列的数表

$$\begin{matrix} a_{11} & a_{12} & \cdots & a_{1n} \\ a_{21} & a_{22} & \cdots & a_{2n} \\ \vdots & \vdots & & \vdots \\ a_{m1} & a_{m2} & \cdots & a_{mn} \end{matrix}$$

称为 $\boldsymbol{m}$ **行** $\boldsymbol{n}$ **列矩阵**，简称 $m\times n$ **矩阵**，记作

$$\begin{pmatrix} a_{11} & a_{12} & \cdots & a_{1n} \\ a_{21} & a_{22} & \cdots & a_{2n} \\ \vdots & \vdots & & \vdots \\ a_{m1} & a_{m2} & \cdots & a_{mn} \end{pmatrix}, \quad \text{或} \quad \begin{bmatrix} a_{11} & a_{12} & \cdots & a_{1n} \\ a_{21} & a_{22} & \cdots & a_{2n} \\ \vdots & \vdots & & \vdots \\ a_{m1} & a_{m2} & \cdots & a_{mn} \end{bmatrix}.$$

矩阵中的 $m\times n$ 个数称为矩阵的**元素**，第 i 行与第 j 列交叉处的元素 a_{ij} 称为矩阵的 (i,j) **元**. i 称为元素 a_{ij} 的**行标**，j 称为元素 a_{ij} 的**列标**.

通常用大写英文字母 $\boldsymbol{A},\boldsymbol{B},\boldsymbol{C}$ 等表示矩阵. 以 a_{ij} 为$(i,j)\ (i=1,2,\cdots,m;\ j=1,2,\cdots,n)$元的矩阵记作 $\boldsymbol{A}$ 或 (a_{ij}). 当需要说明矩阵的行数 m 和列数 n 时，可以用符号 $\boldsymbol{A}_{m\times n}$ 或 $(a_{ij})_{m\times n}$ 表示.

元素全是实数的矩阵称为**实矩阵**，否则称为**复矩阵**. 除特别说明外，本书介绍的矩阵都是实矩阵. 实际上，在没有特别说明的情况下，本书所涉及的内容都是实数问题.

例如，表 1.1 用矩阵表示为

$$\begin{pmatrix} a_{11} & a_{12} & a_{13} & a_{14} \\ a_{21} & a_{22} & a_{23} & a_{24} \\ a_{31} & a_{32} & a_{33} & a_{34} \end{pmatrix},$$

其中 $a_{ij}\ (i=1,2,3;\ j=1,2,3,4)$ 表示第 A_i 届校友于 B_j 年向母校捐赠建设校园基金的数量.

例如，四个城市间的空运航线如图 1.1 所示，用单箭头表示有一条单向航线，否则表示没有单向航线. 图 1.1 的信息也可以用矩阵表示.

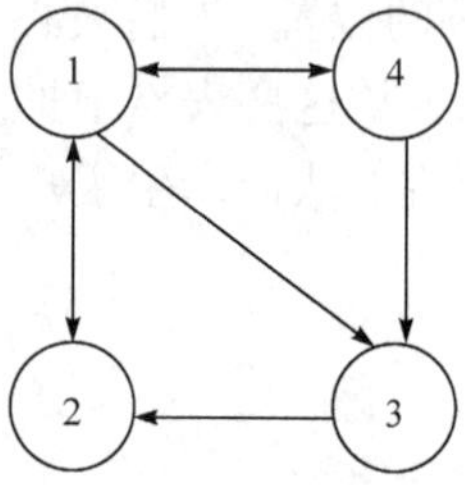

图 1.1　四个城市间的单向航线信息

设 a_{ij} 表示第 i 个城市到第 j 个城市的直达单向航线信息，即有一条单向航线用 1 表示，没有单向航线用 0 表示，则图 1.1 用矩阵表示为

$$A=(a_{ij})=\begin{pmatrix}0&1&1&1\\1&0&0&0\\0&1&0&0\\1&0&1&0\end{pmatrix}.$$

第 i 个城市到第 j 个城市只经过 1 次中转 (即坐两次飞机)方能到达的信息也可以用矩阵表示为

$$B=(b_{ij})=\begin{pmatrix}2&1&1&0\\0&1&1&1\\1&0&0&0\\0&2&1&1\end{pmatrix},$$

其中 b_{ij} 表示第 i 个城市到第 j 个城市只经过 1 次中转 (即坐两次飞机) 方能到达的信息，即有一条单向航线用 1 表示，没有单向航线用 0 表示，有两条单向航线用 2 表示.

例如，设矩阵 $A=(a_{ij})_{3\times 4}$，其中 $a_{ij}=2j-i\ (i=1,2,3;\ j=1,2,3,4)$，则

$$A=\begin{pmatrix}1&3&5&7\\0&2&4&6\\-1&1&3&5\end{pmatrix}.$$

如果两个矩阵的行数和列数都分别相等，称它们是**同型矩阵**.

定义 1.2　如果矩阵 $A=(a_{ij})_{m\times n}$ 与 $B=(b_{ij})_{m\times n}$ 是同型矩阵，并且对应位置上的元素相等，即 $a_{ij}=b_{ij}\ (i=1,2,\cdots,m;\ j=1,2,\cdots,n)$，称矩阵 A 与 B **相等**，记作 $A=B$.

例如，设矩阵

$$\begin{pmatrix}a&3&2\\-1&b&c\\1&5&9\end{pmatrix}=\begin{pmatrix}2&3&2\\-1&0&1\\1&5&9\end{pmatrix},$$

则 $a=2$，$b=0$，$c=1$.

1.1.3　几类常用的特殊矩阵

只有 1 行的矩阵 $(a_1\ \ a_2\ \ \cdots\ \ a_n)$ 称为**行矩阵**或 ***n* 维行向量**. 为避免行矩阵的元

素之间混淆，行矩阵可以写为 $(a_1,a_2,\cdots,a_n)$.

只有 1 列的矩阵 $\begin{pmatrix} b_1 \\ b_2 \\ \vdots \\ b_m \end{pmatrix}$ 称为**列矩阵**或 ***m* 维列向量**.

行数 m 和列数 n 相等的矩阵称为 ***n* 阶方阵**或 ***n* 阶矩阵**.

规定 1 阶方阵 $(a)=a$. 显然，中学阶段所研究的数字是矩阵的特殊情况.

在 n 阶方阵中，从左上角至右下角的元素构成的对角线称为该方阵的**主对角线**. 从右上角至左下角的元素构成的对角线称为该方阵的**副对角线**.

主对角线以下或以上的元素全为零的 n 阶方阵

$$\begin{pmatrix} a_{11} & a_{12} & \cdots & a_{1n} \\ 0 & a_{22} & \cdots & a_{2n} \\ \vdots & \vdots & & \vdots \\ 0 & 0 & \cdots & a_{nn} \end{pmatrix}, \quad \begin{pmatrix} a_{11} & 0 & \cdots & 0 \\ a_{21} & a_{22} & \cdots & 0 \\ \vdots & \vdots & & \vdots \\ a_{n1} & a_{n2} & \cdots & a_{nn} \end{pmatrix}$$

分别称为 n 阶**上三角矩阵**或 n 阶**下三角矩阵**.

上述矩阵可以简写为

$$\begin{pmatrix} a_{11} & a_{12} & \cdots & a_{1n} \\ & a_{22} & \cdots & a_{2n} \\ & & \ddots & \vdots \\ & & & a_{nn} \end{pmatrix}, \quad \begin{pmatrix} a_{11} & & & \\ a_{21} & a_{22} & & \\ \vdots & \vdots & \ddots & \\ a_{n1} & a_{n2} & \cdots & a_{nn} \end{pmatrix}.$$

例如，矩阵

$$\begin{pmatrix} 9 & 5 & 4 & 1 \\ 0 & 2 & 5 & 7 \\ 0 & 0 & 1 & 4 \\ 0 & 0 & 0 & 2 \end{pmatrix}, \quad \begin{pmatrix} -1 & 0 & 0 & 0 \\ 0 & 5 & 0 & 0 \\ 2 & 3 & 1 & 0 \\ 4 & 3 & 2 & 1 \end{pmatrix}$$

分别是 4 阶上三角矩阵和 4 阶下三角矩阵.

主对角线以外的元素全为零的 n 阶方阵

$$\begin{pmatrix} a_{11} & 0 & \cdots & 0 \\ 0 & a_{22} & \cdots & 0 \\ \vdots & \vdots & & \vdots \\ 0 & 0 & \cdots & a_{nn} \end{pmatrix}$$

称为 ***n* 阶对角矩阵**.

上述对角矩阵可以简写为

$$\begin{pmatrix} a_{11} & & & \\ & a_{22} & & \\ & & \ddots & \\ & & & a_{nn} \end{pmatrix}, \quad 或 \quad \mathrm{diag}(a_{11}, a_{22}, \cdots, a_{nn}).$$

主对角线上的元素都是 1 的 n 阶对角矩阵

$$\begin{pmatrix} 1 & 0 & \cdots & 0 \\ 0 & 1 & \cdots & 0 \\ \vdots & \vdots & & \vdots \\ 0 & 0 & \cdots & 1 \end{pmatrix}$$

称为 n 阶**单位矩阵**，记作 $\boldsymbol{E}$ 或 $\boldsymbol{I}$.

上述 n 阶单位矩阵可以简写为

$$\boldsymbol{E} = \begin{pmatrix} 1 & & & \\ & 1 & & \\ & & \ddots & \\ & & & 1 \end{pmatrix}.$$

每个元素都是零的矩阵称为**零矩阵**. 本书中用大写英文字母 $\boldsymbol{O}$ 表示零矩阵.

根据定义 1.2，不同型的单位矩阵不相等；不同型的零矩阵也不相等.

在矩阵的运算中，单位矩阵和零矩阵具有特殊的作用.

矩阵中元素全为零的行，称为矩阵的**零行**；元素不全为零的行，称为矩阵的**非零行**. 矩阵的非零行的第一个非零元素 (从左至右第一个不为零的元素) 称为**主元素**.

如果矩阵的零行 (若存在零行的话) 都位于非零行下方, 每一个非零行的主元素 (即非零行的第一个非零元素) 所在列以下的元素皆为零, 并且每个主元素所在列位于前一行 (若存在前一行的话) 的主元素所在列的右侧, 这样的矩阵称为**行阶梯形矩阵**.

例如，矩阵

$$\begin{pmatrix} 1 & 6 & 7 & 9 \\ 0 & 0 & 2 & 6 \\ 0 & 0 & 0 & 0 \end{pmatrix}, \quad \begin{pmatrix} 0 & 2 & 3 & 4 \\ 0 & 0 & 5 & 6 \\ 0 & 0 & 0 & 0 \end{pmatrix}, \quad \begin{pmatrix} 1 & 2 & 3 & 4 \\ 0 & 0 & 5 & 0 \\ 0 & 0 & 0 & 9 \end{pmatrix}$$

都是行阶梯形矩阵.

如果行阶梯形矩阵的每一个非零行的主元素都是 1，并且 1 所在列的其余元素皆为零，这样的行阶梯形矩阵称为**行最简形矩阵**.

例如，矩阵

$$\begin{pmatrix} 1 & 0 & 0 & 4 \\ 0 & 0 & 1 & 6 \\ 0 & 0 & 0 & 0 \end{pmatrix}, \quad \begin{pmatrix} 0 & 1 & 0 & 4 \\ 0 & 0 & 1 & 6 \\ 0 & 0 & 0 & 0 \end{pmatrix}, \quad \begin{pmatrix} 1 & 0 & 0 & 4 \\ 0 & 1 & 0 & 6 \\ 0 & 0 & 1 & 2 \end{pmatrix}$$

都是行最简形矩阵.

1.2 矩阵的运算

正如读者所知，对于某些实际问题，建立了描述这个问题的数学模型后，需要通过数学运算求解该数学模型. 同样地，对于矩阵，人们关心的问题不仅仅是数据间的排列顺序，更重要的是这些数据间的某种联系. 比如，如果确定一个运输方案后，需要确定运输费用，或经过一段时间运输后，需要计算从各个产地到每个销地的总调运数量. 因此,需要对矩阵引入相应的运算. 本节在数的运算基础上，定义矩阵的运算，并介绍矩阵的运算规律.

1.2.1 矩阵的加法和减法

定义 1.3 设 $m \times n$ 矩阵

$$\boldsymbol{A} = (a_{ij}) = \begin{pmatrix} a_{11} & a_{12} & \cdots & a_{1n} \\ a_{21} & a_{22} & \cdots & a_{2n} \\ \vdots & \vdots & & \vdots \\ a_{m1} & a_{m2} & \cdots & a_{mn} \end{pmatrix}, \quad \boldsymbol{B} = (b_{ij}) = \begin{pmatrix} b_{11} & b_{12} & \cdots & b_{1n} \\ b_{21} & b_{22} & \cdots & b_{2n} \\ \vdots & \vdots & & \vdots \\ b_{m1} & b_{m2} & \cdots & b_{mn} \end{pmatrix},$$

称 $m \times n$ 矩阵

$$(a_{ij} + b_{ij}) = \begin{pmatrix} a_{11} + b_{11} & a_{12} + b_{12} & \cdots & a_{1n} + b_{1n} \\ a_{21} + b_{21} & a_{22} + b_{22} & \cdots & a_{2n} + b_{2n} \\ \vdots & \vdots & & \vdots \\ a_{m1} + b_{m1} & a_{m2} + b_{m2} & \cdots & a_{mn} + b_{mn} \end{pmatrix}$$

为矩阵 $\boldsymbol{A}$ 与 $\boldsymbol{B}$ 的**和**，记作 $\boldsymbol{A}+\boldsymbol{B}$.

矩阵的加法是矩阵中对应位置上的元素相加，因此只有同型矩阵才能相加.

例 1.1 设同一种物资从产地 A_1，A_2，A_3，A_4 运往五个城市 B_1，B_2，B_3，B_4，B_5 时，两次调运方案分别见表 1.3 和表 1.4.

表 1.3 调运方案表(一)

产地＼城市	B_1	B_2	B_3	B_4	B_5
A_1	2	8	1	6	3
A_2	5	1	6	2	4
A_3	6	2	4	4	6
A_4	3	4	3	5	2

表 1.4 调运方案表(二)

产地＼城市	B_1	B_2	B_3	B_4	B_5
A_1	3	3	2	5	1
A_2	6	4	3	2	5
A_3	5	5	3	1	6
A_4	4	1	2	4	3

求从产地 $A_i\,(i=1,2,3,4)$ 到城市 $B_j\,(j=1,2,3,4,5)$ 两次调运物资数量之和.

解 两次调运方案表 1.3 和表 1.4 分别用矩阵表示为

$$\boldsymbol{A}=(a_{ij})=\begin{pmatrix}2&8&1&6&3\\5&1&6&2&4\\6&2&4&4&6\\3&4&3&5&2\end{pmatrix},\quad \boldsymbol{B}=(b_{ij})=\begin{pmatrix}3&3&2&5&1\\6&4&3&2&5\\5&5&3&1&6\\4&1&2&4&3\end{pmatrix},$$

其中 $a_{ij}\ (i=1,2,3,4;\,j=1,2,3,4,5)$ 和 b_{ij} 表示从产地 A_i 运往城市 B_j 的物资数量.

根据矩阵加法的定义 1.3，得

$$\boldsymbol{A}+\boldsymbol{B}=\begin{pmatrix}2+3&8+3&1+2&6+5&3+1\\5+6&1+4&6+3&2+2&4+5\\6+5&2+5&4+3&4+1&6+6\\3+4&4+1&3+2&5+4&2+3\end{pmatrix}=\begin{pmatrix}5&11&3&11&4\\11&5&9&4&9\\11&7&7&5&12\\7&5&5&9&5\end{pmatrix},$$

其中 $\boldsymbol{A}+\boldsymbol{B}$ 的 $(i,j)\ (i=1,2,3,4;\,j=1,2,3,4,5)$ 元表示从产地 A_i 到城市 B_j 两次调运物资数量之和.

由于矩阵的加法是它们对应位置上的元素相加，不难验证，**矩阵的加法满足如下运算规律** (设 $\boldsymbol{A}$，$\boldsymbol{B}$，$\boldsymbol{C}$ 都是 $m\times n$ 矩阵):

(1) $\boldsymbol{A}+\boldsymbol{B}=\boldsymbol{B}+\boldsymbol{A}$;

(2) $(\boldsymbol{A}+\boldsymbol{B})+\boldsymbol{C}=\boldsymbol{A}+(\boldsymbol{B}+\boldsymbol{C})$;

(3) $\boldsymbol{A}+\boldsymbol{O}=\boldsymbol{A}$, 其中 $\boldsymbol{O}$ 是 $m\times n$ 零矩阵;

(4) $\boldsymbol{A}+(-\boldsymbol{A})=\boldsymbol{O}$，其中$(-a_{ij})$称为矩阵$\boldsymbol{A}=(a_{ij})$的**负矩阵**，记作$-\boldsymbol{A}$.

利用负矩阵的概念，定义矩阵的**减法**为

$$\boldsymbol{A}-\boldsymbol{B}=\boldsymbol{A}+(-\boldsymbol{B}).$$

从而数的移项法则对矩阵的运算成立，即若$\boldsymbol{A}+\boldsymbol{B}=\boldsymbol{C}$，则$\boldsymbol{B}=\boldsymbol{C}-\boldsymbol{A}$.

1.2.2 矩阵的数乘

定义 1.4 设矩阵$\boldsymbol{A}=(a_{ij})=\begin{pmatrix} a_{11} & a_{12} & \cdots & a_{1n} \\ a_{21} & a_{22} & \cdots & a_{2n} \\ \vdots & \vdots & & \vdots \\ a_{m1} & a_{m2} & \cdots & a_{mn} \end{pmatrix}$，$\lambda$为任意数，称$m\times n$矩阵

$$(\lambda a_{ij})=\begin{pmatrix} \lambda a_{11} & \lambda a_{12} & \cdots & \lambda a_{1n} \\ \lambda a_{21} & \lambda a_{22} & \cdots & \lambda a_{2n} \\ \vdots & \vdots & & \vdots \\ \lambda a_{m1} & \lambda a_{m2} & \cdots & \lambda a_{mn} \end{pmatrix}$$

为数λ与矩阵$\boldsymbol{A}$的**乘积**，简称矩阵的**数乘**，记作$\lambda\boldsymbol{A}$或$\boldsymbol{A}\lambda$.

数λ乘矩阵$\boldsymbol{A}$是将$\boldsymbol{A}$中每个元素都乘数λ，结果仍然是与矩阵$\boldsymbol{A}$同型的矩阵.

根据矩阵的数乘定义，容易验证，**矩阵的数乘满足如下运算规律**(设$\boldsymbol{A}$，$\boldsymbol{B}$都是$m\times n$矩阵，λ,μ为任意数)：

(1) $1\boldsymbol{A}=\boldsymbol{A}$；

(2) $(\lambda+\mu)\boldsymbol{A}=\lambda\boldsymbol{A}+\mu\boldsymbol{A}$；

(3) $\lambda(\boldsymbol{A}+\boldsymbol{B})=\lambda\boldsymbol{A}+\lambda\boldsymbol{B}$；

(4) $(\lambda\mu)\boldsymbol{A}=\lambda(\mu\boldsymbol{A})=\mu(\lambda\boldsymbol{A})$.

当需要针对同一物资调运方案计算运输费用时，如果每条线路上的单位运价都一样，需要用到矩阵的数乘运算.

矩阵的加法和矩阵的数乘运算统称为矩阵的**线性运算**.

例 1.2 已知矩阵

$$\boldsymbol{A}=\begin{pmatrix} 1 & 2 & 3 \\ 3 & 2 & 1 \end{pmatrix},\quad \boldsymbol{B}=\begin{pmatrix} 2 & 0 & 3 \\ 1 & 1 & 2 \end{pmatrix},$$

求$3\boldsymbol{A}-2\boldsymbol{B}$.

解 由矩阵的数乘定义，可知

$$3\boldsymbol{A}=\begin{pmatrix} 3 & 6 & 9 \\ 9 & 6 & 3 \end{pmatrix},\quad 2\boldsymbol{B}=\begin{pmatrix} 4 & 0 & 6 \\ 2 & 2 & 4 \end{pmatrix}.$$

根据矩阵的减法定义，得

$$3A-2B=\begin{pmatrix}3&6&9\\9&6&3\end{pmatrix}-\begin{pmatrix}4&0&6\\2&2&4\end{pmatrix}=\begin{pmatrix}-1&6&3\\7&4&-1\end{pmatrix}.$$

1.2.3 矩阵的乘法

下面给出本书中的一个重要概念. 在代数学中，数学表达式

$$\begin{cases}y_1=c_{11}x_1+c_{12}x_2+\cdots+c_{1n}x_n,\\y_2=c_{21}x_1+c_{22}x_2+\cdots+c_{2n}x_n,\\\qquad\cdots\cdots\\y_m=c_{m1}x_1+c_{m2}x_2+\cdots+c_{mn}x_n\end{cases}\tag{1.1}$$

称为从变量 $x_1, x_2, \cdots, x_n$ 到变量 $y_1, y_2, \cdots, y_m$ 的**线性变换**，其中 c_{ij} ($i=1,2,\cdots,m$；$j=1,2,\cdots,n$) 都是常数.

矩阵 $C=\begin{pmatrix}c_{11}&c_{12}&\cdots&c_{1n}\\c_{21}&c_{22}&\cdots&c_{2n}\\\vdots&\vdots&&\vdots\\c_{m1}&c_{m2}&\cdots&c_{mn}\end{pmatrix}$ 称为线性变换(1.1)的**系数矩阵**. 系数矩阵 C 和线性变换(1.1)是一一对应的关系.

当系数矩阵 C 等于 n 阶单位矩阵 E 时，线性变换为

$$\begin{cases}y_1=x_1,\\y_2=x_2,\\\quad\cdots\cdots\\y_n=x_n,\end{cases}\tag{1.2}$$

称线性变换(1.2)为**恒等变换**.

例如，设有两个线性变换

$$\begin{cases}y_1=a_{11}x_1+a_{12}x_2+a_{13}x_3,\\y_2=a_{21}x_1+a_{22}x_2+a_{23}x_3,\end{cases}\tag{1.3}$$

$$\begin{cases}x_1=b_{11}t_1+b_{12}t_2,\\x_2=b_{21}t_1+b_{22}t_2,\\x_3=b_{31}t_1+b_{32}t_2.\end{cases}\tag{1.4}$$

为求变量 t_1，t_2 到变量 y_1，y_2 的线性变换，将式(1.4)代入式(1.3)，得变量 t_1，t_2 到变量 y_1，y_2 的线性变换为

$$\begin{cases}y_1=(a_{11}b_{11}+a_{12}b_{21}+a_{13}b_{31})t_1+(a_{11}b_{12}+a_{12}b_{22}+a_{13}b_{32})t_2,\\y_2=(a_{21}b_{11}+a_{22}b_{21}+a_{23}b_{31})t_1+(a_{21}b_{12}+a_{22}b_{22}+a_{23}b_{32})t_2.\end{cases}\tag{1.5}$$

线性变换(1.3)，(1.4)和(1.5)的系数矩阵分别为

$$\boldsymbol{A}=\begin{pmatrix} a_{11} & a_{12} & a_{13} \\ a_{21} & a_{22} & a_{23} \end{pmatrix}, \quad \boldsymbol{B}=\begin{pmatrix} b_{11} & b_{12} \\ b_{21} & b_{22} \\ b_{31} & b_{32} \end{pmatrix}$$

和

$$\boldsymbol{C}=\begin{pmatrix} a_{11}b_{11}+a_{12}b_{21}+a_{13}b_{31} & a_{11}b_{12}+a_{12}b_{22}+a_{13}b_{32} \\ a_{21}b_{11}+a_{22}b_{21}+a_{23}b_{31} & a_{21}b_{12}+a_{22}b_{22}+a_{23}b_{32} \end{pmatrix}.$$

线性变换(1.5)的系数矩阵 $\boldsymbol{C}$ 称为矩阵 $\boldsymbol{A}$ 和 $\boldsymbol{B}$ 的乘积，从而得到如下矩阵的乘法定义.

定义 1.5 设矩阵

$$\boldsymbol{A}=(a_{ij})_{m\times l}=\begin{pmatrix} a_{11} & a_{12} & \cdots & a_{1l} \\ a_{21} & a_{22} & \cdots & a_{2l} \\ \vdots & \vdots & & \vdots \\ a_{m1} & a_{m2} & \cdots & a_{ml} \end{pmatrix}, \quad \boldsymbol{B}=(b_{ij})_{l\times n}=\begin{pmatrix} b_{11} & b_{12} & \cdots & b_{1n} \\ b_{21} & b_{22} & \cdots & b_{2n} \\ \vdots & \vdots & & \vdots \\ b_{l1} & b_{l2} & \cdots & b_{ln} \end{pmatrix},$$

称 $m\times n$ 矩阵 $\boldsymbol{C}=(c_{ij})$ 为矩阵 $\boldsymbol{A}$ 与 $\boldsymbol{B}$ 的**乘积**，记作 $\boldsymbol{C}=\boldsymbol{AB}$，其中

$$c_{ij}=a_{i1}b_{1j}+a_{i2}b_{2j}+\cdots+a_{il}b_{lj}=\sum_{k=1}^{l}a_{ik}b_{kj} \quad (i=1,2,\cdots,m;\quad j=1,2,\cdots,n).$$

关于矩阵的乘法，只有当左边矩阵 $\boldsymbol{A}$ 的列数与右边矩阵 $\boldsymbol{B}$ 的行数相等时，两个矩阵的乘积 $\boldsymbol{AB}$ 才有意义. 矩阵 $\boldsymbol{A}$ 与 $\boldsymbol{B}$ 乘积的 (i,j) 元等于矩阵 $\boldsymbol{A}$ 的第 i 行与 $\boldsymbol{B}$ 的第 j 列的元素对应乘积之和. 乘积 $\boldsymbol{AB}$ 称为矩阵 $\boldsymbol{A}$ **左乘**矩阵 $\boldsymbol{B}$，或称为矩阵 $\boldsymbol{B}$ **右乘**矩阵 $\boldsymbol{A}$.

例 1.3 假设四家商店 B_1，B_2，B_3，B_4 销售三种食品 A_1，A_2，A_3 的数量如表 1.5 所示.

表 1.5 商店销售食品的数量 (单位：件)

商店＼食品	A_1	A_2	A_3
B_1	9	7	6
B_2	12	8	14
B_3	14	6	8
B_4	29	8	11

食品 A_1，A_2，A_3 的单价 (单位：元) 及单件重量 (单位：千克) 如表 1.6 所示.

表 1.6　食品的单价和单件重量

食品	单价/元	单件重量/千克
A_1	1	1
A_2	2	1
A_3	1	2

计算商店 B_1，B_2，B_3，B_4 销售三种食品 A_1，A_2，A_3 的总销售额和总重量.

解　设 $a_{ij}\ (i=1,2,3,4;j=1,2,3)$ 表示第 i 个商店 B_i 销售第 j 种食品 A_j 的数量；b_{i1} 和 $b_{i2}\ (i=1,2,3)$ 分别表示第 i 种食品的单价和单件重量. 从而表 1.5 和表 1.6 分别用矩阵表示为

$$A=(a_{ij})=\begin{pmatrix}9&7&6\\12&8&14\\14&6&8\\29&8&11\end{pmatrix},\quad B=(b_{ij})=\begin{pmatrix}1&1\\2&1\\1&2\end{pmatrix}.$$

根据问题的条件和矩阵乘法定义 1.5，商店 B_1，B_2，B_3，B_4 销售三种食品 A_1，A_2，A_3 的总销售额和总重量用矩阵表示为

$$C=(c_{ij})=AB=\begin{pmatrix}9&7&6\\12&8&14\\14&6&8\\29&8&11\end{pmatrix}\begin{pmatrix}1&1\\2&1\\1&2\end{pmatrix}=\begin{pmatrix}29&28\\42&48\\34&36\\56&59\end{pmatrix},$$

其中 c_{i1} 和 c_{i2} 分别表示第 i 家商店 $B_i\ (i=1,2,3,4)$ 销售三种食品 A_1，A_2，A_3 的总销售额和总重量.

因此，商店 B_1，B_2，B_3，B_4 销售三种食品 A_1，A_2，A_3 的总销售额分别为 29，42，34，56；商店 B_1，B_2，B_3，B_4 销售三种食品 A_1，A_2，A_3 的总重量分别为 28，48，36，59.

在例 1.3 中，商店 B_1，B_2，B_3，B_4 销售三种食品 A_1，A_2，A_3 的总件数用矩阵表示为

$$A\begin{pmatrix}1\\1\\1\end{pmatrix}=\begin{pmatrix}9&7&6\\12&8&14\\14&6&8\\29&8&11\end{pmatrix}\begin{pmatrix}1\\1\\1\end{pmatrix}=\begin{pmatrix}22\\34\\28\\48\end{pmatrix},$$

即商店 B_1，B_2，B_3，B_4 销售三种食品 A_1，A_2，A_3 的总件数分别为 22，34，28，48.

例 1.4 已知矩阵 $\boldsymbol{A}=\begin{pmatrix}1&0&3\\2&1&0\end{pmatrix}$，$\boldsymbol{B}=\begin{pmatrix}4&1&5\\0&2&4\\0&0&1\end{pmatrix}$，求 $\boldsymbol{AB}$.

解 根据矩阵乘法定义 1.5，得

$$\boldsymbol{AB}=\begin{pmatrix}1&0&3\\2&1&0\end{pmatrix}\begin{pmatrix}4&1&5\\0&2&4\\0&0&1\end{pmatrix}=\begin{pmatrix}4&1&8\\8&4&14\end{pmatrix}.$$

根据例 1.4 可知，矩阵 $\boldsymbol{AB}$ 有意义，但是矩阵 $\boldsymbol{BA}$ 未必一定有意义.

例 1.5 已知矩阵 $\boldsymbol{A}=(1,0,2)$，$\boldsymbol{B}=\begin{pmatrix}1\\1\\2\end{pmatrix}$，求 $\boldsymbol{AB}$，$\boldsymbol{BA}$.

解 根据矩阵乘法定义 1.5，得

$$\boldsymbol{AB}=(1,0,2)\begin{pmatrix}1\\1\\2\end{pmatrix}=5,\quad \boldsymbol{BA}=\begin{pmatrix}1\\1\\2\end{pmatrix}(1,0,2)=\begin{pmatrix}1&0&2\\1&0&2\\2&0&4\end{pmatrix}.$$

根据例 1.5 可知，**矩阵的乘法运算不满足交换律**. 一般情况下，矩阵 $\boldsymbol{AB}\neq\boldsymbol{BA}$.

例 1.6 已知矩阵 $\boldsymbol{A}=\begin{pmatrix}1&1\\-1&-1\end{pmatrix}$，$\boldsymbol{B}=\begin{pmatrix}2&3\\-2&-3\end{pmatrix}$，求 $\boldsymbol{AB}$，$\boldsymbol{BA}$.

解 根据矩阵乘法定义 1.5，得

$$\boldsymbol{AB}=\begin{pmatrix}1&1\\-1&-1\end{pmatrix}\begin{pmatrix}2&3\\-2&-3\end{pmatrix}=\begin{pmatrix}0&0\\0&0\end{pmatrix},\quad \boldsymbol{BA}=\begin{pmatrix}2&3\\-2&-3\end{pmatrix}\begin{pmatrix}1&1\\-1&-1\end{pmatrix}=\begin{pmatrix}-1&-1\\1&1\end{pmatrix}.$$

由例 1.6 的计算结果可知，矩阵 $\boldsymbol{AB}$ 和 $\boldsymbol{BA}$ 都有意义，并且它们都是 2 阶方阵，但是它们仍然不相等. 本例题同时表明，**两个非零矩阵的乘积可能等于零矩阵**. 因此，由矩阵 $\boldsymbol{AB}=\boldsymbol{O}$，未必能推出矩阵 $\boldsymbol{A}=\boldsymbol{O}$ 或 $\boldsymbol{B}=\boldsymbol{O}$.

矩阵的乘法不满足交换律，并不是所有矩阵相乘都不能交换顺序. 例如，

$$\boldsymbol{A}=\begin{pmatrix}1&1\\0&1\end{pmatrix},\quad \boldsymbol{B}=\begin{pmatrix}1&2\\0&1\end{pmatrix},$$

则

$$\boldsymbol{AB}=\begin{pmatrix}1&1\\0&1\end{pmatrix}\begin{pmatrix}1&2\\0&1\end{pmatrix}=\begin{pmatrix}1&3\\0&1\end{pmatrix},\quad \boldsymbol{BA}=\begin{pmatrix}1&2\\0&1\end{pmatrix}\begin{pmatrix}1&1\\0&1\end{pmatrix}=\begin{pmatrix}1&3\\0&1\end{pmatrix}.$$

如果存在矩阵 $\boldsymbol{A}$ 和 $\boldsymbol{B}$，满足 $\boldsymbol{AB}=\boldsymbol{BA}$，称该矩阵 $\boldsymbol{A}$ 与 $\boldsymbol{B}$ **可交换**.

容易验证，对于任意的 $m\times n$ 矩阵 $\boldsymbol{A}$，都有下式成立.

$$E_{m\times m}A = A, \quad AE_{n\times n} = A.$$

当 A 为 n 阶方阵时，都有

$$AE = EA = A,$$

其中 E 是 n 阶单位矩阵.

根据矩阵的乘法定义，可以证明，**矩阵的乘法满足如下运算规律**(假设运算都有意义，λ 为任意数)：

(1) $(AB)C = A(BC)$;

(2) $A(B+C) = AB + AC$, $(B+C)A = BA + CA$;

(3) $\lambda(AB) = (\lambda A)B = A(\lambda B)$.

运算规律
(1)的证明

事实上，根据矩阵的乘法运算规律(2)可知，**矩阵的乘法也不满足消去律**，即若矩阵 $AB = AC$，且 $A \neq O$，未必能推出矩阵 $B = C$.

例如，当矩阵 $A = \begin{pmatrix} 1 & 1 \\ -1 & -1 \end{pmatrix}$, $B = \begin{pmatrix} 2 & 3 \\ -2 & -3 \end{pmatrix}$, $C = \begin{pmatrix} 0 & 0 \\ 0 & 0 \end{pmatrix}$ 时，$AB = AC = \begin{pmatrix} 0 & 0 \\ 0 & 0 \end{pmatrix}$，且 $A \neq O$. 显然，$B \neq C$.

由于矩阵的乘法满足结合律，因此，只要满足矩阵乘法的条件，任意有限个矩阵均可以相乘.

特别地，n 阶方阵自乘有限次是有意义的，从而可以定义 n 阶方阵的**幂**. 定义

$$A^k = \overbrace{AA\cdots A}^{k\text{个}},$$

其中 A 是 n 阶方阵，k 是任意的正整数.

规定 $A^0 = E$.

根据矩阵乘法的结合律，不难验证，对于任意的 n 阶方阵 A 和正整数 k，l，都有

$$A^k A^l = A^{k+l}, \quad (A^k)^l = A^{kl}.$$

由于矩阵的乘法不满足交换律，因此对于两个 n 阶矩阵 A 和 B，一般情况下，

$$(AB)^k \neq A^k B^k.$$

当矩阵 $AB = BA$ 时，才能保证矩阵$(AB)^k = A^k B^k$成立.

例 1.7 已知矩阵 $A = \begin{pmatrix} 1 & 1 & 1 & 1 \\ 1 & 1 & -1 & -1 \\ 1 & -1 & 1 & -1 \\ 1 & -1 & -1 & 1 \end{pmatrix}$，求 A^4.

解 利用矩阵的乘法，计算得

$$A^2=\begin{pmatrix}1&1&1&1\\1&1&-1&-1\\1&-1&1&-1\\1&-1&-1&1\end{pmatrix}\begin{pmatrix}1&1&1&1\\1&1&-1&-1\\1&-1&1&-1\\1&-1&-1&1\end{pmatrix}=\begin{pmatrix}4&0&0&0\\0&4&0&0\\0&0&4&0\\0&0&0&4\end{pmatrix}=4\boldsymbol{E},$$

从而

$$A^4=A^2A^2=(4\boldsymbol{E})(4\boldsymbol{E})=16\boldsymbol{E}.$$

例 1.8 证明

$$\begin{pmatrix}\cos\theta&-\sin\theta\\\sin\theta&\cos\theta\end{pmatrix}^k=\begin{pmatrix}\cos k\theta&-\sin k\theta\\\sin k\theta&\cos k\theta\end{pmatrix},$$

其中 k 为正整数.

证 下面用数学归纳法证明. 当 $k=1$ 时, 显然等式成立. 设 $k-1$ 时结论成立, 即

$$\begin{pmatrix}\cos\theta&-\sin\theta\\\sin\theta&\cos\theta\end{pmatrix}^{k-1}=\begin{pmatrix}\cos(k-1)\theta&-\sin(k-1)\theta\\\sin(k-1)\theta&\cos(k-1)\theta\end{pmatrix}.$$

当指数为正整数 k 时, 有

$$\begin{aligned}\begin{pmatrix}\cos\theta&-\sin\theta\\\sin\theta&\cos\theta\end{pmatrix}^k&=\begin{pmatrix}\cos\theta&-\sin\theta\\\sin\theta&\cos\theta\end{pmatrix}^{k-1}\begin{pmatrix}\cos\theta&-\sin\theta\\\sin\theta&\cos\theta\end{pmatrix}\\&=\begin{pmatrix}\cos(k-1)\theta&-\sin(k-1)\theta\\\sin(k-1)\theta&\cos(k-1)\theta\end{pmatrix}\begin{pmatrix}\cos\theta&-\sin\theta\\\sin\theta&\cos\theta\end{pmatrix}\\&=\begin{pmatrix}\cos k\theta&-\sin k\theta\\\sin k\theta&\cos k\theta\end{pmatrix},\end{aligned}$$

因此, 对于正整数 k 的情况, 等式成立.

根据数学归纳法, 对于任意的正整数 k, 结论都正确.

根据矩阵的乘法和相等的定义, 线性变换(1.1)和(1.2)可以分别用矩阵表示为

$$\boldsymbol{y}=\boldsymbol{C}\boldsymbol{x},\quad \boldsymbol{y}=\boldsymbol{E}\boldsymbol{x}, \tag{1.6}$$

其中 $\boldsymbol{y}=\begin{pmatrix}y_1\\y_2\\\vdots\\y_m\end{pmatrix}$, $\boldsymbol{x}=\begin{pmatrix}x_1\\x_2\\\vdots\\x_n\end{pmatrix}$, $\boldsymbol{C}=\begin{pmatrix}c_{11}&c_{12}&\cdots&c_{1n}\\c_{21}&c_{22}&\cdots&c_{2n}\\\vdots&\vdots&&\vdots\\c_{m1}&c_{m2}&\cdots&c_{mn}\end{pmatrix}$, $\boldsymbol{E}$ 是 n 阶单位矩阵.

例如, $\begin{pmatrix}x_1\\y_1\end{pmatrix}=\begin{pmatrix}\cos\theta&-\sin\theta\\\sin\theta&\cos\theta\end{pmatrix}\begin{pmatrix}x\\y\end{pmatrix}$ 表示变量 x, y 到变量 x_1, y_1 的线性变换. 在 xOy 平面直角坐标系中, 称该线性变换是将平面上的点 (x, y) 按逆时针方向旋转 θ

角得到新点 (x_1, y_1) 的旋转变换(图 1.2). 例 1.8 表明, 将平面上的点 (x, y) 按逆时针方向连续旋转 n 次 θ 角，也即一次旋转 $n\theta$ 角.

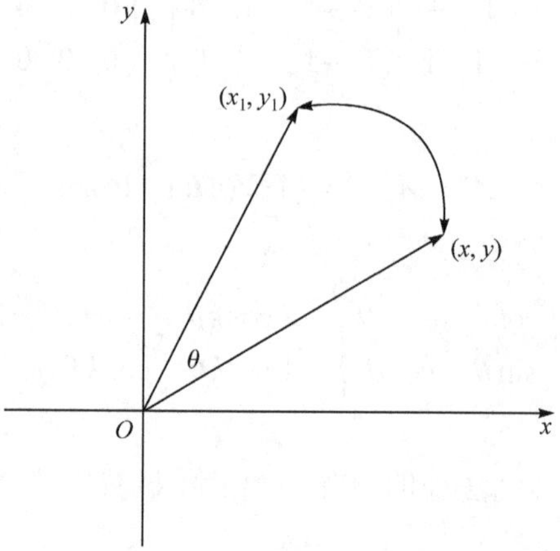

图 1.2 平面上的点 (x, y) 按逆时针方向旋转 θ 角

1.2.4 矩阵的转置

定义 1.6 把矩阵 $\boldsymbol{A}$ 的所有行换成同序数的列 (或把矩阵 $\boldsymbol{A}$ 的所有列换成同序数的行)，得到的矩阵称为 $\boldsymbol{A}$ 的**转置矩阵**，记作 $\boldsymbol{A}^{\mathrm{T}}$.

设矩阵

$$\boldsymbol{A}=\begin{pmatrix} a_{11} & a_{12} & \cdots & a_{1n} \\ a_{21} & a_{22} & \cdots & a_{2n} \\ \vdots & \vdots & & \vdots \\ a_{m1} & a_{m2} & \cdots & a_{mn} \end{pmatrix},$$

则 $\boldsymbol{A}$ 的转置矩阵为

$$\boldsymbol{A}^{\mathrm{T}}=\begin{pmatrix} a_{11} & a_{21} & \cdots & a_{m1} \\ a_{12} & a_{22} & \cdots & a_{m2} \\ \vdots & \vdots & & \vdots \\ a_{1n} & a_{2n} & \cdots & a_{mn} \end{pmatrix}.$$

显然，一个 $m\times n$ 矩阵的转置矩阵为 $n\times m$ 矩阵.

例如，$\boldsymbol{A}=\begin{pmatrix} 1 & 3 \\ 2 & 4 \\ 7 & 0 \end{pmatrix}$ 是 3×2 矩阵，而 $\boldsymbol{A}^{\mathrm{T}}=\begin{pmatrix} 1 & 2 & 7 \\ 3 & 4 & 0 \end{pmatrix}$ 是 2×3 矩阵.

根据矩阵的转置定义, 可以证明, **矩阵的转置满足如下运算规律**(λ 为任意数，假设运算都有意义):

(1) $(\boldsymbol{A}^{\mathrm{T}})^{\mathrm{T}}=\boldsymbol{A}$；

(2) $(\boldsymbol{A}+\boldsymbol{B})^{\mathrm{T}}=\boldsymbol{A}^{\mathrm{T}}+\boldsymbol{B}^{\mathrm{T}}$；

(3) $(\lambda\boldsymbol{A})^{\mathrm{T}}=\lambda\boldsymbol{A}^{\mathrm{T}}$；

(4) $(\boldsymbol{AB})^{\mathrm{T}}=\boldsymbol{B}^{\mathrm{T}}\boldsymbol{A}^{\mathrm{T}}$.

式(2)和式(4)可以推广到有限个矩阵的运算，即

(2)′ $(\boldsymbol{A}_1+\boldsymbol{A}_2+\cdots+\boldsymbol{A}_s)^{\mathrm{T}}=\boldsymbol{A}_1^{\mathrm{T}}+\boldsymbol{A}_2^{\mathrm{T}}+\cdots+\boldsymbol{A}_s^{\mathrm{T}}$；

(4)′ $(\boldsymbol{A}_1\boldsymbol{A}_2\cdots\boldsymbol{A}_s)^{\mathrm{T}}=\boldsymbol{A}_s^{\mathrm{T}}\cdots\boldsymbol{A}_2^{\mathrm{T}}\boldsymbol{A}_1^{\mathrm{T}}$.

由(4)′可知，如果 $\boldsymbol{A}$ 是方阵，k 是正整数，则 $(\boldsymbol{A}^k)^{\mathrm{T}}=(\boldsymbol{A}^{\mathrm{T}})^k$.

例 1.9 已知矩阵

$$\boldsymbol{A}=(1,-1,2),\quad \boldsymbol{B}=\begin{pmatrix}2&-1&0\\1&1&3\\4&2&1\end{pmatrix},$$

验证 $(\boldsymbol{AB})^{\mathrm{T}}=\boldsymbol{B}^{\mathrm{T}}\boldsymbol{A}^{\mathrm{T}}$.

证 由于 $\boldsymbol{AB}=(1,-1,2)\begin{pmatrix}2&-1&0\\1&1&3\\4&2&1\end{pmatrix}=(9,2,-1)$，于是

$$(\boldsymbol{AB})^{\mathrm{T}}=\begin{pmatrix}9\\2\\-1\end{pmatrix}.$$

而 $\boldsymbol{B}^{\mathrm{T}}\boldsymbol{A}^{\mathrm{T}}=\begin{pmatrix}2&-1&0\\1&1&3\\4&2&1\end{pmatrix}^{\mathrm{T}}(1,-1,2)^{\mathrm{T}}=\begin{pmatrix}2&1&4\\-1&1&2\\0&3&1\end{pmatrix}\begin{pmatrix}1\\-1\\2\end{pmatrix}=\begin{pmatrix}9\\2\\-1\end{pmatrix}$.

因此

$$(\boldsymbol{AB})^{\mathrm{T}}=\boldsymbol{B}^{\mathrm{T}}\boldsymbol{A}^{\mathrm{T}}.$$

利用转置矩阵的概念，定义如下特殊矩阵.

定义 1.7 设 n 阶方阵 $\boldsymbol{A}=(a_{ij})$，如果 $\boldsymbol{A}=\boldsymbol{A}^{\mathrm{T}}$，即

$$a_{ij}=a_{ji}\quad (i,j=1,2,\cdots,n),$$

称 $\boldsymbol{A}$ 为**对称矩阵**；如果 $\boldsymbol{A}=-\boldsymbol{A}^{\mathrm{T}}$，即

$$a_{ij}=-a_{ji}\quad (i,j=1,2,\cdots,n),$$

称 $\boldsymbol{A}$ 为**反对称矩阵**.

显然，单位矩阵和对角矩阵都是对称矩阵.

例 1.10 设列矩阵 $\boldsymbol{\alpha}=(a_1,a_2,\cdots,a_n)^{\mathrm{T}}$，且 $\boldsymbol{\alpha}^{\mathrm{T}}\boldsymbol{\alpha}=1,\boldsymbol{H}=\boldsymbol{E}-2\boldsymbol{\alpha}\boldsymbol{\alpha}^{\mathrm{T}}$ ($\boldsymbol{E}$ 为 n 阶单

位矩阵)，证明 $\boldsymbol{H}$ 是对称矩阵，且 $\boldsymbol{H}\boldsymbol{H}^{\mathrm{T}}=\boldsymbol{E}$.

证 由于

$$\boldsymbol{H}^{\mathrm{T}}=(\boldsymbol{E}-2\boldsymbol{\alpha}\boldsymbol{\alpha}^{\mathrm{T}})^{\mathrm{T}}=\boldsymbol{E}^{\mathrm{T}}-(2\boldsymbol{\alpha}\boldsymbol{\alpha}^{\mathrm{T}})^{\mathrm{T}}=\boldsymbol{E}-2\boldsymbol{\alpha}\boldsymbol{\alpha}^{\mathrm{T}},$$

因此，$\boldsymbol{H}$ 是对称矩阵.

因为

$$\begin{aligned}\boldsymbol{H}\boldsymbol{H}^{\mathrm{T}}&=(\boldsymbol{E}-2\boldsymbol{\alpha}\boldsymbol{\alpha}^{\mathrm{T}})^2=\boldsymbol{E}-4\boldsymbol{\alpha}\boldsymbol{\alpha}^{\mathrm{T}}+4(\boldsymbol{\alpha}\boldsymbol{\alpha}^{\mathrm{T}})(\boldsymbol{\alpha}\boldsymbol{\alpha}^{\mathrm{T}})\\&=\boldsymbol{E}-4\boldsymbol{\alpha}\boldsymbol{\alpha}^{\mathrm{T}}+4\boldsymbol{\alpha}\boldsymbol{\alpha}^{\mathrm{T}}=\boldsymbol{E},\end{aligned}$$

所以，$\boldsymbol{H}\boldsymbol{H}^{\mathrm{T}}=\boldsymbol{E}$.

1.3 分块矩阵

1.3.1 分块矩阵的概念和运算

对矩阵进行分块是处理行数和列数较大的矩阵运算时经常采用的一种手段. 所谓“分块”是用贯穿所有行的若干条纵直线和贯穿所有列的若干条横直线，把一个大矩阵分成若干“块”，每一块都是个较小的矩阵，称这些小矩阵为原矩阵的**子块**，以这些子块为元素的形式上的矩阵，称为**分块矩阵**. 例如，

$$\boldsymbol{A}=\left(\begin{array}{cc:ccc}1&0&3&2&5\\-1&2&0&1&2\\ \hdashline -2&4&1&1&0\\-1&1&5&3&2\end{array}\right)=\begin{pmatrix}\boldsymbol{A}_{11}&\boldsymbol{A}_{12}\\\boldsymbol{A}_{21}&\boldsymbol{A}_{22}\end{pmatrix},$$

其中 $\boldsymbol{A}_{11}=\begin{pmatrix}1&0\\-1&2\end{pmatrix}$，$\boldsymbol{A}_{12}=\begin{pmatrix}3&2&5\\0&1&2\end{pmatrix}$，$\boldsymbol{A}_{21}=\begin{pmatrix}-2&4\\-1&1\end{pmatrix}$，$\boldsymbol{A}_{22}=\begin{pmatrix}1&1&0\\5&3&2\end{pmatrix}$ 都是矩阵 $\boldsymbol{A}$ 的子块，以这些子块为元素的形式上的矩阵 $\begin{pmatrix}\boldsymbol{A}_{11}&\boldsymbol{A}_{12}\\\boldsymbol{A}_{21}&\boldsymbol{A}_{22}\end{pmatrix}$ 为 2 阶分块矩阵.

分块矩阵也有类似于正常矩阵的运算，下面介绍分块矩阵的运算.

1. 分块矩阵的加法

设矩阵 $\boldsymbol{A}$ 和 $\boldsymbol{B}$ 是同型矩阵，对矩阵 $\boldsymbol{A}$ 和 $\boldsymbol{B}$ 采用相同的分法，得到的分块矩阵分别为

$$\boldsymbol{A}=\begin{pmatrix}\boldsymbol{A}_{11}&\boldsymbol{A}_{12}&\cdots&\boldsymbol{A}_{1r}\\\boldsymbol{A}_{21}&\boldsymbol{A}_{22}&\cdots&\boldsymbol{A}_{2r}\\\vdots&\vdots&&\vdots\\\boldsymbol{A}_{s1}&\boldsymbol{A}_{s2}&\cdots&\boldsymbol{A}_{sr}\end{pmatrix},\quad \boldsymbol{B}=\begin{pmatrix}\boldsymbol{B}_{11}&\boldsymbol{B}_{12}&\cdots&\boldsymbol{B}_{1r}\\\boldsymbol{B}_{21}&\boldsymbol{B}_{22}&\cdots&\boldsymbol{B}_{2r}\\\vdots&\vdots&&\vdots\\\boldsymbol{B}_{s1}&\boldsymbol{B}_{s2}&\cdots&\boldsymbol{B}_{sr}\end{pmatrix},$$

其中矩阵 $\boldsymbol{A}_{ij}$ 与 $\boldsymbol{B}_{ij}$ $(i=1,2,\cdots,s;\ j=1,2,\cdots,r)$ 的行数相同、列数相同，称 $s\times r$

分块矩阵

$$(\boldsymbol{A}_{ij}+\boldsymbol{B}_{ij})=\begin{pmatrix}\boldsymbol{A}_{11}+\boldsymbol{B}_{11} & \boldsymbol{A}_{12}+\boldsymbol{B}_{12} & \cdots & \boldsymbol{A}_{1r}+\boldsymbol{B}_{1r}\\ \boldsymbol{A}_{21}+\boldsymbol{B}_{21} & \boldsymbol{A}_{22}+\boldsymbol{B}_{22} & \cdots & \boldsymbol{A}_{2r}+\boldsymbol{B}_{2r}\\ \vdots & \vdots & & \vdots\\ \boldsymbol{A}_{s1}+\boldsymbol{B}_{s1} & \boldsymbol{A}_{s2}+\boldsymbol{B}_{s2} & \cdots & \boldsymbol{A}_{sr}+\boldsymbol{B}_{sr}\end{pmatrix}$$

为分块矩阵 $\boldsymbol{A}$ 与 $\boldsymbol{B}$ 的和，记作 $\boldsymbol{A}+\boldsymbol{B}$.

只有同型的矩阵，在采用相同的分法条件下，才可以相加.

2. 分块矩阵的数乘

设分块矩阵 $\boldsymbol{A}=\begin{pmatrix}\boldsymbol{A}_{11} & \boldsymbol{A}_{12} & \cdots & \boldsymbol{A}_{1r}\\ \boldsymbol{A}_{21} & \boldsymbol{A}_{22} & \cdots & \boldsymbol{A}_{2r}\\ \vdots & \vdots & & \vdots\\ \boldsymbol{A}_{s1} & \boldsymbol{A}_{s2} & \cdots & \boldsymbol{A}_{sr}\end{pmatrix}$ ，λ 是任意数，称 $s\times r$ 分块矩阵

$$(\lambda\boldsymbol{A}_{ij})=\begin{pmatrix}\lambda\boldsymbol{A}_{11} & \lambda\boldsymbol{A}_{12} & \cdots & \lambda\boldsymbol{A}_{1r}\\ \lambda\boldsymbol{A}_{21} & \lambda\boldsymbol{A}_{22} & \cdots & \lambda\boldsymbol{A}_{2r}\\ \vdots & \vdots & & \vdots\\ \lambda\boldsymbol{A}_{s1} & \lambda\boldsymbol{A}_{s2} & \cdots & \lambda\boldsymbol{A}_{sr}\end{pmatrix}$$

为分块矩阵 $\boldsymbol{A}$ 与数 λ 的**乘积**，简称分块矩阵的**数乘**，记作 $\lambda\boldsymbol{A}$ 或 $\boldsymbol{A}\lambda$.

3. 分块矩阵的乘积

设 $\boldsymbol{A}$ 为 $m\times l$ 矩阵，$\boldsymbol{B}$ 为 $l\times n$ 矩阵，对矩阵 $\boldsymbol{A}$ 的列和 $\boldsymbol{B}$ 的行采用相同的分法，分块后分别为

$$\boldsymbol{A}=\begin{pmatrix}\boldsymbol{A}_{11} & \boldsymbol{A}_{12} & \cdots & \boldsymbol{A}_{1r}\\ \boldsymbol{A}_{21} & \boldsymbol{A}_{22} & \cdots & \boldsymbol{A}_{2r}\\ \vdots & \vdots & & \vdots\\ \boldsymbol{A}_{s1} & \boldsymbol{A}_{s2} & \cdots & \boldsymbol{A}_{sr}\end{pmatrix},\quad \boldsymbol{B}=\begin{pmatrix}\boldsymbol{B}_{11} & \boldsymbol{B}_{12} & \cdots & \boldsymbol{B}_{1t}\\ \boldsymbol{B}_{21} & \boldsymbol{B}_{22} & \cdots & \boldsymbol{B}_{2t}\\ \vdots & \vdots & & \vdots\\ \boldsymbol{B}_{r1} & \boldsymbol{B}_{r2} & \cdots & \boldsymbol{B}_{rt}\end{pmatrix},$$

其中 $\boldsymbol{A}_{i1},\boldsymbol{A}_{i2},\cdots,\boldsymbol{A}_{ir}(i=1,2,\cdots,s)$ 的列数分别等于 $\boldsymbol{B}_{1j},\boldsymbol{B}_{2j},\cdots,\boldsymbol{B}_{rj}(j=1,2,\cdots,t)$ 的行数，称 $s\times t$ 分块矩阵 $\boldsymbol{C}=(\boldsymbol{C}_{ij})$ 为分块矩阵 $\boldsymbol{A}$ 与 $\boldsymbol{B}$ 的**乘积**，记作 $\boldsymbol{C}=\boldsymbol{AB}$, 其中

$$\boldsymbol{C}_{ij}=\boldsymbol{A}_{i1}\boldsymbol{B}_{1j}+\boldsymbol{A}_{i2}\boldsymbol{B}_{2j}+\cdots+\boldsymbol{A}_{ir}\boldsymbol{B}_{rj}=\sum_{k=1}^{r}\boldsymbol{A}_{ik}\boldsymbol{B}_{kj},\quad i=1,2,\cdots,s;\ j=1,2,\cdots,t .$$

4. 分块矩阵的转置

设分块矩阵 $\boldsymbol{A}=\begin{pmatrix}\boldsymbol{A}_{11} & \boldsymbol{A}_{12} & \cdots & \boldsymbol{A}_{1r}\\ \boldsymbol{A}_{21} & \boldsymbol{A}_{22} & \cdots & \boldsymbol{A}_{2r}\\ \vdots & \vdots & & \vdots\\ \boldsymbol{A}_{s1} & \boldsymbol{A}_{s2} & \cdots & \boldsymbol{A}_{sr}\end{pmatrix}$，称 $r\times s$ 分块矩阵

$$\begin{pmatrix} A_{11}^{\mathrm{T}} & A_{21}^{\mathrm{T}} & \cdots & A_{s1}^{\mathrm{T}} \\ A_{12}^{\mathrm{T}} & A_{22}^{\mathrm{T}} & \cdots & A_{s2}^{\mathrm{T}} \\ \vdots & \vdots & & \vdots \\ A_{1r}^{\mathrm{T}} & A_{2r}^{\mathrm{T}} & \cdots & A_{sr}^{\mathrm{T}} \end{pmatrix}$$

为分块矩阵 $\boldsymbol{A}$ 的**转置**，记作 $\boldsymbol{A}^{\mathrm{T}}$.

分块矩阵的转置是将矩阵 $\boldsymbol{A}$ 的行换成同序数的列 (或把矩阵 $\boldsymbol{A}$ 的列换成同序数的行) 的同时，每个小子块也要转置.

例 1.11 利用分块矩阵的运算，求 $\boldsymbol{A}+\boldsymbol{B}$，$\boldsymbol{AB}$，$\boldsymbol{A}^{\mathrm{T}}$，其中

$$\boldsymbol{A}=\begin{pmatrix} 1 & 0 & 0 & 0 \\ 0 & 1 & 0 & 0 \\ -1 & 2 & 1 & 0 \\ 1 & 1 & 0 & 1 \end{pmatrix}, \quad \boldsymbol{B}=\begin{pmatrix} 1 & 0 & 1 & 0 \\ -1 & 2 & 0 & 1 \\ 1 & 0 & 4 & 1 \\ -1 & -1 & 2 & 0 \end{pmatrix}.$$

解 首先，对 $\boldsymbol{A}$，$\boldsymbol{B}$ 分别作如下分块：

$$\boldsymbol{A}=\left(\begin{array}{cc:cc} 1 & 0 & 0 & 0 \\ 0 & 1 & 0 & 0 \\ \hdashline -1 & 2 & 1 & 0 \\ 1 & 1 & 0 & 1 \end{array}\right)=\begin{pmatrix} \boldsymbol{E} & \boldsymbol{O} \\ \boldsymbol{A}_{21} & \boldsymbol{E} \end{pmatrix}, \quad \boldsymbol{B}=\left(\begin{array}{cc:cc} 1 & 0 & 1 & 0 \\ -1 & 2 & 0 & 1 \\ \hdashline 1 & 0 & 4 & 1 \\ -1 & -1 & 2 & 0 \end{array}\right)=\begin{pmatrix} \boldsymbol{B}_{11} & \boldsymbol{E} \\ \boldsymbol{B}_{21} & \boldsymbol{B}_{22} \end{pmatrix},$$

其中 $\boldsymbol{E}=\begin{pmatrix} 1 & 0 \\ 0 & 1 \end{pmatrix}$，$\boldsymbol{O}=\begin{pmatrix} 0 & 0 \\ 0 & 0 \end{pmatrix}$，$\boldsymbol{A}_{21}=\begin{pmatrix} -1 & 2 \\ 1 & 1 \end{pmatrix}$，$\boldsymbol{B}_{11}=\begin{pmatrix} 1 & 0 \\ -1 & 2 \end{pmatrix}$，$\boldsymbol{B}_{21}=\begin{pmatrix} 1 & 0 \\ -1 & -1 \end{pmatrix}$，$\boldsymbol{B}_{22}=\begin{pmatrix} 4 & 1 \\ 2 & 0 \end{pmatrix}$.

由于矩阵 $\boldsymbol{E}+\boldsymbol{B}_{11}=\begin{pmatrix} 2 & 0 \\ -1 & 3 \end{pmatrix}$，$\boldsymbol{A}_{21}+\boldsymbol{B}_{21}=\begin{pmatrix} 0 & 2 \\ 0 & 0 \end{pmatrix}$，$\boldsymbol{E}+\boldsymbol{B}_{22}=\begin{pmatrix} 5 & 1 \\ 2 & 1 \end{pmatrix}$，则

$$\boldsymbol{A}+\boldsymbol{B}=\begin{pmatrix} \boldsymbol{E}+\boldsymbol{B}_{11} & \boldsymbol{E} \\ \boldsymbol{A}_{21}+\boldsymbol{B}_{21} & \boldsymbol{E}+\boldsymbol{B}_{22} \end{pmatrix}=\begin{pmatrix} 2 & 0 & 1 & 0 \\ -1 & 3 & 0 & 1 \\ 0 & 2 & 5 & 1 \\ 0 & 0 & 2 & 1 \end{pmatrix}.$$

因为矩阵

$$\boldsymbol{AB}=\begin{pmatrix} \boldsymbol{B}_{11} & \boldsymbol{E} \\ \boldsymbol{A}_{21}\boldsymbol{B}_{11}+\boldsymbol{B}_{21} & \boldsymbol{A}_{21}+\boldsymbol{B}_{22} \end{pmatrix},$$

$$\boldsymbol{A}_{21}\boldsymbol{B}_{11}+\boldsymbol{B}_{21}=\begin{pmatrix} -1 & 2 \\ 1 & 1 \end{pmatrix}\begin{pmatrix} 1 & 0 \\ -1 & 2 \end{pmatrix}+\begin{pmatrix} 1 & 0 \\ -1 & -1 \end{pmatrix}=\begin{pmatrix} -2 & 4 \\ -1 & 1 \end{pmatrix},$$

$$A_{21}+B_{22}=\begin{pmatrix}-1 & 2\\ 1 & 1\end{pmatrix}+\begin{pmatrix}4 & 1\\ 2 & 0\end{pmatrix}=\begin{pmatrix}3 & 3\\ 3 & 1\end{pmatrix},$$

所以

$$AB=\begin{pmatrix}1 & 0 & 1 & 0\\ -1 & 2 & 0 & 1\\ -2 & 4 & 3 & 3\\ -1 & 1 & 3 & 1\end{pmatrix}.$$

由于 $A_{21}^{\mathrm{T}}=\begin{pmatrix}-1 & 1\\ 2 & 1\end{pmatrix}$，则

$$A^{\mathrm{T}}=\begin{pmatrix}E^{\mathrm{T}} & A_{21}^{\mathrm{T}}\\ O^{\mathrm{T}} & E^{\mathrm{T}}\end{pmatrix}=\begin{pmatrix}1 & 0 & -1 & 1\\ 0 & 1 & 2 & 1\\ 0 & 0 & 1 & 0\\ 0 & 0 & 0 & 1\end{pmatrix}.$$

特别注意，对矩阵分块的原则是要保证矩阵分块后的各种运算有意义. 因此，在使用分块矩阵的加法运算时，加号前后两个矩阵的行、列分法必须都保持一致；在利用分块矩阵的乘法运算时，左边矩阵列的分法和右边矩阵行的分法必须保持一致.

另外，矩阵分块是将高阶矩阵的运算转化为低阶矩阵的运算，其目的是简化矩阵的运算. 当矩阵分块时，要突出特殊分块矩阵的结构特点. 因此，在分块矩阵的元素中，尽可能出现较多的零矩阵和单位矩阵等特殊矩阵，才能达到简化矩阵运算的目的.

1.3.2 几种特殊的分块矩阵

基于某些问题用分块矩阵讨论会更加简便. 下面介绍几种特殊的分块矩阵.

设 A 是 n 阶矩阵，如果 A 的分块矩阵中，主对角线以外的子块都是零矩阵，且主对角线上的子块都是方阵，即

$$A=\begin{pmatrix}A_1 & O & \cdots & O\\ O & A_2 & \cdots & O\\ \vdots & \vdots & & \vdots\\ O & O & \cdots & A_s\end{pmatrix},$$

其中 $A_i\,(i=1,2,\cdots,s)$ 都是方阵，称矩阵 A 为**分块对角矩阵**.

在矩阵的运算中，分块对角矩阵具有很好的性质. 在以后的章节中有详细的介绍.

设 $m\times n$ 矩阵

$$\boldsymbol{A}=\begin{pmatrix} a_{11} & a_{12} & \cdots & a_{1n} \\ a_{21} & a_{22} & \cdots & a_{2n} \\ \vdots & \vdots & & \vdots \\ a_{m1} & a_{m2} & \cdots & a_{mn} \end{pmatrix},$$

将矩阵 $\boldsymbol{A}$ 按它的列分块，并记作

$$\boldsymbol{A}=(\boldsymbol{\alpha}_1,\boldsymbol{\alpha}_2,\cdots,\boldsymbol{\alpha}_n),$$

其中 $\boldsymbol{\alpha}_j=\begin{pmatrix} a_{1j} \\ a_{2j} \\ \vdots \\ a_{mj} \end{pmatrix}(j=1,2,\cdots,n)$ 称为矩阵 $\boldsymbol{A}$ 的第 j 个**列矩阵**或**列向量**；按它的行分块，记作

$$\boldsymbol{A}=\begin{pmatrix} \boldsymbol{\beta}_1 \\ \boldsymbol{\beta}_2 \\ \vdots \\ \boldsymbol{\beta}_m \end{pmatrix},$$

其中 $\boldsymbol{\beta}_i=(a_{i1},a_{i2},\cdots,a_{in})(i=1,2,\cdots,m)$ 称为矩阵 $\boldsymbol{A}$ 的第 i 个**行矩阵**或**行向量**.

$\boldsymbol{\alpha}_1,\boldsymbol{\alpha}_2,\cdots,\boldsymbol{\alpha}_n$ 称为矩阵 $\boldsymbol{A}$ 的**列向量组**，$\boldsymbol{\beta}_1,\boldsymbol{\beta}_2,\cdots,\boldsymbol{\beta}_m$ 称为矩阵 $\boldsymbol{A}$ 的**行向量组**.

例 1.12 证明矩阵 $\boldsymbol{A}=\boldsymbol{O}$ 的充分必要条件是方阵 $\boldsymbol{A}^{\mathrm{T}}\boldsymbol{A}=\boldsymbol{O}$.

证 必要性显然，下面证明充分性.

设矩阵 $\boldsymbol{A}=(a_{ij})_{m\times n}$，将矩阵 $\boldsymbol{A}$ 按它的列分块，并记作

$$\boldsymbol{A}=(\boldsymbol{\alpha}_1,\boldsymbol{\alpha}_2,\cdots,\boldsymbol{\alpha}_n),$$

其中 $\boldsymbol{\alpha}_j=\begin{pmatrix} a_{1j} \\ a_{2j} \\ \vdots \\ a_{mj} \end{pmatrix}$，$j=1,2,\cdots,n$，则

$$\boldsymbol{A}^{\mathrm{T}}\boldsymbol{A}=\begin{pmatrix} \boldsymbol{\alpha}_1^{\mathrm{T}} \\ \boldsymbol{\alpha}_2^{\mathrm{T}} \\ \vdots \\ \boldsymbol{\alpha}_n^{\mathrm{T}} \end{pmatrix}(\boldsymbol{\alpha}_1,\boldsymbol{\alpha}_2,\cdots,\boldsymbol{\alpha}_n)=\begin{pmatrix} \boldsymbol{\alpha}_1^{\mathrm{T}}\boldsymbol{\alpha}_1 & \boldsymbol{\alpha}_1^{\mathrm{T}}\boldsymbol{\alpha}_2 & \cdots & \boldsymbol{\alpha}_1^{\mathrm{T}}\boldsymbol{\alpha}_n \\ \boldsymbol{\alpha}_2^{\mathrm{T}}\boldsymbol{\alpha}_1 & \boldsymbol{\alpha}_2^{\mathrm{T}}\boldsymbol{\alpha}_2 & \cdots & \boldsymbol{\alpha}_2^{\mathrm{T}}\boldsymbol{\alpha}_n \\ \vdots & \vdots & & \vdots \\ \boldsymbol{\alpha}_n^{\mathrm{T}}\boldsymbol{\alpha}_1 & \boldsymbol{\alpha}_n^{\mathrm{T}}\boldsymbol{\alpha}_2 & \cdots & \boldsymbol{\alpha}_n^{\mathrm{T}}\boldsymbol{\alpha}_n \end{pmatrix}.$$

根据方阵 $\boldsymbol{A}^{\mathrm{T}}\boldsymbol{A}=\boldsymbol{O}$，得矩阵 $\boldsymbol{A}^{\mathrm{T}}\boldsymbol{A}$ 的 (i,j) 元 $\boldsymbol{\alpha}_i^{\mathrm{T}}\boldsymbol{\alpha}_j=0(i,j=1,2,\cdots,n)$. 特别地，

$$\boldsymbol{\alpha}_j^{\mathrm{T}}\boldsymbol{\alpha}_j=0,\quad j=1,2,\cdots,n,$$

即 $\boldsymbol{\alpha}_j^{\mathrm{T}}\boldsymbol{\alpha}_j=(a_{1j},a_{2j},\cdots,a_{mj})\begin{pmatrix}a_{1j}\\a_{2j}\\\vdots\\a_{mj}\end{pmatrix}=a_{1j}^2+a_{2j}^2+\cdots+a_{mj}^2=0$，从而

$$a_{1j}=a_{2j}=\cdots=a_{mj}=0\quad(j=1,2,\cdots,n),$$

因此，

$$\boldsymbol{A}=\boldsymbol{O}.$$

1.3.3 线性方程组的不同表达形式

许多实际问题都可以用线性方程组的数学模型描述(参见第 4 章)，因此线性方程组是线性代数的主要研究对象，也是线性代数的核心内容. 为以后章节中研究线性方程组简单起见，本节介绍线性方程组的不同表达形式.

设 n 个未知量 m 个方程的线性方程组为

$$\begin{cases}a_{11}x_1+a_{12}x_2+\cdots+a_{1n}x_n=b_1,\\a_{21}x_1+a_{22}x_2+\cdots+a_{2n}x_n=b_2,\\\qquad\cdots\cdots\\a_{m1}x_1+a_{m2}x_2+\cdots+a_{mn}x_n=b_m,\end{cases}\tag{1.7}$$

其中 $x_1,x_2,\cdots,x_n$ 是线性方程组(1.7)的未知量，$a_{ij}\,(i=1,2,\cdots,m;\ j=1,2,\cdots,n)$ 是线性方程组(1.7)的第 i 个方程中第 j 个未知量的系数，$b_i\,(i=1,2,\cdots,m)$ 是线性方程组(1.7)的第 i 个方程的常数项.

上述 n 个未知量 m 个方程的线性方程组 (1.7) 称为 **n 元线性方程组**，简称**线性方程组**或**方程组**. 常数项全部为零的线性方程组称为**齐次线性方程组**，否则称为**非齐次线性方程组**.

根据矩阵的乘法和相等的定义，线性方程组(1.7)用矩阵表示为

$$\boldsymbol{Ax}=\boldsymbol{b},\tag{1.8}$$

其中 $\boldsymbol{A}=\begin{pmatrix}a_{11}&a_{12}&\cdots&a_{1n}\\a_{21}&a_{22}&\cdots&a_{2n}\\\vdots&\vdots&&\vdots\\a_{m1}&a_{m2}&\cdots&a_{mn}\end{pmatrix}$ 称为线性方程组(1.7)的**系数矩阵**，$\boldsymbol{x}=\begin{pmatrix}x_1\\x_2\\\vdots\\x_n\end{pmatrix}$ 称为线性方程组(1.7)的**未知量矩阵**，$\boldsymbol{b}=\begin{pmatrix}b_1\\b_2\\\vdots\\b_m\end{pmatrix}$ 称为线性方程组(1.7)的**常数项矩阵**，$\boldsymbol{B}=(\boldsymbol{A},\boldsymbol{b})$

称为线性方程组(1.7)的**增广矩阵**.

由上可知，线性方程组(1.7)和它的增广矩阵 $\boldsymbol{B}=(\boldsymbol{A},\boldsymbol{b})$ 之间是一一对应的关系. 线性方程组(1.8)称为**矩阵方程**，(1.8)的解 $\boldsymbol{x}$ 称为线性方程组(1.7)的**解向量**. 以后线性方程组(1.7)的解和解向量不加区别地混合使用.

如果将线性方程组(1.7)的系数矩阵 $\boldsymbol{A}$ 按它的列分块，并记作

$$\boldsymbol{A}=(\boldsymbol{\alpha}_1,\boldsymbol{\alpha}_2,\cdots,\boldsymbol{\alpha}_n),\quad 其中\ \boldsymbol{\alpha}_j=\begin{pmatrix} a_{1j}\\ a_{2j}\\ \vdots\\ a_{mj}\end{pmatrix}(j=1,2,\cdots,n).$$

线性方程组(1.8)可用矩阵 $\boldsymbol{A}$ 的列向量组 $\boldsymbol{\alpha}_1,\boldsymbol{\alpha}_2,\cdots,\boldsymbol{\alpha}_n$ 表示为

$$x_1\boldsymbol{\alpha}_1+x_2\boldsymbol{\alpha}_2+\cdots+x_n\boldsymbol{\alpha}_n=\boldsymbol{b}. \tag{1.9}$$

如果将线性方程组(1.8)的系数矩阵 $\boldsymbol{A}$ 按它的行分块，并记作

$$\boldsymbol{A}=\begin{pmatrix}\boldsymbol{\beta}_1\\ \boldsymbol{\beta}_2\\ \vdots\\ \boldsymbol{\beta}_m\end{pmatrix},\quad 其中\ \boldsymbol{\beta}_i=(a_{i1},a_{i2},\cdots,a_{in})(i=1,2,\cdots,m).$$

线性方程组(1.8)可用矩阵 $\boldsymbol{A}$ 的行向量组 $\boldsymbol{\beta}_1,\boldsymbol{\beta}_2,\cdots,\boldsymbol{\beta}_m$ 表示为

$$\boldsymbol{\beta}_i\boldsymbol{x}=b_i,\quad i=1,2,\cdots,m. \tag{1.10}$$

式(1.8)—式(1.10)是线性方程组(1.7)的不同表达形式.

与线性方程组(1.7)相对应的齐次线性方程组为

$$\begin{cases} a_{11}x_1+a_{12}x_2+\cdots+a_{1n}x_n=0,\\ a_{21}x_1+a_{22}x_2+\cdots+a_{2n}x_n=0,\\ \qquad\cdots\cdots\\ a_{m1}x_1+a_{m2}x_2+\cdots+a_{mn}x_n=0,\end{cases} \tag{1.11}$$

于是，齐次线性方程组(1.11)的矩阵形式为

$$\boldsymbol{A}\boldsymbol{x}=\boldsymbol{0}. \tag{1.12}$$

齐次线性方程组(1.11)用系数矩阵 $\boldsymbol{A}$ 的列向量组 $\boldsymbol{\alpha}_1,\boldsymbol{\alpha}_2,\cdots,\boldsymbol{\alpha}_n$ 表示为

$$x_1\boldsymbol{\alpha}_1+x_2\boldsymbol{\alpha}_2+\cdots+x_n\boldsymbol{\alpha}_n=\boldsymbol{0}. \tag{1.13}$$

齐次线性方程组(1.11)用系数矩阵 $\boldsymbol{A}$ 的行向量组 $\boldsymbol{\beta}_1,\boldsymbol{\beta}_2,\cdots,\boldsymbol{\beta}_m$ 表示为

$$\boldsymbol{\beta}_i\boldsymbol{x}=\boldsymbol{0},\quad i=1,2,\cdots,m. \tag{1.14}$$

式(1.12)—式(1.14)是齐次线性方程组(1.11)的不同表达形式.

*1.4 MATLAB 实验

实验 1.1 (1) 已知矩阵 $\boldsymbol{A}=\begin{pmatrix}2&8&1&6&3\\5&1&6&2&4\\6&2&4&4&6\\3&4&3&15&12\end{pmatrix}$，$\boldsymbol{B}=\begin{pmatrix}3&3&2&5&11\\6&4&3&12&5\\5&5&3&1&6\\4&10&2&4&3\end{pmatrix}$，利用 MATLAB 软件，计算 $6\boldsymbol{A}$，$\boldsymbol{A}^{\mathrm{T}}$，$\boldsymbol{A}+\boldsymbol{B}$，$\boldsymbol{A}-\boldsymbol{B}$.

(2) 已知矩阵 $\boldsymbol{A}=\begin{pmatrix}1&2&3\\4&5&6\\7&8&9\end{pmatrix}$，$\boldsymbol{B}=\begin{pmatrix}100&18\\150&16\\200&12\end{pmatrix}$，利用 MATLAB 软件，计算 $\boldsymbol{AB}$，$\boldsymbol{A}^6$.

(1) **实验过程**

```
A=[2,8,1,6,3;5,1,6,2,4;6,2,4,4,6;3,4,3,15,12];
B=[3,3,2,5,11;6,4,3,12,5;5,5,3,1,6;4,10,2,4,3];
6*A, %计算 6A 的命令
A', %计算 Aᵀ 的命令
A+B, %计算 A+B 的命令
A-B, %计算 A-B 的命令
```

运行结果(依次显示)

```
ans =
    12      48      6       36      18
    30      6       36      12      24
    36      12      24      24      36
    18      24      18      90      72
ans =
     2      5       6       3
     8      1       2       4
     1      6       4       3
     6      2       4       15
     3      4       6       12
ans =
     5      11      3       11      14
```

```
    11        5        9        14        9
    11        7        7         5       12
     7       14        5        19       15
ans =
    -1        5       -1         1       -8
    -1       -3        3       -10       -1
     1       -3        1         3        0
    -1       -6        1        11        9
```

因此，

$$6\boldsymbol{A}=\begin{pmatrix}12&48&6&36&18\\30&6&36&12&24\\36&12&24&24&36\\18&24&18&90&72\end{pmatrix},\quad \boldsymbol{A}^{\mathrm{T}}=\begin{pmatrix}2&5&6&3\\8&1&2&4\\1&6&4&3\\6&2&4&15\\3&4&6&12\end{pmatrix},$$

$$\boldsymbol{A}+\boldsymbol{B}=\begin{pmatrix}5&11&3&11&14\\11&5&9&14&9\\11&7&7&5&12\\7&14&5&19&15\end{pmatrix},\quad \boldsymbol{A}-\boldsymbol{B}=\begin{pmatrix}-1&5&-1&1&-8\\-1&-3&3&-10&-1\\1&-3&1&3&0\\-1&-6&1&11&9\end{pmatrix}.$$

(2) 实验过程

```
A=[1,2,3;4,5,6;7,8,9];
B=[100,18;150,16;200,12];
A*B, %计算 AB 的命令
A^6, %计算 A6 的命令
```

运行结果(依次显示)

```
ans =
       1000          86
       2350         224
       3700         362
ans =
    1963440     2412504     2861568
    4446414     5463369     6480324
    6929388     8514234    10099080
```

因此，$\boldsymbol{AB}=\begin{pmatrix}1000 & 86\\ 2350 & 224\\ 3700 & 362\end{pmatrix}$，$\boldsymbol{A}^6=\begin{pmatrix}1963440 & 2412504 & 2861568\\ 4446414 & 5463369 & 6480324\\ 6929388 & 8514234 & 10099080\end{pmatrix}$.

实验 1.2 3 维物体在 2 维计算机屏幕上的表示方法是将它投影到一个可视平面上. 为简单起见，假设 xOy 平面表示计算机屏幕，观察者的眼睛位置为 $P(0,0,d)$（观察者的眼睛位置称为**透视中心**），透视投影将物体上的点 $M(x,y,z)$ 映射为点 $N(x^*,y^*,0)$，并且点 P，M 和 N 在同一条直线上(图 1.3(a)). 利用矩阵的乘法，确定点 N 的坐标.

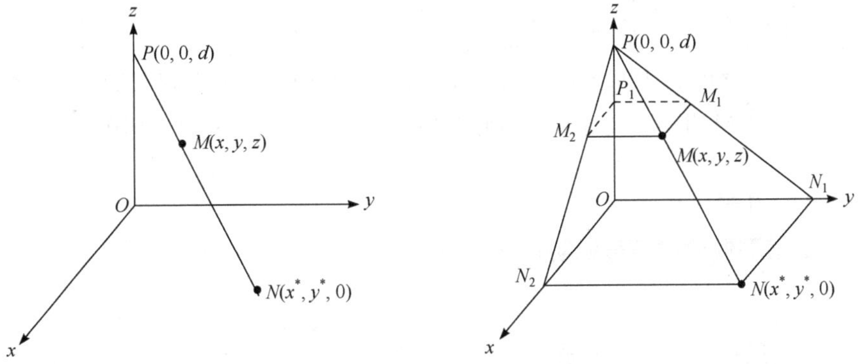

(a) 点M的透视投影图　　(b) 添加辅助线的透视投影图

图 1.3 透视投影图

图 1.3(a)中所添加的辅助线见图 1.3(b)，图 1.3(b)中部分点的坐标分别为 $P_1(0,0,z)$，$M_1(0,y,z)$，$M_2(x,0,z)$，$N_1(0,y^*,0)$ 和 $N_2(x^*,0,0)$.

根据三角形的相似性，可得 $x^*=\dfrac{x}{1-\dfrac{z}{d}}$，$y^*=\dfrac{y}{1-\dfrac{z}{d}}$.

为了利用矩阵的乘法表示点 N 的坐标. 引入新的坐标 $(x,y,z,1)$（该坐标称为点 $M(x,y,z)$ 的**齐次坐标**，点 M 的齐次坐标并不是唯一的，齐次坐标在进行仿射几何变换中非常有用）和投影矩阵

$$\boldsymbol{P}=\begin{pmatrix}1 & 0 & 0 & 0\\ 0 & 1 & 0 & 0\\ 0 & 0 & 0 & 0\\ 0 & 0 & -\dfrac{1}{d} & 1\end{pmatrix}.$$

显然，$\boldsymbol{P}\begin{pmatrix} x \\ y \\ z \\ 1 \end{pmatrix} = \begin{pmatrix} x \\ y \\ 0 \\ 1-\dfrac{z}{d} \end{pmatrix}$，$\begin{pmatrix} x^* \\ y^* \\ 0 \\ 1 \end{pmatrix} = \dfrac{1}{1-\dfrac{z}{d}}\begin{pmatrix} x \\ y \\ 0 \\ 1-\dfrac{z}{d} \end{pmatrix}$，从而

$$\begin{pmatrix} x^* \\ y^* \\ 0 \\ 1 \end{pmatrix} = \begin{pmatrix} x \\ y \\ 0 \\ 1-\dfrac{z}{d} \end{pmatrix}\boldsymbol{C} = \boldsymbol{P}\begin{pmatrix} x \\ y \\ z \\ 1 \end{pmatrix}\boldsymbol{C}，其中 \quad \boldsymbol{C} = \frac{1}{1-\dfrac{z}{d}} \text{（表示 1 阶对角矩阵）}.$$

设某物体的其中两个顶点为 $A(3,2,6)$，$B(3,1,5)$，利用矩阵的乘法，建立数学模型，借助 MATLAB 软件，求顶点 A 和 B 在透视中心为 $P(0,0,10)$ 的透视投影下的像.

实验过程

1. 模型假设和符号说明

假设顶点 A 和 B 的数据矩阵为 $\boldsymbol{B}$，则 $\boldsymbol{B}=\begin{pmatrix} 3 & 3 \\ 2 & 1 \\ 6 & 5 \\ 1 & 1 \end{pmatrix}$；设顶点 A 和 B 的像的数据矩阵为 $\boldsymbol{D}$.

2. 建立数学模型和求解

根据矩阵的乘法，顶点 A 和 B 的像的数据矩阵

$$\boldsymbol{D} = \boldsymbol{PBC} = \begin{pmatrix} 1 & 0 & 0 & 0 \\ 0 & 1 & 0 & 0 \\ 0 & 0 & 0 & 0 \\ 0 & 0 & -\dfrac{1}{10} & 1 \end{pmatrix}\begin{pmatrix} 3 & 3 \\ 2 & 1 \\ 6 & 5 \\ 1 & 1 \end{pmatrix}\boldsymbol{C} = \begin{pmatrix} \dfrac{15}{2} & 6 \\ 5 & 2 \\ 0 & 0 \\ 1 & 1 \end{pmatrix},$$

其中 $\boldsymbol{C} = \operatorname{diag}\left(\dfrac{1}{1-\dfrac{6}{10}}, \dfrac{1}{1-\dfrac{5}{10}}\right)$ 是 2 阶对角矩阵.

3. MATLAB 程序

```
format rat
P=[1,0,0,0;0,1,0,0;0,0,0,0;0,0,-1/10,1];
B=[3,3;2,1;6,5;1,1];
```

```
C=diag([1/(1-6/10),1/(1-5/10)]);
D=P*B*C,
```

运行结果

```
D =
     15/2           6
      5             2
      0             0
      1             1
```

于是，顶点 A 和 B 的像的数据矩阵为 $\boldsymbol{D}=\begin{pmatrix} \frac{15}{2} & 6 \\ 5 & 2 \\ 0 & 0 \\ 1 & 1 \end{pmatrix}$，因此，顶点 A 和 B 在透视中心为 $P(0,0,10)$ 的透视投影下的像分别为 $\left(\frac{15}{2},5,0\right)$ 和 $(6,2,0)$.

实验 1.3 若干支球队两两交锋进行单循环比赛，假设每场比赛只记胜负，不记比分，且没有平局出现. 比较直观地表示此类比赛结果的方法可以用图 1.4 的方法. 图 1.4 中顶点的数字表示球队，连接两个顶点线的箭头方向表示两支球队的比赛结果. 图 1.4 给出了 6 支球队的比赛结果，即 1 队战胜 2, 4, 5, 6 队，而输给了 3 队；5 队战胜 3, 6 队，而输给 1, 2, 4 队等.

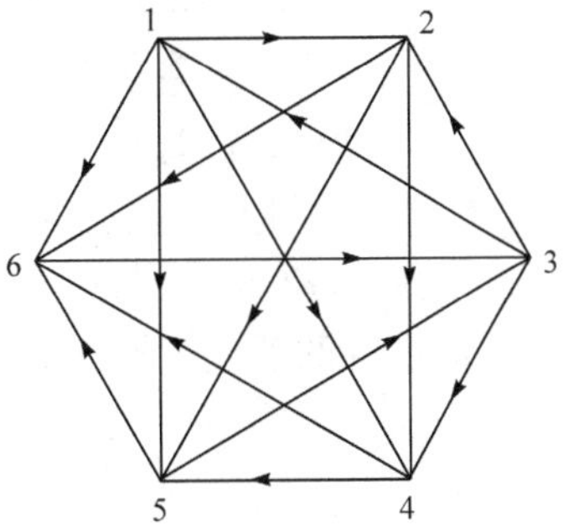

图 1.4 6 支球队的比赛结果

根据比赛结果，利用矩阵的运算，建立数学模型，借助 MATLAB 软件，确定他们比赛结果的排名方案，并给出比赛结果的名次.

实验过程

1. 模型假设和符号说明

设 a_{ij} 表示第 i 支球队和第 j 支球队比赛结果的信息，即第 i 支球队战胜第 j 支球队用 1 表示，否则用 0 表示，其中 $i,j=1,2,\cdots,6$.

2. 建立数学模型和求解

6 支球队循环比赛的结果 (图 1.4) 用矩阵 (称为**邻接矩阵**) 表示为

$$A=\begin{pmatrix}0&1&0&1&1&1\\0&0&0&1&1&1\\1&1&0&1&0&0\\0&0&0&0&1&1\\0&0&1&0&0&1\\0&0&1&0&0&0\end{pmatrix},$$

矩阵 A 的每行元素的和，即矩阵 $s_1=Ae$ 的元素依次为 1, 2, 3, 4, 5, 6 支球队直接胜的次数，则 1, 2, 3, 4, 5, 6 支球队直接胜的次数分别为 4, 3, 3, 2, 2, 1，其中 $e=(1,1,1,1,1,1)^{\mathrm{T}}$.

间接胜(本模型中规定：A 战胜 B，B 战胜 C，则认为 A 间接胜 C)的邻接矩阵

$$A^2=\begin{pmatrix}0&0&2&1&2&3\\0&0&2&0&1&2\\0&1&0&2&3&3\\0&0&2&0&0&1\\1&1&1&1&0&0\\1&1&0&1&0&0\end{pmatrix},$$

矩阵 A^2 的每行元素的和，即矩阵 A^2e 的元素依次为 1, 2, 3, 4, 5, 6 支球队间接胜的次数，则 1, 2, 3, 4, 5, 6 支球队间接胜的次数分别为 8, 5, 9, 3, 4, 3.

矩阵 $A+A^2$ 的每行元素的和，即矩阵 $s_2=(A+A^2)e$ 的元素依次为 1, 2, 3, 4, 5, 6 支球队直接胜和间接胜的次数和，则 1, 2, 3, 4, 5, 6 支球队直接胜和间接胜的次数和分别为 12, 8, 12, 5, 6, 4.

间接胜的邻接矩阵

$$A^3=\begin{pmatrix}2&2&5&2&1&3\\2&2&3&2&0&1\\0&0&6&1&3&6\\2&2&1&2&0&0\\1&2&0&3&3&3\\0&1&0&2&3&3\end{pmatrix},$$

矩阵 A^3 的每行元素的和，即矩阵 A^3e 的元素依次为 1, 2, 3, 4, 5, 6 支球队间接胜的次数，则 1, 2, 3, 4, 5, 6 支球队间接胜的次数分别为 15, 10, 16, 7, 12, 9.

矩阵 $A+A^2+A^3$ 的每行元素的和，即矩阵 $s_3=(A+A^2+A^3)e$ 的元素依次为 1, 2, 3, 4, 5, 6 支球队直接胜和间接胜的次数和，则 1, 2, 3, 4, 5, 6 支球队直接胜和间接胜的次数和分别为 27, 18, 28, 12, 18, 13 .

依次类推，得

$$s_4=(A+A^2+A^3+A^4)e=(65,46,60,33,43,29)^{\mathrm{T}}.$$

3. MATLAB 程序

```
A=[0,1,0,1,1,1;0,0,0,1,1,1;1,1,0,1,0,0;0,0,0,0,1,1;0,0,
1,0,0,1;0,0,1,0,0,0];
e=[1,1,1,1,1,1]';
s1=A*e, %A 的每行元素求和
s2=(A+A*A)*e, %A+A² 的每行元素求和
s3=(A+A*A+A^3)*e, %A+A²+A³ 的每行元素求和
s4=(A+A*A+A^3+A^4)*e, %A+A²+A³+A⁴ 的每行元素求和
```

运行结果(显示最后的结果，其他略)

```
s4=
    65
    46
    60
    33
    43
    29
```

4. 结论

球队 1, 2, 3, 4, 5, 6 直接胜和间接胜的次数和分别为 65, 46, 60, 33, 43, 29，因此，他们的排名为 1 队第一名、3 队第二名、2 队第三名、5 队第四名、4 队第五名、6 队第六名.

实验练习 1.1 (1) 已知矩阵 $A=\begin{pmatrix}1&2&39\\4&4&66\\76&8&97\end{pmatrix}$，$B=\begin{pmatrix}91&9&16\\1&71&11\\67&22&19\end{pmatrix}$，利用 MATLAB 软件，计算 $3A$，A^{T}，$A+B$，$A-B$，AB，A^3.

(2) 已知 $A=\begin{pmatrix}1&61&9\\3&1&29\\71&31&36\end{pmatrix}$，$B=\begin{pmatrix}7&8&9\\2&3&5\\8&17&16\end{pmatrix}$，利用 MATLAB 软件，计算 $AB-2A$，$A^{\mathrm{T}}B$.

实验练习 1.2 设物体 S 是顶点为 $A(3,0,5)$，$B(3,1,5)$，$C(3,1,4)$，$D(5,1,4)$，

$E(5,1,5)$ 的多面体，利用矩阵的乘法，建立数学模型，借助 MATLAB 软件，求物体 S 的顶点在透视中心为 $P(0,0,16)$ 的透视投影下的像.

实验练习 1.3 假设 5 支球队进行单循环比赛，每场比赛只记胜负，不记比分，且没有平局出现. 设 1 队战胜 2, 4 队，输给 3, 5 队；2 队战胜 3, 5 队，输给 1, 4 队；3 队战胜 1, 4 队，输给 2, 5 队；4 队战胜 1, 2, 3 队，输给 5 队；5 队战胜 2, 4 队，输给 1, 3 队. 利用矩阵的运算，建立数学模型，借助 MATLAB 软件，按照直接胜和间接胜的次数和，确定他们比赛结果的名次.

习 题 1

1. 已知矩阵

$$\boldsymbol{A}=\begin{pmatrix}-3&0&1&5\\2&-1&4&7\\1&3&0&6\end{pmatrix},\quad \boldsymbol{B}=\begin{pmatrix}7&-2&0&1\\-1&4&5&-3\\2&0&3&8\end{pmatrix},$$

求 $\boldsymbol{A}+\boldsymbol{B}$, $2\boldsymbol{A}$，$3\boldsymbol{A}-2\boldsymbol{B}$.

2. 计算：

(1) $(1,2,,1)\begin{pmatrix}4&3&2\\1&0&3\\3&0&2\end{pmatrix}$；　　(2) $\begin{pmatrix}4&3&2\\1&0&3\\3&0&2\end{pmatrix}\begin{pmatrix}1\\2\\1\end{pmatrix}$；

(3) $\begin{pmatrix}4&3&1\\1&-2&3\\5&7&0\end{pmatrix}\begin{pmatrix}7&-1\\2&0\\1&1\end{pmatrix}$；　　(4) $(x_1,x_2,x_3)\begin{pmatrix}a_{11}&a_{12}&a_{13}\\a_{12}&a_{22}&a_{23}\\a_{13}&a_{23}&a_{33}\end{pmatrix}\begin{pmatrix}x_1\\x_2\\x_3\end{pmatrix}$.

3. 计算：

(1) $\begin{pmatrix}1&1&1\\0&1&1\\0&0&1\end{pmatrix}^2$；　　(2) $\begin{pmatrix}1&1\\0&1\end{pmatrix}^k$，其中 k 是正整数；

(3) $\begin{pmatrix}a&0&0\\0&b&0\\0&0&c\end{pmatrix}^3$；　　(4) $\begin{pmatrix}\lambda&1&0\\0&\lambda&1\\0&0&\lambda\end{pmatrix}^k$，其中 $k\,(k>1)$ 是正整数.

4. 举反例说明下列命题是错误的 (设 $\boldsymbol{A},\boldsymbol{B},\boldsymbol{X},\boldsymbol{Y}$ 都是矩阵，$\boldsymbol{O}$ 为零矩阵，$\boldsymbol{E}$ 为单位矩阵)：

(1) 如果 $\boldsymbol{A}^2=\boldsymbol{O}$，则 $\boldsymbol{A}=\boldsymbol{O}$；

(2) 如果 $\boldsymbol{A}^2=\boldsymbol{A}$，则 $\boldsymbol{A}=\boldsymbol{O}$ 或 $\boldsymbol{A}=\boldsymbol{E}$；

(3) 如果 $\boldsymbol{AB}=\boldsymbol{O}$，则 $\boldsymbol{A}=\boldsymbol{O}$ 或 $\boldsymbol{B}=\boldsymbol{O}$；

(4) 如果 $\boldsymbol{AX}=\boldsymbol{AY}$，且 $\boldsymbol{A}\neq\boldsymbol{O}$，则 $\boldsymbol{X}=\boldsymbol{Y}$；

(5) 如果矩阵 $\boldsymbol{A}$ 与 $\boldsymbol{B}$ 是同阶的方阵，则 $(\boldsymbol{AB})^2=\boldsymbol{A}^2\boldsymbol{B}^2$.

5. $\boldsymbol{A}$，$\boldsymbol{B}$ 都是 n 阶方阵，分析等式

$$(\boldsymbol{A}+\boldsymbol{B})^2=\boldsymbol{A}^2+2\boldsymbol{AB}+\boldsymbol{B}^2 \quad 和 \quad \boldsymbol{A}^2-\boldsymbol{B}^2=(\boldsymbol{A}+\boldsymbol{B})(\boldsymbol{A}-\boldsymbol{B})$$

成立的条件.

6. 已知矩阵 $\boldsymbol{A}=\begin{pmatrix}2&1&3\\1&3&-1\\3&-1&2\end{pmatrix}$，$\boldsymbol{B}=\begin{pmatrix}1&2\\-1&-2\\0&6\end{pmatrix}$，求 $\boldsymbol{A}^{\mathrm{T}}$，$(\boldsymbol{AB})^{\mathrm{T}}$，$\boldsymbol{B}^{\mathrm{T}}\boldsymbol{A}^{\mathrm{T}}$.

7. 已知矩阵 $\boldsymbol{A}=\begin{pmatrix}3&1\\1&-3\end{pmatrix}$，求 $\boldsymbol{A}^{60}$，$\boldsymbol{A}^{61}$.

第 7 题视频讲解

第 8 题视频讲解

8. 已知矩阵 $\boldsymbol{\alpha}=\begin{pmatrix}2\\3\\-4\end{pmatrix}$，$\boldsymbol{\beta}=\begin{pmatrix}1\\2\\4\end{pmatrix}$，$\boldsymbol{A}=\boldsymbol{\alpha}\boldsymbol{\beta}^{\mathrm{T}}$，求 $\boldsymbol{A}^{100}$.

9. (1) 设 $\boldsymbol{A}$ 和 $\boldsymbol{B}$ 为 n 阶矩阵，且 $\boldsymbol{A}$ 是对称矩阵，证明 $\boldsymbol{B}^{\mathrm{T}}\boldsymbol{AB}$ 也是对称矩阵.

(2) 设 $\boldsymbol{A}$ 和 $\boldsymbol{B}$ 为 n 阶对称矩阵，证明 $\boldsymbol{AB}$ 是对称矩阵的充要条件是 $\boldsymbol{AB}=\boldsymbol{BA}$.

10. 设矩阵

$$\boldsymbol{A}=\begin{pmatrix}a_1&0&0\\0&a_2&0\\0&0&a_3\end{pmatrix},\quad a_i\neq a_j\,(i\neq j,i,j=1,2,3),$$

证明与 $\boldsymbol{A}$ 可交换的矩阵只能是对角矩阵.

11. 设矩阵

$$\boldsymbol{A}=\begin{pmatrix}3&1&0&0\\2&0&0&0\\0&0&1&0\\0&0&0&1\end{pmatrix},\quad \boldsymbol{B}=\begin{pmatrix}2&-1&0&0\\1&-1&0&0\\-1&3&1&2\\0&1&2&1\end{pmatrix},$$

利用矩阵的分块方法，求 $\boldsymbol{A}+\boldsymbol{B}$, $\boldsymbol{AB}$, $\boldsymbol{A}^{\mathrm{T}}$.

12. 证明：

(1) 两个 n 阶上 (下) 三角矩阵的和、积仍是上 (下) 三角矩阵；

(2) 两个 n 阶对角矩阵的和、积仍为 n 阶对角矩阵；

(3) 两个 n 阶分块上 (下) 三角矩阵的和、积仍为 n 阶上 (下) 三角矩阵.

13. 设线性变换 $\begin{cases}y_1=2x_1+x_2,\\y_2=2x_2+x_3,\\y_3=2x_1+x_2+x_3\end{cases}$ 和 $\begin{cases}x_1=2t_1+t_2,\\x_2=t_1+6t_2,\\x_3=t_1+2t_2,\end{cases}$ 利用矩阵的运算，求变量 t_1，t_2 到变量 y_1，y_2，y_3 的线性变换.

14. 某村村民为发展经济，准备开发培育三种新品种水果. 为此他们请教有关专家，并做广泛的市场调查，获得了未来一段时间这些新品种在不同地区可能达到的销售单价，以及不同地区各类人群的需求量、不同地区各类人群的消费数量的预测试，所得到的数据(假设不考虑数据的真实性)见表 1.7～表 1.9.

表 1.7　不同地区的销售单价　(单位：元/千克)

	品种 1	品种 2	品种 3
地区 1	1	2	2
地区 2	1.5	1	1.5

表 1.8　不同地区各类人群的需求量　(单位：千克)

	人群 1	人群 2
品种 1	4	2
品种 2	9	4
品种 3	2	6

表 1.9　不同地区各类人群消费数量预测值　(单位：千克)

	地区 1	地区 2
人群 1	1	2
人群 2	0.5	1

利用矩阵的运算，计算：

(1) 每个地区每类人群购买新品种水果的费用；

(2) 每个地区每种水果的消费数量.

第 14 题
参考解答

第 1 章测试题

第 1 章测试题参考答案

第2章 行 列 式

数学家克拉默

克拉默(Cramer，1704～1752)，瑞士数学家，1724 年起在日内瓦加尔文学院任教,1734 年成为几何学教授. 他自 1727 年进行为期两年的旅行访学，在巴塞尔与约翰·伯努利、欧拉等学习交流，之后又到英国、荷兰、法国等地拜访许多数学名家，回国后在与他们的长期通信中，交流学习，为数学宝库留下大量有价值的文献. 他一生专心治学，平易近人且德高望重，先后当选为伦敦皇家学会、柏林研究院等机构的成员.

克拉默的主要著作是《代数曲线的分析引论》，首先定义了正则、非正则、超越曲线和无理曲线等概念，第一次正式引入坐标系的纵轴(y 轴)，然后讨论曲线变换，并依据曲线方程的阶数将曲线进行分类，对行列式的展开法则给出了比较完整、明确的阐述. 为确定经过 5 个点的一般二次曲线的系数，应用了著名的“克拉默法则”，即由线性方程组的系数确定方程组解的表达式. 该法则虽由英国数学家麦克劳林得到，并于 1748 年发表，但克拉默的优越符号使之流传.

基本概念

行列式、余子式、代数余子式.

基本运算

行列式的运算.

基本要求

熟练掌握 2 阶行列式和 3 阶行列式的对角线法则，了解 n 阶行列式的定义；熟悉余子式和代数余子式的概念，掌握行列式的性质和计算.

行列式是线性代数的重要概念之一，也是刻画方阵的某种特征的一个重要工具. 在解线性方程组等许多重要的数学理论研究、自然科学和工程技术领域中都有广泛的应用. 本章主要介绍行列式的定义、性质和计算等内容.

2.1 行列式的定义

行列式的概念起源于线性方程组求解，最早它仅是一种速记的表达式，如今有着非常重要的应用. 本节从具体到一般地给出行列式的定义.

2.1.1 2 阶行列式的定义

假设 2 元线性方程组为

$$\begin{cases} a_{11}x_1 + a_{12}x_2 = b_1, \\ a_{21}x_1 + a_{22}x_2 = b_2, \end{cases} \tag{2.1}$$

当 $a_{11}a_{22} - a_{12}a_{21} \neq 0$ 时，利用线性方程组的消元法，得线性方程组(2.1)的唯一解为

$$x_1 = \frac{b_1a_{22} - b_2a_{12}}{a_{11}a_{22} - a_{12}a_{21}}, \quad x_2 = \frac{b_2a_{11} - b_1a_{21}}{a_{11}a_{22} - a_{12}a_{21}}. \tag{2.2}$$

为记忆线性方程组的解(2.2)方便起见，引入 2 阶行列式的定义如下.

定义 2.1 称代数和 $a_{11}a_{22} - a_{12}a_{21}$ 为 2 阶方阵

$$\begin{pmatrix} a_{11} & a_{12} \\ a_{21} & a_{22} \end{pmatrix}$$

的**行列式**，简称 **2 阶行列式**，记作

$$\begin{vmatrix} a_{11} & a_{12} \\ a_{21} & a_{22} \end{vmatrix}.$$

根据定义 2.1 可知，2 阶行列式的定义具有“对角线法则”，2 阶行列式等于其主对角线上元素的乘积减其副对角线上元素的乘积，即

$$\begin{vmatrix} a_{11} & a_{12} \\ a_{21} & a_{22} \end{vmatrix} = a_{11}a_{22} - a_{12}a_{21}.$$

借助 2 阶行列式的记号，式 (2.2) 中 x_1 和 x_2 的分子可以用行列式分别表示为

$$b_1a_{22} - a_{12}b_2 = \begin{vmatrix} b_1 & a_{12} \\ b_2 & a_{22} \end{vmatrix}, \quad a_{11}b_2 - b_1a_{21} = \begin{vmatrix} a_{11} & b_1 \\ a_{21} & b_2 \end{vmatrix}.$$

从而线性方程组(2.1)的解(2.2)可以用行列式表示为

$$x_1 = \frac{D_1}{D}, \quad x_2 = \frac{D_2}{D}, \tag{2.3}$$

其中 $D=\begin{vmatrix} a_{11} & a_{12} \\ a_{21} & a_{22} \end{vmatrix}$ 是由线性方程组 (2.1) 的系数矩阵确定的 2 阶行列式，称 D 为该方程组的**系数行列式**，而 $D_1=\begin{vmatrix} b_1 & a_{12} \\ b_2 & a_{22} \end{vmatrix}$ 是用常数项 b_1,b_2 代替系数行列式 D 的第 1 列元素得到的 2 阶行列式，$D_2=\begin{vmatrix} a_{11} & b_1 \\ a_{21} & b_2 \end{vmatrix}$ 是用常数项 b_1,b_2 代替系数行列式 D 的第 2 列元素得到的 2 阶行列式，称 D_1，D_2 为**代换系数以后的行列式**.

例 2.1 计算 2 阶行列式 $\begin{vmatrix} 3 & -2 \\ 1 & 4 \end{vmatrix}$.

解 $\begin{vmatrix} 3 & -2 \\ 1 & 4 \end{vmatrix}=3\times4-(-2)\times1=14$.

例 2.2 利用行列式，求解线性方程组

$$\begin{cases} 2x_1+4x_2=1, \\ x_1+3x_2=2. \end{cases}$$

解 由于线性方程组的系数行列式 $D=\begin{vmatrix} 2 & 4 \\ 1 & 3 \end{vmatrix}=2\neq0$，而代换系数以后的行列式

$$D_1=\begin{vmatrix} 1 & 4 \\ 2 & 3 \end{vmatrix}=-5, \quad D_2=\begin{vmatrix} 2 & 1 \\ 1 & 2 \end{vmatrix}=3,$$

因此，该线性方程组的解为

$$x_1=\frac{D_1}{D}=-\frac{5}{2}, \quad x_2=\frac{D_2}{D}=\frac{3}{2}.$$

2.1.2 3 阶行列式的定义

设 3 元线性方程组为

$$\begin{cases} a_{11}x_1+a_{12}x_2+a_{13}x_3=b_1, \\ a_{21}x_1+a_{22}x_2+a_{23}x_3=b_2, \\ a_{31}x_1+a_{32}x_2+a_{33}x_3=b_3, \end{cases} \tag{2.4}$$

其解也有类似于式(2.3)的表达式，但是线性方程组(2.4)的系数矩阵是 3 阶方阵，因此需要介绍 3 阶行列式的定义.

定义 2.2 称代数和

$$a_{11}a_{22}a_{33}+a_{12}a_{23}a_{31}+a_{13}a_{21}a_{32}-a_{13}a_{22}a_{31}-a_{12}a_{21}a_{33}-a_{11}a_{23}a_{32}$$

为 3 阶方阵

$$\begin{pmatrix} a_{11} & a_{12} & a_{13} \\ a_{21} & a_{22} & a_{23} \\ a_{31} & a_{32} & a_{33} \end{pmatrix}$$

的**行列式**，简称 **3 阶行列式**，记作

$$\begin{vmatrix} a_{11} & a_{12} & a_{13} \\ a_{21} & a_{22} & a_{23} \\ a_{31} & a_{32} & a_{33} \end{vmatrix}.$$

根据定义 2.2 可知，3 阶行列式的定义同样具有“对角线法则”，3 阶行列式等于其主对角线上元素的乘积减其副对角线上元素的乘积，即

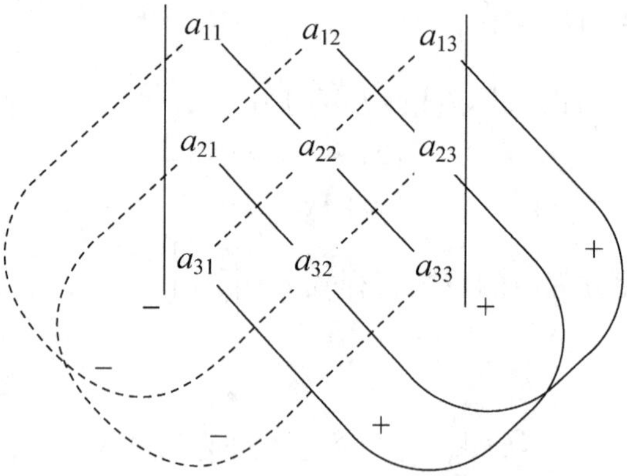

$$= a_{11}a_{22}a_{33} + a_{12}a_{23}a_{31} + a_{13}a_{21}a_{32} - a_{13}a_{22}a_{31} - a_{12}a_{21}a_{33} - a_{11}a_{23}a_{32}.$$

例 2.3 计算 3 阶行列式 $\begin{vmatrix} 1 & 2 & 3 \\ 2 & 3 & 1 \\ 3 & 1 & 2 \end{vmatrix}$.

解 根据定义 2.2，则行列式

$$\begin{aligned} \begin{vmatrix} 1 & 2 & 3 \\ 2 & 3 & 1 \\ 3 & 1 & 2 \end{vmatrix} &= 1\times3\times2 + 2\times1\times3 + 3\times2\times1 \\ &\quad -3\times3\times3 - 2\times2\times2 - 1\times1\times1 \\ &= -18. \end{aligned}$$

如果 3 元线性方程组 (2.4) 的系数行列式 $D = \begin{vmatrix} a_{11} & a_{12} & a_{13} \\ a_{21} & a_{22} & a_{23} \\ a_{31} & a_{32} & a_{33} \end{vmatrix} \neq 0$，可以验证 3 元线性方程组 (2.4) 有唯一解，用行列式表示为

$$x_1=\frac{D_1}{D},\quad x_2=\frac{D_2}{D},\quad x_3=\frac{D_3}{D},\tag{2.5}$$

其中代换系数以后的行列式

$$D_1=\begin{vmatrix} b_1 & a_{12} & a_{13}\\ b_2 & a_{22} & a_{23}\\ b_3 & a_{32} & a_{33}\end{vmatrix},\quad D_2=\begin{vmatrix} a_{11} & b_1 & a_{13}\\ a_{21} & b_2 & a_{23}\\ a_{31} & b_3 & a_{33}\end{vmatrix},\quad D_3=\begin{vmatrix} a_{11} & a_{12} & b_1\\ a_{21} & a_{22} & b_2\\ a_{31} & a_{32} & b_3\end{vmatrix}.$$

关于线性方程组(2.4)的解(2.5)的正确性，定理 3.3 将给出严格的证明.

例 2.4 利用式(2.5)，求解线性方程组 $\begin{cases} x_1-2x_2+x_3=-2,\\ 2x_1+x_2-3x_3=1,\\ -x_1+x_2-x_3=0.\end{cases}$

解 由于线性方程组系数行列式 $D=\begin{vmatrix} 1 & -2 & 1\\ 2 & 1 & -3\\ -1 & 1 & -1\end{vmatrix}=-5$, 而代换系数以后的行列式

$$D_1=\begin{vmatrix} -2 & -2 & 1\\ 1 & 1 & -3\\ 0 & 1 & -1\end{vmatrix}=-5,\quad D_2=\begin{vmatrix} 1 & -2 & 1\\ 2 & 1 & -3\\ -1 & 0 & -1\end{vmatrix}=-10,\quad D_3=\begin{vmatrix} 1 & -2 & -2\\ 2 & 1 & 1\\ -1 & 1 & 0\end{vmatrix}=-5,$$

于是该线性方程组的解为

$$x_1=\frac{D_1}{D}=1,\quad x_2=\frac{D_2}{D}=2,\quad x_3=\frac{D_3}{D}=1.$$

式(2.5)的结果可以推广到求解 n 元线性方程组的情况(具体内容见定理 3.3)，为此需要学习 n 阶行列式的定义.

2.1.3 *n* 阶行列式的定义

2 阶行列式和 3 阶行列式的定义具有“对角线法则”，但这种“对角线法则”不能推广到 $n>3$ 的情形. 为定义 n 阶行列式，需要从代数的角度分析 2 阶行列式和 3 阶行列式结果的特点. 下面以 3 阶矩阵 $\boldsymbol{A}=(a_{ij})$ 的行列式为例进行讨论.

根据 3 阶行列式的定义，可知

$$\begin{aligned}\begin{vmatrix} a_{11} & a_{12} & a_{13}\\ a_{21} & a_{22} & a_{23}\\ a_{31} & a_{32} & a_{33}\end{vmatrix}&=a_{11}(a_{22}a_{33}-a_{23}a_{32})-a_{12}(-a_{23}a_{31}+a_{21}a_{33})+a_{13}(a_{21}a_{32}-a_{22}a_{31})\\ &=a_{11}\begin{vmatrix} a_{22} & a_{23}\\ a_{32} & a_{33}\end{vmatrix}-a_{12}\begin{vmatrix} a_{21} & a_{23}\\ a_{31} & a_{33}\end{vmatrix}+a_{13}\begin{vmatrix} a_{21} & a_{22}\\ a_{31} & a_{32}\end{vmatrix}\\ &=a_{11}A_{11}+a_{12}A_{12}+a_{13}A_{13},\end{aligned}$$

其中 $A_{11}=(-1)^{1+1}\begin{vmatrix}a_{22} & a_{23}\\ a_{32} & a_{33}\end{vmatrix}$，$A_{12}=(-1)^{1+2}\begin{vmatrix}a_{21} & a_{23}\\ a_{31} & a_{33}\end{vmatrix}$，$A_{13}=(-1)^{1+3}\begin{vmatrix}a_{21} & a_{22}\\ a_{31} & a_{32}\end{vmatrix}$，即 A_{1j} 是在矩阵 $\boldsymbol{A}$ 中划去 $a_{1j}(j=1,2,3)$ 所在的第 1 行和第 j 列的元素，余下的元素 (元素的位置不变) 构成的 2 阶行列式与 $(-1)^{1+j}$ 之积.

同理，3 阶行列式也可以表示为

$$\begin{vmatrix}a_{11} & a_{12} & a_{13}\\ a_{21} & a_{22} & a_{23}\\ a_{31} & a_{32} & a_{33}\end{vmatrix}=a_{11}A_{11}+a_{21}A_{21}+a_{31}A_{31},$$

其中 A_{i1} 是在矩阵 $\boldsymbol{A}$ 中划去 $a_{i1}\,(i=1,2,3)$ 所在的第 i 行和第 1 列的元素，余下的元素(元素的位置不变)构成的 2 阶行列式与 $(-1)^{i+1}$ 之积.

根据以上分析，利用递推的方法，给出 n 阶行列式的定义如下.

定义 2.3 设 $n(n\geq 2)$ 阶方阵 $\boldsymbol{A}=(a_{ij})$，称

$$a_{11}A_{11}+a_{12}A_{12}+\cdots+a_{1n}A_{1n}$$

或

$$a_{11}A_{11}+a_{21}A_{21}+\cdots+a_{n1}A_{n1}$$

行列式值的唯一性证明

为 n 阶方阵 $\boldsymbol{A}=(a_{ij})$ 的**行列式**，简称 n **阶行列式**，记作

$$\begin{vmatrix}a_{11} & a_{12} & \cdots & a_{1n}\\ a_{21} & a_{22} & \cdots & a_{2n}\\ \vdots & \vdots & & \vdots\\ a_{n1} & a_{n2} & \cdots & a_{nn}\end{vmatrix},$$

其中 A_{1j} 是在 n 阶矩阵 $\boldsymbol{A}$ 中划去 a_{1j} 所在的第 1 行和第 j 列的元素，余下的元素(元素的位置不变)构成的 $n-1$ 阶行列式与 $(-1)^{1+j}\,(j=1,2,\cdots,n)$ 之积，即

$$A_{1j}=(-1)^{1+j}\begin{vmatrix}a_{21} & \cdots & a_{2,j-1} & a_{2,j+1} & \cdots & a_{2n}\\ a_{31} & \cdots & a_{3,j-1} & a_{3,j+1} & \cdots & a_{3n}\\ \vdots & & \vdots & \vdots & & \vdots\\ a_{n1} & \cdots & a_{n,j-1} & a_{n,j+1} & \cdots & a_{nn}\end{vmatrix},\quad j=1,2,\cdots,n;$$

行列式定义的等价性证明

A_{i1} 是在 n 阶矩阵 $\boldsymbol{A}$ 中划去 a_{i1} 所在的第 i 行和第 1 列的元素，余下的元素(元素的位置不变)构成的 $n-1$ 阶行列式与 $(-1)^{i+1}\,(i=1,2,\cdots,n)$之积.

n 阶方阵 $\boldsymbol{A}=(a_{ij})$ 的行列式也可以记作 $\det(a_{ij})$，$\det(\boldsymbol{A})$，$|\boldsymbol{A}|$ 或 $|\boldsymbol{A}|_{nxn}$.

当 n=1 时，规定 1 阶行列式 $|a_{11}|=a_{11}$，注意不要和绝对值混淆.

根据行列式的定义 2.3 可知，对于任意的 n 阶行列式，相当于按行列式的第 1 行(或第 1 列)“展开”(或“降阶”)，逐步将其转化为 3 阶或 2 阶行列式计算.

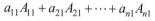

比如，例 2.3 可以利用行列式的定义 2.3，化为 2 阶行列式计算，即

$$\begin{vmatrix}1&2&3\\2&3&1\\3&1&2\end{vmatrix}=1\times(-1)^{1+1}\begin{vmatrix}3&1\\1&2\end{vmatrix}+2\times(-1)^{1+2}\begin{vmatrix}2&1\\3&2\end{vmatrix}+3\times(-1)^{1+3}\begin{vmatrix}2&3\\3&1\end{vmatrix}=-18.$$

同理，可以按第 1 列展开为

$$\begin{vmatrix}1&2&3\\2&3&1\\3&1&2\end{vmatrix}=1\times(-1)^{1+1}\begin{vmatrix}3&1\\1&2\end{vmatrix}+2\times(-1)^{2+1}\begin{vmatrix}2&3\\1&2\end{vmatrix}+3\times(-1)^{3+1}\begin{vmatrix}2&3\\3&1\end{vmatrix}=-18.$$

例 2.5 计算 4 阶行列式 $D=\begin{vmatrix}1&0&3&4\\0&1&2&3\\1&5&1&7\\0&0&2&1\end{vmatrix}$.

解 利用定义 2.3，按第 1 行展开，得

$$D=1\times(-1)^{1+1}\begin{vmatrix}1&2&3\\5&1&7\\0&2&1\end{vmatrix}+0\times(-1)^{1+2}\begin{vmatrix}0&2&3\\1&1&7\\0&2&1\end{vmatrix}$$
$$+3\times(-1)^{1+3}\begin{vmatrix}0&1&3\\1&5&7\\0&0&1\end{vmatrix}+4\times(-1)^{1+4}\begin{vmatrix}0&1&2\\1&5&1\\0&0&2\end{vmatrix}=12.$$

同理，可以按第 1 列展开，得

$$D=1\times(-1)^{1+1}\begin{vmatrix}1&2&3\\5&1&7\\0&2&1\end{vmatrix}+0\times(-1)^{2+1}\begin{vmatrix}0&3&4\\5&1&7\\0&2&1\end{vmatrix}$$
$$+1\times(-1)^{3+1}\begin{vmatrix}0&3&4\\1&2&3\\0&2&1\end{vmatrix}+0\times(-1)^{4+1}\begin{vmatrix}0&3&4\\1&2&3\\5&1&7\end{vmatrix}=12.$$

根据例 2.5 的计算过程，如果行列式 D 的第 1 行 (或 1 列) 有比较多的零元素，计算比较简单.

例 2.6 证明行列式

$$D=\begin{vmatrix}a_{11}&0&\cdots&0\\a_{21}&a_{22}&\cdots&0\\\vdots&\vdots&&\vdots\\a_{n1}&a_{n2}&\cdots&a_{nn}\end{vmatrix}=a_{11}a_{22}\cdots a_{nn},$$

该行列式 (主对角线以上的元素都是零的行列式) 称为**下三角行列式**.

证 用数学归纳法证明. 当 $n=2$ 时，由于

$$D=\begin{vmatrix} a_{11} & 0 \\ a_{21} & a_{22} \end{vmatrix}=a_{11}a_{22},$$

因此，结论成立.

假设对于 $n-1$ 阶行列式，结论正确. 下面证明 n 阶行列式的正确性.

由于 n 阶行列式 D 的主对角线以上的元素全为零，于是将行列式 D 按第 1 行展开后，得到的行列式是 $n-1$ 阶下三角行列式，则

$$D=a_{11}\begin{vmatrix} a_{22} & 0 & \cdots & 0 \\ a_{32} & a_{33} & \cdots & 0 \\ \vdots & \vdots & & \vdots \\ a_{n2} & a_{n3} & \cdots & a_{nn} \end{vmatrix}=a_{11}a_{22}\cdots a_{nn}.$$

因此，对于任意的自然数 n，结论都成立.

同理，上三角行列式 (主对角线以下的元素都是零的行列式称为**上三角行列式**)

$$\begin{vmatrix} a_{11} & a_{12} & \cdots & a_{1n} \\ 0 & a_{22} & \cdots & a_{2n} \\ \vdots & \vdots & & \vdots \\ 0 & 0 & \cdots & a_{nn} \end{vmatrix}=a_{11}a_{22}\cdots a_{nn}.$$

对角行列式 (主对角线以外的元素都是零的行列式称为**对角行列式**)

$$\begin{vmatrix} a_{11} & 0 & \cdots & 0 \\ 0 & a_{22} & \cdots & 0 \\ \vdots & \vdots & & \vdots \\ 0 & 0 & \cdots & a_{nn} \end{vmatrix}=a_{11}a_{22}\cdots a_{nn}.$$

另外，还有如下特殊的行列式

$$\begin{vmatrix} a_{11} & a_{12} & \cdots & a_{1,n-1} & a_{1n} \\ a_{21} & a_{22} & \cdots & a_{2,n-1} & 0 \\ \vdots & \vdots & & \vdots & \vdots \\ a_{n1} & 0 & \cdots & 0 & 0 \end{vmatrix}=(-1)^{\frac{n(n-1)}{2}}a_{1n}a_{2,n-1}\cdots a_{n1},$$

$$\begin{vmatrix} 0 & \cdots & 0 & a_{1n} \\ 0 & \cdots & a_{2,n-1} & a_{2n} \\ \vdots & & \vdots & \vdots \\ a_{n1} & \cdots & a_{n,n-1} & a_{nn} \end{vmatrix}=(-1)^{\frac{n(n-1)}{2}}a_{1n}a_{2,n-1}\cdots a_{n1}.$$

2.2 余子式和行列式的性质

一般情况下，仅利用行列式的定义计算高阶行列式，计算量比较大. 因此，需要介绍行列式的性质，从而简化行列式的计算. 为叙述方便起见，下面给出余子式和代数余子式两个重要的概念.

2.2.1 余子式和代数余子式

定义 2.4 在 n 阶行列式 $\det(a_{ij})$中，将元素 a_{ij} $(i, j = 1, 2,\cdots, n)$ 所在的第 i 行和第 j 列的元素划去，余下的元素按原有的次序不变，所构成的 $n-1$ 阶行列式称为元素 a_{ij} 的**余子式**，记作 M_{ij}; 称 $A_{ij} = (-1)^{i+j} M_{ij}$ 为元素 a_{ij} 的**代数余子式**.

例如，设行列式

$$D = \begin{vmatrix} a_{11} & a_{12} & a_{13} & a_{14} \\ a_{21} & a_{22} & a_{23} & a_{24} \\ a_{31} & a_{32} & a_{33} & a_{34} \\ a_{41} & a_{42} & a_{43} & a_{44} \end{vmatrix},$$

则元素 a_{23} 的余子式和代数余子式分别为

$$M_{23} = \begin{vmatrix} a_{11} & a_{12} & a_{14} \\ a_{31} & a_{32} & a_{34} \\ a_{41} & a_{42} & a_{44} \end{vmatrix}, \quad A_{23} = (-1)^{2+3} M_{23} = -M_{23}.$$

由上可知，在 n 阶行列式 $\det(a_{ij})$ 中，元素 a_{ij} 的余子式和代数余子式与元素 a_{ij} 所在的行及列的元素大小无关.

根据行列式的余子式和代数余子式的定义可知，n 阶行列式的定义可以叙述为：**n 阶行列式 $\det(a_{ij})$ 等于其第 1 行的元素与其对应的代数余子式乘积之和，或第 1 列的元素与其对应的代数余子式乘积之和**.

2.2.2 行列式的性质

设 n 阶方阵 $\boldsymbol{A} = (a_{ij})_{n\times n}$，其转置矩阵为 $\boldsymbol{A}^{\mathrm{T}}$，称行列式 $\left|\boldsymbol{A}^{\mathrm{T}}\right|$ 为 n 阶行列式 $D = |\boldsymbol{A}|$ 的**转置行列式**，记作 D^{T}.

性质 2.1 行列式与它的转置行列式相等.

根据行列式的定义 2.3，利用数学归纳法，很容易证明性质 2.1 的正确性.

例如，3 阶行列式 $D=\begin{vmatrix}1 & 2 & 3\\4 & 0 & 5\\-1 & 0 & 6\end{vmatrix}=-58$，其转置行列式 $D^{\mathrm{T}}=\begin{vmatrix}1 & 4 & -1\\2 & 0 & 0\\3 & 5 & 6\end{vmatrix}=-58$.

性质 2.1 表明，对于 n 阶方阵 $\boldsymbol{A}$，有 $|\boldsymbol{A}^{\mathrm{T}}|=|\boldsymbol{A}|$ 成立. 同时说明在行列式的运算中，**行列式的“行”与“列”具有同等的地位**. 因此，关于行列式的行成立的结论，对于列也成立. 反之，同样正确. 以下有关行列式的结论，都将以行(或列)为例叙述或证明.

性质 2.2 如果交换 $n(n\geqslant 2)$阶行列式的某两行(或两列)的元素(其余行或列的元素保持不变)，则行列式的值变号.

比如，交换 n 阶行列式的第 i 行和第 j 行的元素，即

$$\begin{vmatrix}a_{11} & a_{12} & \cdots & a_{1n}\\ \vdots & \vdots & & \vdots\\ a_{i1} & a_{i2} & \cdots & a_{in}\\ \vdots & \vdots & & \vdots\\ a_{j1} & a_{j2} & \cdots & a_{jn}\\ \vdots & \vdots & & \vdots\\ a_{n1} & a_{n2} & \cdots & a_{nn}\end{vmatrix}=-\begin{vmatrix}a_{11} & a_{12} & \cdots & a_{1n}\\ \vdots & \vdots & & \vdots\\ a_{j1} & a_{j2} & \cdots & a_{jn}\\ \vdots & \vdots & & \vdots\\ a_{i1} & a_{i2} & \cdots & a_{in}\\ \vdots & \vdots & & \vdots\\ a_{n1} & a_{n2} & \cdots & a_{nn}\end{vmatrix}.$$

证 以行为例，用数学归纳法证明.

当 $n=2$ 时，由于

$$\begin{vmatrix}a_{21} & a_{22}\\ a_{11} & a_{12}\end{vmatrix}=a_{21}a_{12}-a_{22}a_{11}=-(a_{11}a_{22}-a_{12}a_{21})=-\begin{vmatrix}a_{11} & a_{12}\\ a_{21} & a_{22}\end{vmatrix},$$

因此，结论成立.

假设对于 $n-1$ 阶行列式，结论正确. 下面证明 n 阶行列式的正确性.

首先，证明交换 n 阶行列式的相邻两行的元素情况. 设 n 阶行列式 $D=\det(a_{ij})$，M_{ij} 和 A_{ij} 分别是元素 $a_{ij}(i,j=1,2,\cdots,n)$ 的余子式和代数余子式；交换 n 阶行列式 $D=\det(a_{ij})$ 的 i 和 $i+1$ 两行的元素，得到的行列式记作 $D_1=\det(b_{ij})$，$\overline{M}_{ij}$ 和 $\overline{A}_{ij}$ 分别是元素 $b_{ij}(i,j=1,2,\cdots,n)$ 的余子式和代数余子式.

根据行列式的定义 2.3，按第 1 列展开，得

$$D=a_{11}A_{11}+\cdots+a_{i1}A_{i1}+a_{i+1,1}A_{i+1,1}+\cdots+a_{n1}A_{n1},$$

$$D_1=b_{11}\overline{A}_{11}+\cdots+b_{i1}\overline{A}_{i1}+b_{i+1,1}\overline{A}_{i+1,1}+\cdots+b_{n1}\overline{A}_{n1}.$$

当 $l\neq i,i+1$ 时，有 $b_{l1}=a_{l1}$，$\overline{A}_{l1}=-A_{l1}$；

当 $l=i$ 或 $i+1$ 时，$b_{i1}=a_{i+1,1}$，$b_{i+1,1}=a_{i1}$，而

$$\bar{A}_{i1}=(-1)^{i+1}\bar{M}_{i1}=(-1)^{i+1}M_{i+1,1}=-(-1)^{i+1+1}M_{i+1,1}=-A_{i+1,1},$$

$$\bar{A}_{i+1,1}=(-1)^{i+1+1}\bar{M}_{i+1,1}=(-1)^{i+1+1}M_{i,1}=-(-1)^{i+1}M_{i,1}=-A_{i,1},$$

则

$$D_1=-a_{11}A_{11}-\cdots-a_{i+1,1}A_{i+1,1}-a_{i1}A_{i1}-\cdots-a_{n1}A_{n1}=-D.$$

然后，证明交换 n 阶行列式的任意两行的元素情况. 设交换 n 阶行列式 $D=\det(a_{ij})$ 的 i 和 $i+r$ $(r>1)$ 行的元素，得到的行列式记作 $D_1=\det(b_{ij})$. 先将 n 阶行列式 $D_1=\det(b_{ij})$ 的第 i 行的元素和其下面的行做相邻交换，依次交换到第 $i+r$ 行，共交换 r 次；再将得到的新行列式的第 $i+r-1$ 行的元素和其上面的行做相邻交换，依次交换到第 i 行，共交换 $r-1$ 次，则

$$D_1=(-1)^{2r-1}D=-D.$$

因此，对于任意的自然数 n，性质 2.2 的结论都正确.

交换行列式的 i,j 两行的元素，简称交换行列式的 i,j 两行；交换行列式的 i,j 两列的元素，简称交换行列式的 i,j 两列. 用 r_i 表示行列式的第 i 行，c_i 表示行列式的第 i 列. 交换行列式的 i,j 两行的元素，记作 $r_i\leftrightarrow r_j$；交换行列式的 i,j 两列的元素，记作 $c_i\leftrightarrow c_j$.

由性质 2.2，可得如下结论.

推论 2.1 如果行列式的某两行(或两列)的元素完全相同，则行列式的值为 0.

性质 2.3 如果行列式的某一行(或列)的所有元素都有公因子，则该公因子可以提到行列式符号的外面.

比如，n 阶行列式的第 i 行的元素都有公因子 λ，即

$$\begin{vmatrix} a_{11} & a_{12} & \cdots & a_{1n} \\ \vdots & \vdots & & \vdots \\ \lambda a_{i1} & \lambda a_{i2} & \cdots & \lambda a_{in} \\ \vdots & \vdots & & \vdots \\ a_{n1} & a_{n2} & \cdots & a_{nn} \end{vmatrix}=\lambda\begin{vmatrix} a_{11} & a_{12} & \cdots & a_{1n} \\ \vdots & \vdots & & \vdots \\ a_{i1} & a_{i2} & \cdots & a_{in} \\ \vdots & \vdots & & \vdots \\ a_{n1} & a_{n2} & \cdots & a_{nn} \end{vmatrix}.$$

证 以行列式的行为例，用数学归纳法证明.

由于

$$\begin{vmatrix} \lambda a_{11} & \lambda a_{12} \\ a_{21} & a_{22} \end{vmatrix}=\lambda(a_{11}a_{22}-a_{12}a_{21})=\lambda\begin{vmatrix} a_{11} & a_{12} \\ a_{21} & a_{22} \end{vmatrix},$$

同理，

$$\begin{vmatrix} a_{11} & a_{12} \\ \lambda a_{21} & \lambda a_{22} \end{vmatrix}=\lambda\begin{vmatrix} a_{11} & a_{12} \\ a_{21} & a_{22} \end{vmatrix}.$$

因此，当 $n=2$ 时，结论成立.

假设对于任意的 $n-1$ 阶行列式，结论正确. 下面证明 n 阶行列式的正确性.

设 n 阶行列式 $D=\det(a_{ij})$ ， A_{ij} 是元素 $a_{ij}\,(i,j=1,2,\cdots,n)$ 的代数余子式； n 阶行列式

$$D_1=\det(b_{ij})=\begin{vmatrix} a_{11} & a_{12} & \cdots & a_{1n} \\ \vdots & \vdots & & \vdots \\ \lambda a_{i1} & \lambda a_{i2} & \cdots & \lambda a_{in} \\ \vdots & \vdots & & \vdots \\ a_{n1} & a_{n2} & \cdots & a_{nn} \end{vmatrix},$$

$\overline{A}_{ij}$ 是元素 $b_{ij}\,(i,j=1,2,\cdots,n)$ 的代数余子式.

根据行列式的定义 2.3，将行列式 D_1 按第 1 列展开，得

$$D_1=b_{11}\overline{A}_{11}+\cdots+b_{i1}\overline{A}_{i1}+\cdots+b_{n1}\overline{A}_{n1},$$

当 $l\neq i\,(l=1,2,\cdots,n)$ 时，有 $b_{l1}=a_{l1}$ ， $\overline{A}_{l1}=\lambda A_{l1}$ ，而 $b_{i1}=\lambda a_{i1}$ ， $\overline{A}_{i1}=A_{i1}$ ，则

$$D_1=\lambda a_{11}A_{11}+\cdots+\lambda a_{i1}A_{i1}+\cdots+\lambda a_{n1}A_{n1}=\lambda D.$$

因此，对于任意的自然数 n，性质 2.3 的结论正确.

性质 2.3 表明，用数 λ 乘行列式，等于用数 λ 乘行列式的某一行(或列)的所有元素.

行列式的第 i 行的所有元素乘数 λ ，记作 λr_i ；行列式的第 i 列的所有元素乘数 λ ，记作 λc_i .

根据行列式的性质 2.3 可知，下列结论是正确的.

推论 2.2 如果 $\boldsymbol{A}$ 是 n 阶矩阵，则

$$|\lambda\boldsymbol{A}|=\lambda^n|\boldsymbol{A}|.$$

推论 2.3 如果行列式的某两行(或两列)的元素对应成比例，则行列式的值为零.

性质 2.4 如果行列式的某一行(或列)的元素都是两个数的和，则该行列式可以按该行(或列)分解为两个行列式的和，其余行(或列)的元素不变.

比如，n 阶行列式的第 i 行的元素都是两个数的和，即

$$\begin{vmatrix} a_{11} & a_{12} & \cdots & a_{1n} \\ \vdots & \vdots & & \vdots \\ a_{i1}+b_{i1} & a_{i2}+b_{i2} & \cdots & a_{in}+b_{in} \\ \vdots & \vdots & & \vdots \\ a_{n1} & a_{n2} & \cdots & a_{nn} \end{vmatrix}=\begin{vmatrix} a_{11} & a_{12} & \cdots & a_{1n} \\ \vdots & \vdots & & \vdots \\ a_{i1} & a_{i2} & \cdots & a_{in} \\ \vdots & \vdots & & \vdots \\ a_{n1} & a_{n2} & \cdots & a_{nn} \end{vmatrix}+\begin{vmatrix} a_{11} & a_{12} & \cdots & a_{1n} \\ \vdots & \vdots & & \vdots \\ b_{i1} & b_{i2} & \cdots & b_{in} \\ \vdots & \vdots & & \vdots \\ a_{n1} & a_{n2} & \cdots & a_{nn} \end{vmatrix}.$$

证 当 $i=1$ 时，根据行列式的定义 2.3，显然性质 2.4 的结论成立.

当 $i\neq 1$ 时，将等号左端行列式的第 i 行的元素和其上面的行做相邻交换，依

次交换到第 1 行，共交换 $i-1$ 次，利用 $i=1$ 时，性质 2.4 成立，得

$$\begin{vmatrix} a_{11} & a_{12} & \cdots & a_{1n} \\ \vdots & \vdots & & \vdots \\ a_{i1}+b_{i1} & a_{i2}+b_{i2} & \cdots & a_{in}+b_{in} \\ \vdots & \vdots & & \vdots \\ a_{n1} & a_{n2} & \cdots & a_{nn} \end{vmatrix} = (-1)^{i-1}\begin{vmatrix} a_{i1}+b_{i1} & a_{i2}+b_{i2} & \cdots & a_{in}+b_{in} \\ a_{11} & a_{12} & \cdots & a_{1n} \\ \vdots & \vdots & & \vdots \\ a_{i-1,1} & a_{i-1,2} & \cdots & a_{i-1,n} \\ a_{i+1,1} & a_{i+1,2} & \cdots & a_{i+1,n} \\ \vdots & \vdots & & \vdots \\ a_{n1} & a_{n2} & \cdots & a_{nn} \end{vmatrix}$$

$$= (-1)^{i-1}\begin{vmatrix} a_{i1} & a_{i2} & \cdots & a_{in} \\ a_{11} & a_{12} & \cdots & a_{1n} \\ \vdots & \vdots & & \vdots \\ a_{i-1,1} & a_{i-1,2} & \cdots & a_{i-1,n} \\ a_{i+1,1} & a_{i+1,2} & \cdots & a_{i+1,n} \\ \vdots & \vdots & & \vdots \\ a_{n1} & a_{n2} & \cdots & a_{nn} \end{vmatrix} + (-1)^{i-1}\begin{vmatrix} b_{i1} & b_{i2} & \cdots & b_{in} \\ a_{11} & a_{12} & \cdots & a_{1n} \\ \vdots & \vdots & & \vdots \\ a_{i-1,1} & a_{i-1,2} & \cdots & a_{i-1,n} \\ a_{i+1,1} & a_{i+1,2} & \cdots & a_{i+1,n} \\ \vdots & \vdots & & \vdots \\ a_{n1} & a_{n2} & \cdots & a_{nn} \end{vmatrix}.$$

再将上式等号右端两个列式的第 1 行的元素和其下面的行做相邻交换，依次交换到第 i 行，共交换 $i-1$ 次，即得性质 2.4 的结论.

性质 2.5 如果行列式的某一行(或列)的所有元素乘同一数，然后加到另一行(或列)的对应元素上，则行列式的值不变.

比如，n 阶行列式的第 i 行的元素都乘数 λ 加到第 j 行的对应元素上，即

$$\begin{vmatrix} a_{11} & a_{12} & \cdots & a_{1n} \\ \vdots & \vdots & & \vdots \\ a_{i1} & a_{i2} & \cdots & a_{in} \\ \vdots & \vdots & & \vdots \\ a_{j1} & a_{j2} & \cdots & a_{jn} \\ \vdots & \vdots & & \vdots \\ a_{n1} & a_{n2} & \cdots & a_{nn} \end{vmatrix} = \begin{vmatrix} a_{11} & a_{12} & \cdots & a_{1n} \\ \vdots & \vdots & & \vdots \\ a_{i1} & a_{i2} & \cdots & a_{in} \\ \vdots & \vdots & & \vdots \\ a_{j1}+\lambda a_{i1} & a_{j2}+\lambda a_{i2} & \cdots & a_{jn}+\lambda a_{in} \\ \vdots & \vdots & & \vdots \\ a_{n1} & a_{n2} & \cdots & a_{nn} \end{vmatrix}.$$

利用行列式的性质 2.4 和推论 2.3，得到性质 2.5 的结论.

行列式的第 i 行的所有元素乘数 λ 加到第 j 行的对应元素上，简称行列式的第 i 行乘数 λ 加到第 j 行，记作 $r_j+\lambda r_i$；行列式的第 i 列的所有元素乘数 λ 加到第 j 列的对应元素上，简称行列式的第 i 列乘数 λ 加到第 j 列，记作 $c_j+\lambda c_i$.

利用行列式的性质，可以将行列式的第 1 行(或列)的某些元素化为零，然后

利用行列式的定义展开(或降阶)计算；或者将行列式化为三角行列式，借助特殊行列式的结果计算.

例 2.7 计算 4 阶行列式 $D=\begin{vmatrix}2&-5&1&2\\-3&7&-1&4\\5&-9&2&7\\4&-6&1&2\end{vmatrix}$.

解 将行列式 D 的第 3 列乘数−2 加到第 1 列，再将行列式的第 3 列乘数 5 加到第 2 列，最后将行列式的第 3 列乘数−2 加到第 4 列，得

$$D\xlongequal[c_4-2c_3]{\substack{c_1-2c_3\\c_2+5c_3}}\begin{vmatrix}0&0&1&0\\-1&2&-1&6\\1&1&2&3\\2&-1&1&0\end{vmatrix}=1\times(-1)^{1+3}\begin{vmatrix}-1&2&6\\1&1&3\\2&-1&0\end{vmatrix}=-9.$$

例 2.7 的计算方法不是唯一的. 将行列式 D 的第 1 列的某些元素化为零，再利用定义 2.3 计算，也可以化行列式 D 为三角行列式计算. 比如，化 D 为三角行列式计算如下：

$$D\xlongequal{c_1\leftrightarrow c_3}-\begin{vmatrix}1&-5&2&2\\-1&7&-3&4\\2&-9&5&7\\1&-6&4&2\end{vmatrix}\xlongequal[r_4-r_1]{\substack{r_2+r_1\\r_3-2r_1}}-\begin{vmatrix}1&-5&2&2\\0&2&-1&6\\0&1&1&3\\0&-1&2&0\end{vmatrix}$$

$$\xlongequal{r_2\leftrightarrow r_4}\begin{vmatrix}1&-5&2&2\\0&-1&2&0\\0&1&1&3\\0&2&-1&6\end{vmatrix}\xlongequal[r_4+2r_2]{r_3+r_2}\begin{vmatrix}1&-5&2&2\\0&-1&2&0\\0&0&3&3\\0&0&3&6\end{vmatrix}\xlongequal{r_4-r_3}\begin{vmatrix}1&-5&2&2\\0&-1&2&0\\0&0&3&3\\0&0&0&3\end{vmatrix}=-9.$$

在计算行列式时，计算的过程可以用符号记在等号的上方或下方，比如上例. 为简单起见，也可以省略这些记号.

推论 2.4 (1) 如果 $\boldsymbol{A}=(a_{ij})$，$\boldsymbol{B}=(b_{ij})$，$\boldsymbol{C}=(c_{ij})$分别是 n 阶、m 阶和 $m\times n$ 矩阵，则

$$\begin{vmatrix}\boldsymbol{A}&\boldsymbol{O}\\\boldsymbol{C}&\boldsymbol{B}\end{vmatrix}=|\boldsymbol{A}||\boldsymbol{B}|;\tag{2.6}$$

(2) 如果 $\boldsymbol{A}=(a_{ij})$，$\boldsymbol{B}=(b_{ij})$，$\boldsymbol{C}=(c_{ij})$分别是 n 阶、m 阶和 $n\times m$ 矩阵，则

$$\begin{vmatrix} A & C \\ O & B \end{vmatrix} = |A||B| ; \tag{2.7}$$

(3) 如果分块对角矩阵 $A = \begin{pmatrix} A_1 & O & \cdots & O \\ O & A_2 & \cdots & O \\ \vdots & \vdots & & \vdots \\ O & O & \cdots & A_s \end{pmatrix}$，其中 $A_i\ (i = 1, 2, \cdots, s)$都是方阵，则

$$|A| = \begin{vmatrix} A_1 & O & \cdots & O \\ O & A_2 & \cdots & O \\ \vdots & \vdots & & \vdots \\ O & O & \cdots & A_s \end{vmatrix} = |A_1||A_2|\cdots|A_s| ; \tag{2.8}$$

推论 2.4(4)
的证明

(4) 如果 A, B 都是 n 阶方阵，则

$$|AB| = |A||B|. \tag{2.9}$$

证 (1) 对于 n 阶矩阵 $A = (a_{ij})$ 的行列式，仅利用行列式关于行的性质 2.5，使行列式$|A|$化为下三角行列式，设

$$|A| = \begin{vmatrix} p_{11} & 0 & \cdots & 0 \\ p_{21} & p_{22} & \cdots & 0 \\ \vdots & \vdots & & \vdots \\ p_{n1} & p_{n2} & \cdots & p_{nn} \end{vmatrix} = p_{11}p_{22}\cdots p_{nn} .$$

对于 m 阶矩阵 $B = (b_{ij})$ 的行列式，利用行列式关于列的性质 2.5，使行列式$|B|$化为下三角行列式，设

$$|B| = \begin{vmatrix} q_{11} & 0 & \cdots & 0 \\ q_{21} & q_{22} & \cdots & 0 \\ \vdots & \vdots & & \vdots \\ q_{m1} & q_{m2} & \cdots & q_{mm} \end{vmatrix} = q_{11}q_{22}\cdots q_{mm} .$$

对于行列式$\begin{vmatrix} A & O \\ C & B \end{vmatrix}$，它的前 n 行做与$|A|$相同的行的运算，它的后 m 列做与$|B|$相同的列的运算，行列式$\begin{vmatrix} A & O \\ C & B \end{vmatrix}$可以化为如下形式.

$$\begin{vmatrix} A & O \\ C & B \end{vmatrix} = \begin{vmatrix} p_{11} & & & & & \\ \vdots & \ddots & & & & \\ p_{n1} & \cdots & p_{nn} & & & \\ c_{11} & \cdots & c_{1n} & q_{11} & & \\ \vdots & & \vdots & \vdots & \ddots & \\ c_{m1} & \cdots & c_{mn} & q_{m1} & \cdots & q_{mm} \end{vmatrix} = p_{11}\cdots p_{nn}q_{11}\cdots q_{mm},$$

其中未写出的元素都是零. 因此,

$$\begin{vmatrix} \boldsymbol{A} & \boldsymbol{O} \\ \boldsymbol{C} & \boldsymbol{B} \end{vmatrix} = |\boldsymbol{A}||\boldsymbol{B}|.$$

同理，可以证明(2)的正确性，即式(2.7)成立. 显然，式(2.8)也是正确的. 关于式(2.9)的正确性可以参考其他文献.

式(2.9)可以推广到有限个矩阵的乘积运算. 如果矩阵 $\boldsymbol{A}_1, \boldsymbol{A}_2, \cdots, \boldsymbol{A}_s$ 都是 n 阶矩阵，则

$$|\boldsymbol{A}_1\boldsymbol{A}_2\cdots\boldsymbol{A}_s| = |\boldsymbol{A}_1||\boldsymbol{A}_2|\cdots|\boldsymbol{A}_s|.$$

计算行列式的过程中，式(2.6)～式(2.9)可以作为公式直接使用.

例 2.8 已知矩阵 $\boldsymbol{A} = \begin{pmatrix} 5 & 2 & 2 & 1 \\ 2 & 1 & 9 & 6 \\ 0 & 0 & 8 & 3 \\ 0 & 0 & 5 & 2 \end{pmatrix}$，计算 $|\boldsymbol{A}|$, $|\boldsymbol{A}^8|$.

解 对矩阵 $\boldsymbol{A}$ 分块，记

$$\boldsymbol{A} = \begin{pmatrix} \boldsymbol{A}_{11} & \boldsymbol{A}_{12} \\ \boldsymbol{O} & \boldsymbol{A}_{22} \end{pmatrix},$$

其中 $\boldsymbol{A}_{11} = \begin{pmatrix} 5 & 2 \\ 2 & 1 \end{pmatrix}$，$\boldsymbol{A}_{12} = \begin{pmatrix} 2 & 1 \\ 9 & 6 \end{pmatrix}$，$\boldsymbol{O} = \begin{pmatrix} 0 & 0 \\ 0 & 0 \end{pmatrix}$，$\boldsymbol{A}_{22} = \begin{pmatrix} 8 & 3 \\ 5 & 2 \end{pmatrix}$.

由于 $|\boldsymbol{A}_{11}| = \begin{vmatrix} 5 & 2 \\ 2 & 1 \end{vmatrix} = 1$，$|\boldsymbol{A}_{22}| = \begin{vmatrix} 8 & 3 \\ 5 & 2 \end{vmatrix} = 1$，于是

$$|\boldsymbol{A}| = |\boldsymbol{A}_{11}||\boldsymbol{A}_{22}| = 1, \quad |\boldsymbol{A}^8| = |\boldsymbol{A}|^8 = 1.$$

例 2.9 已知矩阵 $\boldsymbol{A} = \begin{pmatrix} 1 & 2 & 1 \\ 2 & 1 & 2 \\ 3 & -1 & 0 \end{pmatrix}$，$\boldsymbol{B} = \begin{pmatrix} -1 & 0 & 2 \\ 1 & 1 & -1 \\ 0 & -1 & 1 \end{pmatrix}$，验证 $|\boldsymbol{AB}| = |\boldsymbol{A}||\boldsymbol{B}|$.

证 由于 $\boldsymbol{AB} = \begin{pmatrix} 1 & 2 & 1 \\ 2 & 1 & 2 \\ 3 & -1 & 0 \end{pmatrix}\begin{pmatrix} -1 & 0 & 2 \\ 1 & 1 & -1 \\ 0 & -1 & 1 \end{pmatrix} = \begin{pmatrix} 1 & 1 & 1 \\ -1 & -1 & 5 \\ -4 & -1 & 7 \end{pmatrix}$，而

$$|\boldsymbol{AB}|=\begin{vmatrix}1&1&1\\-1&-1&5\\-4&-1&7\end{vmatrix}=-18,\quad |\boldsymbol{A}|=\begin{vmatrix}1&2&1\\2&1&2\\3&-1&0\end{vmatrix}=9,\quad |\boldsymbol{B}|=\begin{vmatrix}-1&0&2\\1&1&-1\\0&-1&1\end{vmatrix}=-2,$$

因此

$$|\boldsymbol{AB}|=|\boldsymbol{A}||\boldsymbol{B}|.$$

对于高阶行列式，都可以将其化成三角行列式计算，但是某些高阶行列式降阶计算或许更有效. 为计算高阶行列式方便起见，将行列式的定义 2.3 推广到一般情况，从而得到行列式的性质如下.

性质 2.6 n 阶行列式 $D=\det(a_{ij})$ 等于它的任一行(或列)的元素与其所对应的代数余子式的乘积之和，即

$$D=a_{i1}A_{i1}+a_{i2}A_{i2}+\cdots+a_{in}A_{in},\quad i=1,2,\cdots,n,$$

或

$$D=a_{1j}A_{1j}+a_{2j}A_{2j}+\cdots+a_{nj}A_{nj},\quad j=1,2,\cdots,n,$$

其中 A_{ij} 是元素 $a_{ij}(i,j=1,2,\cdots,n)$ 的代数余子式.

性质 2.6 称为**行列式的按行(或列)展开法则**，也称**降阶法则**.

证 以行列式的行为例证明.

设 n 阶行列式 $D=\det(a_{ij})$，M_{ij} 是元素 $a_{ij}(i,j=1,2,\cdots,n)$ 的余子式.

当 $i=1$ 时，根据行列式的定义 2.3，显然结论成立.

当 $i\neq 1$ 时，将行列式 D 的第 i 行的元素和其上面的行做相邻交换，依次交换到第 1 行，共交换 $i-1$ 次，然后将得到的行列式按第 1 行展开. 具体计算过程如下：

$$\begin{aligned}\begin{vmatrix}a_{11}&a_{12}&\cdots&a_{1n}\\\vdots&\vdots&&\vdots\\a_{i1}&a_{i2}&\cdots&a_{in}\\\vdots&\vdots&&\vdots\\a_{n1}&a_{n2}&\cdots&a_{nn}\end{vmatrix}&=(-1)^{i-1}\begin{vmatrix}a_{i1}&a_{i2}&\cdots&a_{in}\\a_{11}&a_{12}&\cdots&a_{1n}\\\vdots&\vdots&&\vdots\\a_{i-1,1}&a_{i-1,2}&\cdots&a_{i-1,n}\\a_{i+1,1}&a_{i+1,2}&\cdots&a_{i+1,n}\\\vdots&\vdots&&\vdots\\a_{n1}&a_{n2}&\cdots&a_{nn}\end{vmatrix}\\&=(-1)^{i-1}\left(a_{i1}(-1)^{1+1}M_{i1}+a_{i2}(-1)^{1+2}M_{i2}+\cdots+a_{in}(-1)^{1+n}M_{in}\right)\\&=a_{i1}A_{i1}+a_{i2}A_{i2}+\cdots+a_{in}A_{in},\end{aligned}$$

因此

$$D=a_{i1}A_{i1}+a_{i2}A_{i2}+\cdots+a_{in}A_{in},\quad i=1,2,\cdots,n.$$

同理，可以证明行列式的列的情况，即

$$D=a_{1j}A_{1j}+a_{2j}A_{2j}+\cdots+a_{nj}A_{nj},\quad j=1,2,\cdots,n.$$

例 2.10 计算 3 阶行列式 $\begin{vmatrix}246 & 427 & 327\\1014 & 543 & 443\\-2 & 1 & 1\end{vmatrix}$.

解 先将该行列式的第 2，3 列乘数 1 都加到第 1 列，然后将第 3 列乘数-1加到第 2 列，按第 3 行展开，将其转化为 2 阶行列式. 具体计算过程如下.

$$\begin{vmatrix}246 & 427 & 327\\1014 & 543 & 443\\-2 & 1 & 1\end{vmatrix}=\begin{vmatrix}1000 & 427 & 327\\2000 & 543 & 443\\0 & 1 & 1\end{vmatrix}$$

$$=\begin{vmatrix}1000 & 100 & 327\\2000 & 100 & 443\\0 & 0 & 1\end{vmatrix}=1\times(-1)^{3+3}\begin{vmatrix}1000 & 100\\2000 & 100\end{vmatrix}=-10^5.$$

推论 2.5 (1) 如果 n 阶行列式 $D=\det(a_{ij})$ 的第 i 行(或 j 列)的元素中，除了 a_{ij} 之外，其余元素都为零，则行列式

$$D=a_{ij}A_{ij}\quad (i,j=1,2,\cdots,n);$$

(2) 如果一个行列式的某一行(或列)的元素全为零，则行列式的值为零.

推论 2.6 在 n 阶行列式 $D=\det(a_{ij})$ 中，任一行(或列)的元素与另一行(或列)对应元素的代数余子式乘积之和为零，即

$$a_{i1}A_{j1}+a_{i2}A_{j2}+\cdots+a_{in}A_{jn}=0,\quad i\neq j\,(i,j=1,2,\cdots,n),$$

或

$$a_{1i}A_{1j}+a_{2i}A_{2j}+\cdots+a_{ni}A_{nj}=0,\quad i\neq j\,(i,j=1,2,\cdots,n).$$

性质 2.6 和推论 2.6 的结果可以表示为

$$a_{i1}A_{j1}+a_{i2}A_{j2}+\cdots+a_{in}A_{jn}=\begin{cases}D, & i=j,\\0, & i\neq j,\end{cases}$$

$$a_{1i}A_{1j}+a_{2i}A_{2j}+\cdots+a_{ni}A_{nj}=\begin{cases}D, & i=j,\\0, & i\neq j,\end{cases}$$

其中 A_{ij} 是元素 $a_{ij}\,(i,j=1,2,\cdots,n)$ 的代数余子式.

例 2.11 设 4 阶行列式 $D=\begin{vmatrix}3 & -5 & 2 & 1\\1 & 1 & 0 & -5\\-1 & 3 & 1 & 3\\2 & -4 & -1 & -3\end{vmatrix}$，$D$ 中元素 a_{ij} 的余子式和代数余

子式分别为 M_{ij} 和 $A_{ij}(i,j=1,2,3,4)$. 用 4 阶行列式分别表示 $2A_{11}-4A_{12}-A_{13}-3A_{14}$ 和 $M_{11}+2M_{21}+3M_{31}+4M_{41}$，并计算它们的结果.

解　根据性质 2.6，可知

$$2A_{11}-4A_{12}-A_{13}-3A_{14}=\begin{vmatrix}2&-4&-1&-3\\1&1&0&-5\\-1&3&1&3\\2&-4&-1&-3\end{vmatrix}=0,$$

$$M_{11}+2M_{21}+3M_{31}+4M_{41}=A_{11}-2A_{21}+3A_{31}-4A_{41}$$

$$=\begin{vmatrix}1&-5&2&1\\-2&1&0&-5\\3&3&1&3\\-4&-4&-1&-3\end{vmatrix}\xlongequal{r_4+r_3}\begin{vmatrix}1&-5&2&1\\-2&1&0&-5\\3&3&1&3\\-1&-1&0&0\end{vmatrix}\xlongequal{c_2-c_1}\begin{vmatrix}1&-6&2&1\\-2&3&0&-5\\3&0&1&3\\-1&0&0&0\end{vmatrix}$$

$$=-1\times(-1)^{4+1}\begin{vmatrix}-6&2&1\\3&0&-5\\0&1&3\end{vmatrix}=-45.$$

2.3　行列式的计算

在计算行列式时，利用行列式的性质，比仅利用行列式的定义计算行列式简便很多. 关于行列式的计算有两种常用的方法仅供参考.

(1) **化三角行列式**　利用行列式的性质，将行列式化为三角行列式，再利用特殊行列式的结果；

(2) **降阶法**　借助行列式的性质 2.5，将行列式的某一行(或列)的元素中，除某个元素外，其余元素都化为零，再利用行列式的推论 2.5(1)，从而使高阶行列式的计算逐步转化为低阶行列式的计算.

例 2.12　计算 4 阶行列式 $D=\begin{vmatrix}3&1&1&1\\1&3&1&1\\1&1&3&1\\1&1&1&3\end{vmatrix}$.

例 2.12 的推广的视频讲解

解　由于行列式 D 的各行元素之和相等，于是先将行列式 D 的第 2，3，4 列乘数 1 加到第 1 列，然后提取公因子，再利用行列式的性质化为三角行列式计算. 具体计算过程如下.

$$D=\begin{vmatrix}6&1&1&1\\6&3&1&1\\6&1&3&1\\6&1&1&3\end{vmatrix}=6\begin{vmatrix}1&1&1&1\\1&3&1&1\\1&1&3&1\\1&1&1&3\end{vmatrix}=6\begin{vmatrix}1&1&1&1\\0&2&0&0\\0&0&2&0\\0&0&0&2\end{vmatrix}=48.$$

例 2.12 的计算行列式的方法，可以推广到 n 阶行列式的情况.

例 2.13 计算 4 阶行列式 $D=\begin{vmatrix}3&1&-1&2\\-5&1&3&-4\\2&0&1&-1\\1&-5&3&-3\end{vmatrix}$.

解 利用行列式的性质，将行列式 D 的第 1 行乘 -1 加到第 2 行，再将第 1 行乘 5 加到第 4 行，从而使行列式 D 的第 2 列化为只有一个非零元素，其余元素都为零；然后按第 2 列展开，此时该 4 阶行列式 D 化为 3 阶行列式；同理，3 阶行列式化成 2 阶行列式. 具体计算过程如下.

$$D=\begin{vmatrix}3&1&-1&2\\-8&0&4&-6\\2&0&1&-1\\16&0&-2&7\end{vmatrix}=1\times(-1)^{1+2}\begin{vmatrix}-8&4&-6\\2&1&-1\\16&-2&7\end{vmatrix}$$

$$=-\begin{vmatrix}-16&4&-2\\0&1&0\\20&-2&5\end{vmatrix}=-1\times(-1)^{2+2}\begin{vmatrix}-16&-2\\20&5\end{vmatrix}=40.$$

关于 n 阶带字母的行列式的计算，原则上与数字行列式的算法相同. 但由于其结构往往比数字行列式复杂，所以在计算上有一定的难度. 一般应先找出其元素构成的规律，利用它的特点，将其化为三角行列式，再计算其值；或利用降阶法找出递推关系，再计算其结果. 这里仅举例说明.

例 2.14 计算行列式 $D_{n+1}=\begin{vmatrix}-a_1&a_1&0&\cdots&0&0\\0&-a_2&a_2&\cdots&0&0\\\vdots&\vdots&\vdots&&\vdots&\vdots\\0&0&0&\cdots&-a_n&a_n\\1&1&1&\cdots&1&1\end{vmatrix}$.

解 显然，D_{n+1} 是 $n+1$ 阶行列式，其特点主要体现在主对角线及其上方相邻对角线的元素上. 根据这一特点可知，除最后一行外，其余各行元素之和均为零. 先将行列式 D_{n+1} 的第 1, 2, $\cdots$, n 列都加到第 $n+1$ 列，再按第 $n+1$ 列展开，从而行列式 D_{n+1} 化为 n 阶的上三角行列式. 具体计算过程如下.

$$D_{n+1}=\begin{vmatrix} -a_1 & a_1 & 0 & \cdots & 0 & 0 \\ 0 & -a_2 & a_2 & \cdots & 0 & 0 \\ \vdots & \vdots & \vdots & & \vdots & \vdots \\ 0 & 0 & 0 & \cdots & -a_n & 0 \\ 1 & 1 & 1 & \cdots & 1 & n+1 \end{vmatrix}$$

$$=(n+1)\begin{vmatrix} -a_1 & a_1 & 0 & \cdots & 0 & 0 \\ 0 & -a_2 & a_2 & \cdots & 0 & 0 \\ \vdots & \vdots & \vdots & & \vdots & \vdots \\ 0 & 0 & 0 & \cdots & -a_{n-1} & a_{n-1} \\ 0 & 0 & 0 & \cdots & 0 & -a_n \end{vmatrix}$$

$$=(-1)^n(n+1)a_1a_2\cdots a_n.$$

例 2.15 计算 $2n$ 阶行列式

$$D_{2n}=\begin{vmatrix} a & & & & & b \\ & \ddots & & & \unicode{x22F0} & \\ & & a & b & & \\ & & c & d & & \\ & \unicode{x22F0} & & & \ddots & \\ c & & & & & d \end{vmatrix},$$

例 2.15 的不同计算方法的视频讲解

其中主对角线和副对角线以外的元素都是零.

解 首先，将行列式 D_{2n} 按第 1 行展开，将其化为两个 $2n-1$ 阶行列式的和；其次，利用推论 2.5(1)再将行列式降阶；最后，找出行列式的计算规律. 具体计算过程如下.

$$D_{2n}=a\begin{vmatrix} a & & & & & b & 0 \\ & \ddots & & & \unicode{x22F0} & & \\ & & a & b & & & \\ & & c & d & & & \\ & \unicode{x22F0} & & & \ddots & & \\ c & & & & & d & 0 \\ 0 & & & & & 0 & d \end{vmatrix}+b(-1)^{2n+1}\begin{vmatrix} 0 & a & & & & & b \\ & & \ddots & & & \unicode{x22F0} & \\ & & & a & b & & \\ & & & c & d & & \\ & & \unicode{x22F0} & & & \ddots & \\ 0 & c & & & & & d \\ c & 0 & & & & & 0 \end{vmatrix}$$

$$=adD_{2(n-1)}-bcD_{2(n-1)}=(ad-bc)D_{2(n-1)}=(ad-bc)^2D_{2(n-2)}$$

$$=\cdots=(ad-bc)^n.$$

在计算高阶带字母的行列式时，上例中使用的递推法也是常用的工具.

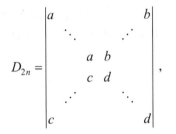

例 2.16 证明 $n\ (n\geqslant 2)$ 阶范德蒙德 (Vandermonde) 行列式

$$D_n=\begin{vmatrix}1&1&\cdots&1\\x_1&x_2&\cdots&x_n\\x_1^2&x_2^2&\cdots&x_n^2\\\vdots&\vdots&&\vdots\\x_1^{n-1}&x_2^{n-1}&\cdots&x_n^{n-1}\end{vmatrix}=\prod_{1\leqslant j<i\leqslant n}(x_i-x_j),$$

其中 $\prod$ 表示全体同类因子的乘积.

证 对行列式 D_n 的阶数 n，采用数学归纳法证明.

当 $n=2$ 时，由于

$$D_2=\begin{vmatrix}1&1\\x_1&x_2\end{vmatrix}=x_2-x_1=\prod_{1\leqslant j<i\leqslant 2}(x_i-x_j),$$

所以此时等式成立.

假设任意 $n-1(n\geqslant 3)$ 阶的范德蒙德行列式，结果正确. 对于 n 阶范德蒙德行列式 D_n，从第 n 行开始，上一行乘 $-x_1$ 加到下一行，将行列式 D_n 化为

$$D_n=\begin{vmatrix}1&1&1&\cdots&1\\0&x_2-x_1&x_3-x_1&\cdots&x_n-x_1\\0&x_2(x_2-x_1)&x_3(x_3-x_1)&\cdots&x_n(x_n-x_1)\\\vdots&\vdots&\vdots&&\vdots\\0&x_2^{n-2}(x_2-x_1)&x_3^{n-2}(x_3-x_1)&\cdots&x_n^{n-2}(x_n-x_1)\end{vmatrix}.$$

按第 1 列展开，并提取每一列元素的公因子，得

$$D_n=(x_2-x_1)(x_3-x_1)\cdots(x_n-x_1)\begin{vmatrix}1&1&\cdots&1\\x_2&x_3&\cdots&x_n\\\vdots&\vdots&&\vdots\\x_2^{n-2}&x_3^{n-2}&\cdots&x_n^{n-2}\end{vmatrix}.$$

上式等号右端的行列式是 $n-1$ 阶范德蒙德行列式，根据归纳假设，得

$$D_n=(x_2-x_1)(x_3-x_1)\cdots(x_n-x_1)\prod_{2\leqslant j<i\leqslant n}(x_i-x_j)=\prod_{1\leqslant j<i\leqslant n}(x_i-x_j).$$

因此，对于任意自然数 $n\ (n\geqslant 2)$ 阶的范德蒙德行列式，结论正确.

例 2.17 求方程 $\begin{vmatrix}1&1&1&1\\1&2&4&8\\1&3&9&27\\1&x&x^2&x^3\end{vmatrix}=0$ 的根.

解 由于行列式

$$\begin{vmatrix}1&1&1&1\\1&2&4&8\\1&3&9&27\\1&x&x^2&x^3\end{vmatrix}=\begin{vmatrix}1&1&1&1\\1&2&3&x\\1&4&9&x^2\\1&8&27&x^3\end{vmatrix}$$

$$=(2-1)(3-1)(x-1)(3-2)(x-2)(x-3)=2(x-1)(x-2)(x-3),$$

因此该方程的根为 1, 2, 3.

例 2.18 设 3 阶矩阵 $\boldsymbol{A}=(\boldsymbol{\alpha},\boldsymbol{\alpha}_1,\boldsymbol{\alpha}_2)$，$\boldsymbol{B}=(\boldsymbol{\beta},\boldsymbol{\alpha}_1,\boldsymbol{\alpha}_2)$，其中 $\boldsymbol{\alpha},\boldsymbol{\beta},\boldsymbol{\alpha}_1,\boldsymbol{\alpha}_2$ 都是 3 维列向量. 设行列式 $\det(\boldsymbol{A})=3$， $\det(\boldsymbol{B})=2$，计算 $\det(6\boldsymbol{A}-3\boldsymbol{B})$.

解 由于 $\det(\boldsymbol{A})=3$， $\det(\boldsymbol{B})=2$，因此

$$\begin{aligned}\det(6\boldsymbol{A}-3\boldsymbol{B})&=\det(6\boldsymbol{\alpha}-3\boldsymbol{\beta},3\boldsymbol{\alpha}_1,3\boldsymbol{\alpha}_2)=9\det(6\boldsymbol{\alpha}-3\boldsymbol{\beta},\boldsymbol{\alpha}_1,\boldsymbol{\alpha}_2)\\&=9[\det(6\boldsymbol{\alpha},\boldsymbol{\alpha}_1,\boldsymbol{\alpha}_2)-\det(3\boldsymbol{\beta},\boldsymbol{\alpha}_1,\boldsymbol{\alpha}_2)]\\&=9[6\det(\boldsymbol{\alpha},\boldsymbol{\alpha}_1,\boldsymbol{\alpha}_2)-3\det(\boldsymbol{\beta},\boldsymbol{\alpha}_1,\boldsymbol{\alpha}_2)]\\&=108.\end{aligned}$$

例 2.19 证明过点 (x_0,y_0) 和 (x_1,y_1) 的直线方程为

$$\begin{vmatrix}1&x&y\\1&x_0&y_0\\1&x_1&y_1\end{vmatrix}=0,$$

其中 $x_0\neq x_1$.

证 设过点 (x_0,y_0) 和 (x_1,y_1) 的直线方程为 $y=a+bx$，则关于未知量 a 和 b 的线性方程组为

$$\begin{cases}a+bx_0=y_0,\\a+bx_1=y_1.\end{cases}$$

由于系数行列式 $D=\begin{vmatrix}1&x_0\\1&x_1\end{vmatrix}$，代换系数后的行列式 $D_1=\begin{vmatrix}y_0&x_0\\y_1&x_1\end{vmatrix}=-\begin{vmatrix}x_0&y_0\\x_1&y_1\end{vmatrix}$，$D_2=\begin{vmatrix}1&y_0\\1&y_1\end{vmatrix}$，根据式(2.3)，该线性方程组的解为

$$a=\frac{D_1}{D},\quad b=\frac{D_2}{D}.$$

从而过点 (x_0,y_0) 和 (x_1,y_1) 的直线方程为 $y=\dfrac{D_1}{D}+\dfrac{D_2}{D}x$，得

$$-D_1-xD_2+yD=0,$$

于是

$$\begin{vmatrix} x_0 & y_0 \\ x_1 & y_1 \end{vmatrix} - x\begin{vmatrix} 1 & y_0 \\ 1 & y_1 \end{vmatrix} + y\begin{vmatrix} 1 & x_0 \\ 1 & x_1 \end{vmatrix} = 0,$$

即

$$\begin{vmatrix} 1 & x & y \\ 1 & x_0 & y_0 \\ 1 & x_1 & y_1 \end{vmatrix} = 0.$$

因此，过点(x_0, y_0)和(x_1, y_1)的直线方程为

$$\begin{vmatrix} 1 & x & y \\ 1 & x_0 & y_0 \\ 1 & x_1 & y_1 \end{vmatrix} = 0.$$

*2.4 MATLAB 实验

实验 2.1 已知矩阵

$$(1)\ \boldsymbol{A} = \begin{pmatrix} 1 & 2 & 3 & 4 \\ 2 & 3 & 1 & 2 \\ 1 & 1 & 1 & -1 \\ 1 & 0 & -2 & -6 \end{pmatrix}; \qquad (2)\ \boldsymbol{A} = \begin{pmatrix} a & b & b & b & b \\ b & a & b & b & b \\ b & b & a & b & b \\ b & b & b & a & b \\ b & b & b & b & a \end{pmatrix},$$

利用 MATLAB 软件，计算矩阵 $\boldsymbol{A}$ 的行列式.

(1) **实验过程**

```
A=[1,2,3,4;2,3,1,2;1,1,1,-1;1,0,-2,-6];
det(A),%计算 A 的行列式的命令
```

运行结果

```
ans =
   -1
```

因此，$\boldsymbol{A}$ 的行列式为 –1.

(2) **实验过程**

```
A=sym('[a b b b b;b a b b b;b b a b b;b b b a b;b b b b a]');
det(A), %计算 A 的行列式的命令
```

运行结果

```
ans =
```

```
a^5-10*a^3*b^2+20*a^2*b^3-15*a*b^4+4*b^5
```

因此，$\boldsymbol{A}$ 的行列式为

$$|\boldsymbol{A}| = a^5 - 10a^3b^2 + 20a^2b^3 - 15ab^4 + 4b^5 .$$

实验 2.2 设四面体的顶点为 $A(x_1, y_1, z_1)$, $B(x_2, y_2, z_2)$, $C(x_3, y_3, z_3)$ 和 $D(x_4, y_4, z_4)$，用行列式表示四面体 $ABCD$ 的体积. 并利用行列式和 MATLAB 软件，计算以 $A_1(1, 2, 3)$，$B_1(2.5, 3.6, 4.9)$，$C_1(13, 9.4, 6.6)$ 和 $D_1(26, 8, 9.6)$ 为顶点的四面体 $A_1B_1C_1D_1$ 的体积.

实验过程

1. 模型假设和符号说明

假设 $\boldsymbol{i}, \boldsymbol{j}, \boldsymbol{k}$ 分别表示与 x 轴、y 轴和 z 轴正向同向的单位向量；假设四面体 $A_1B_1C_1D_1$ 的体积为 V.

2. 建立数学模型和求解

根据向量的混合积的几何意义可知,四面体 $ABCD$ 的体积为 $\frac{1}{6}\left(\overrightarrow{AB} \times \overrightarrow{AC}\right) \cdot \overrightarrow{AD}$ 的绝对值. 由于

$$\overrightarrow{AB} = (x_2 - x_1)\boldsymbol{i} + (y_2 - y_1)\boldsymbol{j} + (z_2 - z_1)\boldsymbol{k} ,$$

$$\overrightarrow{AC} = (x_3 - x_1)\boldsymbol{i} + (y_3 - y_1)\boldsymbol{j} + (z_3 - z_1)\boldsymbol{k} ,$$

$$\overrightarrow{AD} = (x_4 - x_1)\boldsymbol{i} + (y_4 - y_1)\boldsymbol{j} + (z_4 - z_1)\boldsymbol{k} ,$$

因此，四面体 $ABCD$ 的体积为

$$\frac{1}{6}\left(\overrightarrow{AB} \times \overrightarrow{AC}\right) \cdot \overrightarrow{AD} = \frac{1}{6}\begin{vmatrix} x_2 - x_1 & y_2 - y_1 & z_2 - z_1 \\ x_3 - x_1 & y_3 - y_1 & z_3 - z_1 \\ x_4 - x_1 & y_4 - y_1 & z_4 - z_1 \end{vmatrix}$$

的绝对值.

四面体 $A_1B_1C_1D_1$ 的体积为

$$V = \left|\frac{1}{6}\begin{vmatrix} 2.5-1 & 3.6-2 & 4.9-3 \\ 13-1 & 9.4-2 & 6.6-3 \\ 26-1 & 8-2 & 9.6-3 \end{vmatrix}\right| = \left|\frac{1}{6}\begin{vmatrix} 1.5 & 1.6 & 1.9 \\ 12 & 7.4 & 3.6 \\ 25 & 6 & 6.6 \end{vmatrix}\right| = 26.0933 .$$

3. MATLAB 程序

```
A=[1.5,1.6,1.9;12,7.4,3.6;25,6,6.6];
(1/6)*det(A),
```

运行结果

```
-26.0933
```

实验 2.3 设给定平面上的 3 个点(9, 21), (10, 31) 和 (11, 61)，借助 MATLAB 软件，求过这 3 个点的二次曲线的解析表达式.

实验过程

1. 模型假设和符号说明

假设要求的二次多项式函数为 $y=a+bx+cx^2$.

2. 建立数学模型和求解

由于二次多项式函数 $y=a+bx+cx^2$ 的图形过点(9, 21), (10, 31)和(11, 61)，得

$$\begin{cases} a+9b+81c=21, \\ a+10b+100c=31, \\ a+11b+121c=61. \end{cases}$$

解得 a =831，$b=-12035$，c =10.

3. MATLAB 程序

```
D=det([1,9,81;1,10,100;1,11,121]);
D1=det([21,9,81;31,10,100;61,11,121]);
D2=det([1,21,81;1,31,100;1,61,121]);
D3=det([1,9,21;1,10,31;1,11,61]);
a=D1/D,b=D2/D,c=D3/D,
```

运行结果

```
a =
     831
b =
     -180
c =
     10
```

4. 结论

要求的二次曲线的解析表达式为

$$y=831-180x+10x^2.$$

实验练习 2.1 已知矩阵：

(1) $\boldsymbol{A}=\begin{pmatrix} 1 & 1 & 1 & 1 \\ 5 & 3 & 6 & 2 \\ 5^2 & 3^2 & 6^2 & 2^2 \\ 5^3 & 3^3 & 6^3 & 2^3 \end{pmatrix}$； (2) $\boldsymbol{A}=\begin{pmatrix} 1+x & 1 & 1 & 1 \\ 1 & 1-x & 1 & 1 \\ 1 & 1 & 1+y & 1 \\ 1 & 1 & 1 & 1-y \end{pmatrix}$.

利用 MATLAB 软件，计算矩阵 $\boldsymbol{A}$ 的行列式.

实验练习 2.2 设点 $A(6,9,16),B(2,6,4),C(3,9,6.6)$ 和 $D(26,8,9.6)$，利用行列式和 MATLAB 软件，计算以 AB, AC 和 AD 为棱的平行六面体的体积.

实验练习 2.3 已知以 $\overline{A}(\overline{x}_1,\overline{y}_1,\overline{z}_1)$，$\overline{B}(\overline{x}_2,\overline{y}_2,\overline{z}_2)$ 和 $\overline{C}(\overline{x}_3,\overline{y}_3,\overline{z}_3)$ 为顶点的三角形的面积为 $\dfrac{1}{2}\begin{vmatrix} \boldsymbol{i} & \boldsymbol{j} & \boldsymbol{k} \\ \overline{x}_2-\overline{x}_1 & \overline{y}_2-\overline{y}_1 & \overline{z}_2-\overline{z}_1 \\ \overline{x}_3-\overline{x}_1 & \overline{y}_3-\overline{y}_1 & \overline{z}_3-\overline{z}_1 \end{vmatrix}$ 的模，其中 $\boldsymbol{i},\boldsymbol{j},\boldsymbol{k}$ 分别是与 x 轴、y 轴、z 轴正向同向的单位向量. 用行列式表示以 $A(x_1,y_1)$，$B(x_2,y_2)$ 和 $C(x_3,y_3)$ 为顶点的 $\triangle ABC$ 的面积；利用行列式和 MATLAB 软件，计算以 AB 和 AC 为邻边的平行四边形的面积，其中点 A, B 和 C 的坐标分别为 $A(6,12)$，$B(22,16)$，$C(9,19)$.

习 题 2

1. 计算行列式：

(1) $\begin{vmatrix} 1 & 2 & 3 \\ 0 & 1 & 2 \\ 1 & 1 & 1 \end{vmatrix}$；

(2) $\begin{vmatrix} a & b & c \\ b & c & a \\ c & a & b \end{vmatrix}$；

(3) $\begin{vmatrix} 0 & 2 & 0 & 0 \\ 1 & 4 & 1 & 1 \\ a & 8 & b & c \\ a^2 & 16 & b^2 & c^2 \end{vmatrix}$；

(4) $\begin{vmatrix} 0 & x & y & x+y \\ 0 & y & x+y & x \\ 6 & 6 & 1 & 2 \\ 0 & x+y & x & y \end{vmatrix}$；

(5) $\begin{vmatrix} 1 & 1 & 1 & 1 \\ -1 & 1 & 1 & 1 \\ -1 & -1 & 1 & 1 \\ -1 & -1 & -1 & 1 \end{vmatrix}$；

(6) $\begin{vmatrix} 1 & 1 & 1 & 1 \\ 1 & 2 & 3 & 4 \\ 1 & 3 & 5 & 10 \\ 111 & 232 & 353 & 474 \end{vmatrix}$；

(7) $\begin{vmatrix} 1 & 1 & 1 & 1 \\ 5 & 3 & 6 & 2 \\ 5^2 & 3^2 & 6^2 & 2^2 \\ 5^3 & 3^3 & 6^3 & 2^3 \end{vmatrix}$；

(8) $\begin{vmatrix} 1+x & 1 & 1 & 1 \\ 1 & 1-x & 1 & 1 \\ 1 & 1 & 1+y & 1 \\ 1 & 1 & 1 & 1-y \end{vmatrix}$；

(9) $\begin{vmatrix} x & a & \cdots & a \\ a & x & \cdots & a \\ \vdots & \vdots & & \vdots \\ a & a & \cdots & x \end{vmatrix}_{n\times n}$ $(n>1)$；

(10) $\begin{vmatrix} a & 0 & \cdots & 0 & 1 \\ 0 & a & \cdots & 0 & 0 \\ \vdots & \vdots & & \vdots & \vdots \\ 0 & 0 & \cdots & a & 0 \\ 1 & 0 & \cdots & 0 & a \end{vmatrix}_{n\times n}$ $(n>1)$；

(11) $\begin{vmatrix} a_0 & 1 & 1 & \cdots & 1 & 1 \\ 1 & a_1 & 0 & \cdots & 0 & 0 \\ 1 & 0 & a_2 & \cdots & 0 & 0 \\ \vdots & \vdots & \vdots & & \vdots & \vdots \\ 1 & 0 & 0 & \cdots & a_{n-1} & 0 \\ 1 & 0 & 0 & \cdots & 0 & a_n \end{vmatrix}$， $a_i \neq 0, i=1,2,\cdots,n$ ；

(12) $\begin{vmatrix} x & y & 0 & \cdots & 0 & 0 \\ 0 & x & y & \cdots & 0 & 0 \\ \vdots & \vdots & \vdots & & \vdots & \vdots \\ 0 & 0 & 0 & \cdots & x & y \\ y & 0 & 0 & \cdots & 0 & x \end{vmatrix}_{n\times n}$ ；

(13) $\begin{vmatrix} 0 & 1 & 2 & \cdots & n-2 & n-1 \\ 1 & 0 & 1 & \cdots & n-3 & n-2 \\ 2 & 1 & 0 & \cdots & n-4 & n-3 \\ \vdots & \vdots & \vdots & & \vdots & \vdots \\ n-2 & n-3 & n-4 & \cdots & 0 & 1 \\ n-1 & n-2 & n-3 & \cdots & 1 & 0 \end{vmatrix}$.

2. 证明：

(1) $\begin{vmatrix} b+c & c+a & a+b \\ b_1+c_1 & c_1+a_1 & a_1+b_1 \\ b_2+c_2 & c_2+a_2 & a_2+b_2 \end{vmatrix} = 2\begin{vmatrix} a & b & c \\ a_1 & b_1 & c_1 \\ a_2 & b_2 & c_2 \end{vmatrix}$ ；

(2) $\begin{vmatrix} a^2 & (a+1)^2 & (a+2)^2 & (a+3)^2 \\ b^2 & (b+1)^2 & (b+2)^2 & (b+3)^2 \\ c^2 & (c+1)^2 & (c+2)^2 & (c+3)^2 \\ d^2 & (d+1)^2 & (d+2)^2 & (d+3)^2 \end{vmatrix} = 0$ ；

(3) $\begin{vmatrix} a & b & c & d \\ a & a+b & a+b+c & a+b+c+d \\ a & 2a+b & 3a+2b+c & 4a+3b+2c+d \\ a & 3a+b & 6a+3b+c & 10a+6b+3c+d \end{vmatrix} = a^4$ ；

(4) $\begin{vmatrix} (a-1)^3 & (a-2)^3 & (a-3)^3 & (a-4)^3 \\ (a-1)^2 & (a-2)^2 & (a-3)^2 & (a-4)^2 \\ a-1 & a-2 & a-3 & a-4 \\ 1 & 1 & 1 & 1 \end{vmatrix} = 12$ ；

(5) $\begin{vmatrix} 1 & 1 & \cdots & 1 & -n \\ 1 & 1 & \cdots & -n & 1 \\ \vdots & \vdots & & \vdots & \vdots \\ 1 & -n & \cdots & 1 & 1 \\ -n & 1 & \cdots & 1 & 1 \end{vmatrix}_{n\times n} = (-1)^{\frac{n(n+1)}{2}}(n+1)^{n-1}$.

3. 已知矩阵 $\boldsymbol{A}=\begin{pmatrix} 2 & 2 & -2 \\ 2 & 5 & -4 \\ -2 & -4 & 5 \end{pmatrix}$，计算行列式 $|\boldsymbol{A}-\lambda\boldsymbol{E}|$.

4. 已知矩阵 $\boldsymbol{A}=\begin{pmatrix} 1 & 2 & 0 & 0 & 0 \\ 2 & 3 & 0 & 0 & 0 \\ 9 & 9 & 2 & 1 & 13 \\ 7 & 8 & 0 & 1 & 6 \\ 6 & 6 & 0 & 0 & 1 \end{pmatrix}$，计算 $|\boldsymbol{A}|$，$|\boldsymbol{A}^6|$.

5. 设 4 阶行列式 $D=\begin{vmatrix} -9 & 1 & 4 & 2 \\ 16 & -1 & -4 & -2 \\ 0 & 3 & 8 & 0 \\ 1 & -2 & -1 & 0 \end{vmatrix}$，$D$ 的元素 a_{ij} 的余子式和代数余子式分别是 M_{ij} 和 $A_{ij}\,(i,j=1,2,3,4)$，用 4 阶行列式表示

$$2A_{21}-4A_{22}-A_{23} \quad 和 \quad 2M_{11}+2M_{21}+4M_{31}+M_{41},$$

并计算它们的结果.

典型题的计算的视频讲解

6. 求解下列方程：

(1) $\begin{vmatrix} 1 & 1 & 1 & 1 \\ 1 & 2 & 4 & 8 \\ 1 & -2 & 4 & -8 \\ 1 & x & x^2 & x^3 \end{vmatrix}=0$；　　(2) $\begin{vmatrix} 1 & -1 & 1 & x \\ 1 & -1 & x+2 & -1 \\ 1 & x & 1 & -1 \\ x+2 & -1 & 1 & -1 \end{vmatrix}=0$.

7. 设 3 阶矩阵 $\boldsymbol{A}=(\boldsymbol{\alpha}_1,\boldsymbol{\alpha}_2,\boldsymbol{\alpha}_3)$，$\boldsymbol{B}=(\boldsymbol{\alpha}_1,\boldsymbol{\alpha}_2,\boldsymbol{\alpha}_4)$，其中 $\boldsymbol{\alpha}_1,\boldsymbol{\alpha}_2,\boldsymbol{\alpha}_3,\boldsymbol{\alpha}_4$ 都是 3 维列向量. 已知 $|\boldsymbol{A}|=2$，$|\boldsymbol{B}|=3$，计算 $|2\boldsymbol{A}|$，$|\boldsymbol{A}+\boldsymbol{B}|$，$|\boldsymbol{A}-\boldsymbol{B}|$.

8. 设 3 阶矩阵 $\boldsymbol{A}$ 按其列分块为 $\boldsymbol{A}=(\boldsymbol{\alpha}_1,\boldsymbol{\alpha}_2,\boldsymbol{\alpha}_3)$，且 $\det(\boldsymbol{A})=3$，矩阵 $\boldsymbol{B}=(\boldsymbol{\alpha}_1+6\boldsymbol{\alpha}_2,\boldsymbol{\alpha}_2+7\boldsymbol{\alpha}_3,2\boldsymbol{\alpha}_3)$，计算 $\det(\boldsymbol{B})$.

9. 利用行列式，解 3 元线性方程组

$$\begin{cases} x_1+x_2+x_3=1, \\ 2x_1+3x_2+4x_3=1, \\ 4x_1+9x_2+16x_3=1. \end{cases}$$

10. 已知以 $\overline{A}(\overline{x}_1,\overline{y}_1,\overline{z}_1)$，$\overline{B}(\overline{x}_2,\overline{y}_2,\overline{z}_2)$ 和 $\overline{C}(\overline{x}_3,\overline{y}_3,\overline{z}_3)$ 为顶点的三角形的面积为 $\frac{1}{2}\begin{vmatrix} \boldsymbol{i} & \boldsymbol{j} & \boldsymbol{k} \\ \overline{x}_2-\overline{x}_1 & \overline{y}_2-\overline{y}_1 & \overline{z}_2-\overline{z}_1 \\ \overline{x}_3-\overline{x}_1 & \overline{y}_3-\overline{y}_1 & \overline{z}_3-\overline{z}_1 \end{vmatrix}$ 的模，其中 $\boldsymbol{i},\boldsymbol{j},\boldsymbol{k}$ 分别是与 x 轴、y 轴、z 轴正向同向的单位向量.

(1) 证明以 $A(x_1,y_1)$，$B(x_2,y_2)$ 和 $C(x_3,y_3)$ 为顶点的三角形 ABC 的面积为 $\frac{1}{2}\begin{vmatrix} x_1 & y_1 & 1 \\ x_2 & y_2 & 1 \\ x_3 & y_3 & 1 \end{vmatrix}$ 的绝对值；

(2) 利用行列式，计算以 $A(1,2),B(2,3),C(3,1)$ 为顶点的三角形 ABC 的面积.

第 2 章测试题

第 2 章测试题参考答案

第3章 矩 阵 (续)

数学家凯莱

凯莱(Cayley，1821～1895)，英国数学家，生于里士满，17 岁时考入剑桥大学三一学院，毕业后留校讲授数学，1846 年转攻法律学，三年后成为律师. 以后 14 年他以律师为职业，同时继续数学研究. 1863 年应邀返回剑桥大学任数学教授，直至逝世.

凯莱是不变量理论的奠基人. 他首创代数不变式的符号表示法，给代数形式以几何解释，然后再用代数观点去研究几何学. 他第一次引入 n 维空间概念，详细讨论了四维空间的性质，为复数理论提供佐证，并为射影几何开辟了道路. 他还首先引入矩阵概念，规定了矩阵的符号及名称，讨论矩阵性质，得到凯莱–哈密顿定理，因而成为矩阵理论的先驱. 他的矩阵理论和不变量思想产生很大影响，特别对现代物理的量子力学和相对论的创立起到推动作用. 凯莱是一位多产的数学家，其数学论文数量很多，且几乎涉及纯粹数学的所有领域，并著有《椭圆函数专论》一书.

基本概念

伴随矩阵、逆矩阵、矩阵多项式.

基本运算

求逆矩阵、用克拉默法则解线性方程组.

基本要求

理解可逆矩阵和伴随矩阵的概念，熟练掌握可逆矩阵的判定方法、性质和用伴随矩阵求逆矩阵的公式；熟悉方阵的多项式，掌握克拉默法则的使用条件等.

在矩阵的运算中，逆矩阵是一个非常重要的概念，它在研究数学问题和解决实际问题中都有重要的作用. 本章首先介绍逆矩阵的定义、计算公式和性质；然后学习方阵的多项式和克拉默法则等内容.

3.1 可逆矩阵

第 1 章已经讨论了矩阵的加、减、数乘和乘法等运算，矩阵是否也可以像数一样进行“除法”运算？这是每个读者都会提出的问题，本节开始讨论该问题.

3.1.1 可逆矩阵的概念

设从变量 $x_1, x_2, \cdots, x_n$ 到变量 $y_1, y_2, \cdots, y_n$ 的线性变换为

$$\begin{cases} y_1 = a_{11}x_1 + a_{12}x_2 + \cdots + a_{1n}x_n, \\ y_2 = a_{21}x_1 + a_{22}x_2 + \cdots + a_{2n}x_n, \\ \qquad \cdots\cdots \\ y_n = a_{n1}x_1 + a_{n2}x_2 + \cdots + a_{nn}x_n, \end{cases} \tag{3.1}$$

其中 $a_{ij}(i, j = 1, 2, \cdots, n)$ 为常数.

线性变换(3.1)用矩阵表示为

$$\boldsymbol{y} = \boldsymbol{A}\boldsymbol{x}, \tag{3.2}$$

其中线性变换(3.1)的系数矩阵为 $\boldsymbol{A} = \begin{pmatrix} a_{11} & a_{12} & \cdots & a_{1n} \\ a_{21} & a_{22} & \cdots & a_{2n} \\ \vdots & \vdots & & \vdots \\ a_{n1} & a_{n2} & \cdots & a_{nn} \end{pmatrix}$，$\boldsymbol{x} = \begin{pmatrix} x_1 \\ x_2 \\ \vdots \\ x_n \end{pmatrix}$，$\boldsymbol{y} = \begin{pmatrix} y_1 \\ y_2 \\ \vdots \\ y_n \end{pmatrix}$.

假设能够从式(3.1)中解出变量 x_1，$x_2, \cdots$，x_n，则得变量 y_1，$y_2, \cdots$，y_n 到变量 x_1，$x_2, \cdots, x_n$ 的线性变换为

$$\begin{cases} x_1 = b_{11}y_1 + b_{12}y_2 + \cdots + b_{1n}y_n, \\ x_2 = b_{21}y_1 + b_{22}y_2 + \cdots + b_{2n}y_n, \\ \qquad \cdots\cdots \\ x_n = b_{n1}y_1 + b_{n2}y_2 + \cdots + b_{nn}y_n, \end{cases} \tag{3.3}$$

称线性变换(3.3)为式 (3.1) 的**逆变换**，其中 $b_{ij}(i, j = 1, 2, \cdots, n)$ 为常数.

线性变换(3.3)可以用矩阵表示为

$$\boldsymbol{x} = \boldsymbol{B}\boldsymbol{y}, \tag{3.4}$$

其中线性变换(3.3)的系数矩阵为 $\boldsymbol{B}=\begin{pmatrix} b_{11} & b_{12} & \cdots & b_{1n} \\ b_{21} & b_{22} & \cdots & b_{2n} \\ \vdots & \vdots & & \vdots \\ b_{n1} & b_{n2} & \cdots & b_{nn} \end{pmatrix}$.

根据式(3.2)和式(3.4)，得

$$\boldsymbol{y}=\boldsymbol{A}\boldsymbol{x}=\boldsymbol{A}\boldsymbol{B}\boldsymbol{y},$$

此线性变换为**恒等变换**，即 $\boldsymbol{AB}=\boldsymbol{E}$，$\boldsymbol{E}$ 是 n 阶单位矩阵.

同理，可得

$$\boldsymbol{x}=\boldsymbol{B}\boldsymbol{y}=\boldsymbol{B}\boldsymbol{A}\boldsymbol{x},$$

此线性变换也为**恒等变换**，即 $\boldsymbol{BA}=\boldsymbol{E}$，$\boldsymbol{E}$ 是 n 阶单位矩阵.

从而得 $\boldsymbol{AB}=\boldsymbol{BA}=\boldsymbol{E}$，由此给出逆矩阵的定义如下.

定义 3.1 设 $\boldsymbol{A}$ 是 n 阶方阵，如果存在 n 阶矩阵 $\boldsymbol{B}$，使

$$\boldsymbol{AB}=\boldsymbol{BA}=\boldsymbol{E},$$

称 $\boldsymbol{A}$ 是**可逆矩阵**，并称 $\boldsymbol{B}$ 是 $\boldsymbol{A}$ 的**逆矩阵**，简称**逆阵**.

根据逆矩阵的定义 3.1，如果 $\boldsymbol{A}$ 是可逆矩阵，且其逆矩阵为 $\boldsymbol{B}$，则 $\boldsymbol{B}$ 也是可逆矩阵，并且 $\boldsymbol{B}$ 的逆矩阵为 $\boldsymbol{A}$.

定理 3.1 如果 $\boldsymbol{A}$ 是可逆矩阵，则 $\boldsymbol{A}$ 的逆矩阵是唯一的.

证 假设 $\boldsymbol{B}$ 和 $\boldsymbol{C}$ 都是 $\boldsymbol{A}$ 的逆矩阵，根据定义 3.1，得

$$\boldsymbol{AB}=\boldsymbol{BA}=\boldsymbol{E},\quad \boldsymbol{AC}=\boldsymbol{CA}=\boldsymbol{E},$$

从而

$$\boldsymbol{B}=\boldsymbol{BE}=\boldsymbol{B}(\boldsymbol{AC})=(\boldsymbol{BA})\boldsymbol{C}=\boldsymbol{EC}=\boldsymbol{C},$$

因此，$\boldsymbol{A}$ 的逆矩阵是唯一的.

如果 $\boldsymbol{A}$ 是可逆矩阵，$\boldsymbol{A}$ 的逆矩阵记作 $\boldsymbol{A}^{-1}$，则

$$\boldsymbol{A}\boldsymbol{A}^{-1}=\boldsymbol{A}^{-1}\boldsymbol{A}=\boldsymbol{E}.$$

例如，如果线性变换(3.2)的系数矩阵 $\boldsymbol{A}$ 是可逆矩阵，根据 $\boldsymbol{y}=\boldsymbol{A}\boldsymbol{x}$，显然其逆变换为 $\boldsymbol{x}=\boldsymbol{A}^{-1}\boldsymbol{y}$.

例 3.1 已知矩阵 $\boldsymbol{A}=\begin{pmatrix} 1 & -1 \\ 1 & 1 \end{pmatrix}$，$\boldsymbol{B}=\begin{pmatrix} \frac{1}{2} & \frac{1}{2} \\ -\frac{1}{2} & \frac{1}{2} \end{pmatrix}$，证明矩阵 $\boldsymbol{B}$ 是 $\boldsymbol{A}$ 的逆矩阵.

证 因为

$$\boldsymbol{AB}=\begin{pmatrix} 1 & -1 \\ 1 & 1 \end{pmatrix}\begin{pmatrix} \frac{1}{2} & \frac{1}{2} \\ -\frac{1}{2} & \frac{1}{2} \end{pmatrix}=\begin{pmatrix} 1 & 0 \\ 0 & 1 \end{pmatrix},$$

$$BA=\begin{pmatrix}\frac{1}{2} & \frac{1}{2}\\ -\frac{1}{2} & \frac{1}{2}\end{pmatrix}\begin{pmatrix}1 & -1\\ 1 & 1\end{pmatrix}=\begin{pmatrix}1 & 0\\ 0 & 1\end{pmatrix},$$

所以矩阵 $\boldsymbol{B}$ 是 $\boldsymbol{A}$ 的逆矩阵.

例 3.2 设对角矩阵 $\boldsymbol{A}=\begin{pmatrix}a_1 & 0 & \cdots & 0\\ 0 & a_2 & \cdots & 0\\ \vdots & \vdots & & \vdots\\ 0 & 0 & \cdots & a_n\end{pmatrix}$，其中 $a_i\neq 0\,(i=1,2,\cdots,n)$，证明 $\boldsymbol{A}$ 是可逆矩阵，并求 $\boldsymbol{A}$ 的逆矩阵.

证 由于

$$\begin{pmatrix}a_1 & 0 & \cdots & 0\\ 0 & a_2 & \cdots & 0\\ \vdots & \vdots & & \vdots\\ 0 & 0 & \cdots & a_n\end{pmatrix}\begin{pmatrix}\frac{1}{a_1} & 0 & \cdots & 0\\ 0 & \frac{1}{a_2} & \cdots & 0\\ \vdots & \vdots & & \vdots\\ 0 & 0 & \cdots & \frac{1}{a_n}\end{pmatrix}=\begin{pmatrix}1 & 0 & \cdots & 0\\ 0 & 1 & \cdots & 0\\ \vdots & \vdots & & \vdots\\ 0 & 0 & \cdots & 1\end{pmatrix},$$

$$\begin{pmatrix}\frac{1}{a_1} & 0 & \cdots & 0\\ 0 & \frac{1}{a_2} & \cdots & 0\\ \vdots & \vdots & & \vdots\\ 0 & 0 & \cdots & \frac{1}{a_n}\end{pmatrix}\begin{pmatrix}a_1 & 0 & \cdots & 0\\ 0 & a_2 & \cdots & 0\\ \vdots & \vdots & & \vdots\\ 0 & 0 & \cdots & a_n\end{pmatrix}=\begin{pmatrix}1 & 0 & \cdots & 0\\ 0 & 1 & \cdots & 0\\ \vdots & \vdots & & \vdots\\ 0 & 0 & \cdots & 1\end{pmatrix},$$

因此，根据定义 3.1 可知，$\boldsymbol{A}$ 是可逆矩阵，且其逆矩阵为

$$\boldsymbol{A}^{-1}=\begin{pmatrix}\frac{1}{a_1} & 0 & \cdots & 0\\ 0 & \frac{1}{a_2} & \cdots & 0\\ \vdots & \vdots & & \vdots\\ 0 & 0 & \cdots & \frac{1}{a_n}\end{pmatrix}.$$

特别地，单位矩阵 $\boldsymbol{E}$ 是可逆矩阵，且单位矩阵 $\boldsymbol{E}$ 的逆矩阵为其本身，即

$E^{-1}=E$；当矩阵 $A=(a)$ 时，其中 $a\neq 0$，则 A 是可逆矩阵，并且 $(a)^{-1}=\left(\dfrac{1}{a}\right)$，即 $a^{-1}=\dfrac{1}{a}$.

3.1.2 可逆矩阵的判定方法

为学习可逆矩阵的判定方法和求逆矩阵的公式，引入伴随矩阵的概念如下.

定义 3.2 设 $A=(a_{ij})$ 是 $n(n\geqslant 2)$ 阶方阵，A_{ij} 为行列式 $|A|$ 中元素 a_{ij} $(i,j=1,2,\cdots,n)$ 的代数余子式，称 n 阶矩阵

$$A^*=\begin{pmatrix} A_{11} & A_{21} & \cdots & A_{n1} \\ A_{12} & A_{22} & \cdots & A_{n2} \\ \vdots & \vdots & & \vdots \\ A_{1n} & A_{2n} & \cdots & A_{nn} \end{pmatrix}$$

为方阵 A 的**伴随矩阵**.

例 3.3 已知矩阵 $A=\begin{pmatrix} 1 & 0 & 1 \\ 2 & 1 & 0 \\ -3 & 2 & 5 \end{pmatrix}$，求 A 的伴随矩阵.

解 由于

$$A_{11}=(-1)^{1+1}\begin{vmatrix} 1 & 0 \\ 2 & 5 \end{vmatrix}=5,\quad A_{12}=(-1)^{1+2}\begin{vmatrix} 2 & 0 \\ -3 & 5 \end{vmatrix}=-10,\quad A_{13}=(-1)^{1+3}\begin{vmatrix} 2 & 1 \\ -3 & 2 \end{vmatrix}=7,$$

$$A_{21}=(-1)^{2+1}\begin{vmatrix} 0 & 1 \\ 2 & 5 \end{vmatrix}=2,\quad A_{22}=(-1)^{2+2}\begin{vmatrix} 1 & 1 \\ -3 & 5 \end{vmatrix}=8,\quad A_{23}=(-1)^{2+3}\begin{vmatrix} 1 & 0 \\ -3 & 2 \end{vmatrix}=-2,$$

$$A_{31}=(-1)^{3+1}\begin{vmatrix} 0 & 1 \\ 1 & 0 \end{vmatrix}=-1,\quad A_{32}=(-1)^{3+2}\begin{vmatrix} 1 & 1 \\ 2 & 0 \end{vmatrix}=2,\quad A_{33}=(-1)^{3+3}\begin{vmatrix} 1 & 0 \\ 2 & 1 \end{vmatrix}=1,$$

所以 A 的伴随矩阵为

$$A^*=\begin{pmatrix} 5 & 2 & -1 \\ -10 & 8 & 2 \\ 7 & -2 & 1 \end{pmatrix}.$$

n 阶矩阵 A 与其伴随矩阵 A^* 满足如下关系.

引理 3.1 设 $n(n\geqslant 2)$ 阶方阵 $A=(a_{ij})_{n\times n}$ 的伴随矩阵为 A^*，则

$$AA^*=A^*A=|A|E. \tag{3.5}$$

证 根据性质 2.6 和推论 2.6，得

$$AA^*=\begin{pmatrix} a_{11} & a_{12} & \cdots & a_{1n} \\ a_{21} & a_{22} & \cdots & a_{2n} \\ \vdots & \vdots & & \vdots \\ a_{n1} & a_{n2} & \cdots & a_{nn} \end{pmatrix}\begin{pmatrix} A_{11} & A_{21} & \cdots & A_{n1} \\ A_{12} & A_{22} & \cdots & A_{n2} \\ \vdots & \vdots & & \vdots \\ A_{1n} & A_{2n} & \cdots & A_{nn} \end{pmatrix}=\begin{pmatrix} |A| & 0 & \cdots & 0 \\ 0 & |A| & \cdots & 0 \\ \vdots & \vdots & & \vdots \\ 0 & 0 & \cdots & |A| \end{pmatrix},$$

即 $AA^*=|A|E$.

同理，得 $A^*A=|A|E$．因此结论成立.

下面介绍方阵 A 是可逆矩阵的充分必要条件.

定理 3.2 $n(n\geqslant 2)$ 阶方阵 A 为可逆矩阵的充分必要条件是 $|A|\neq 0$．当 A 是可逆矩阵时，且

$$A^{-1}=\frac{1}{|A|}A^*, \tag{3.6}$$

其中 A^* 是矩阵 A 的伴随矩阵.

证 必要性. 若 A 是可逆矩阵，则 $AA^{-1}=A^{-1}A=E$ 成立，两边取行列式，得

$$|A||A^{-1}|=1,$$

因此，$|A|\neq 0$.

充分性. 对于任意的方阵 A，由引理 3.1 可知，

$$AA^*=A^*A=|A|E,$$

由于 $|A|\neq 0$，则

$$A\left(\frac{1}{|A|}A^*\right)=\left(\frac{1}{|A|}A^*\right)A=E,$$

根据逆矩阵的定义 3.1 可知，A 是可逆矩阵，并且

$$A^{-1}=\frac{1}{|A|}A^*.$$

当 $|A|\neq 0$ 时，称 A 为**非奇异矩阵**或**非退化矩阵**，否则，称为**奇异矩阵**或**退化矩阵**. 可逆矩阵即是非奇异矩阵. 式(3.6)是利用伴随矩阵求逆矩阵的公式.

例 3.4 求矩阵 $A=\begin{pmatrix} a_{11} & a_{12} \\ a_{21} & a_{22} \end{pmatrix}$ $(a_{11}a_{22}-a_{12}a_{21}\neq 0)$ 的逆矩阵.

解 由于 $|A|=\begin{vmatrix} a_{11} & a_{12} \\ a_{21} & a_{22} \end{vmatrix}=a_{11}a_{22}-a_{12}a_{21}\neq 0$，则 A 是可逆矩阵. 而

$$A_{11}=(-1)^{1+1}a_{22}=a_{22},\quad A_{12}=(-1)^{1+2}a_{21}=-a_{21},$$
$$A_{21}=(-1)^{2+1}a_{12}=-a_{12},\quad A_{22}=(-1)^{2+2}a_{11}=a_{11},$$

于是 $\boldsymbol{A}$ 的伴随矩阵为 $\boldsymbol{A}^*=\begin{pmatrix} a_{22} & -a_{12} \\ -a_{21} & a_{11} \end{pmatrix}$. 因此，$\boldsymbol{A}$ 的逆矩阵为

$$\boldsymbol{A}^{-1}=\frac{1}{|\boldsymbol{A}|}\boldsymbol{A}^*=\frac{1}{a_{11}a_{22}-a_{12}a_{21}}\begin{pmatrix} a_{22} & -a_{12} \\ -a_{21} & a_{11} \end{pmatrix}.$$

例 3.5 求矩阵 $\boldsymbol{A}=\begin{pmatrix} 1 & 2 & 3 \\ 2 & 2 & 1 \\ 3 & 4 & 3 \end{pmatrix}$ 的逆矩阵.

解 由 $|\boldsymbol{A}|=\begin{vmatrix} 1 & 2 & 3 \\ 2 & 2 & 1 \\ 3 & 4 & 3 \end{vmatrix}=2\neq 0$ 可知，$\boldsymbol{A}$ 是可逆矩阵. 而

$$A_{11}=\begin{vmatrix} 2 & 1 \\ 4 & 3 \end{vmatrix}=2, \quad A_{21}=-\begin{vmatrix} 2 & 3 \\ 4 & 3 \end{vmatrix}=6, \quad A_{31}=\begin{vmatrix} 2 & 3 \\ 2 & 1 \end{vmatrix}=-4,$$

$$A_{12}=-\begin{vmatrix} 2 & 1 \\ 3 & 3 \end{vmatrix}=-3, \quad A_{22}=\begin{vmatrix} 1 & 3 \\ 3 & 3 \end{vmatrix}=-6, \quad A_{32}=-\begin{vmatrix} 1 & 3 \\ 2 & 1 \end{vmatrix}=5,$$

$$A_{13}=\begin{vmatrix} 2 & 2 \\ 3 & 4 \end{vmatrix}=2, \quad A_{23}=-\begin{vmatrix} 1 & 2 \\ 3 & 4 \end{vmatrix}=2, \quad A_{33}=\begin{vmatrix} 1 & 2 \\ 2 & 2 \end{vmatrix}=-2.$$

于是 $\boldsymbol{A}$ 的伴随矩阵为 $\boldsymbol{A}^*=\begin{pmatrix} 2 & 6 & -4 \\ -3 & -6 & 5 \\ 2 & 2 & -2 \end{pmatrix}$. 因此，$\boldsymbol{A}$ 的逆矩阵为

$$\boldsymbol{A}^{-1}=\frac{1}{|\boldsymbol{A}|}\boldsymbol{A}^*=\frac{1}{2}\begin{pmatrix} 2 & 6 & -4 \\ -3 & -6 & 5 \\ 2 & 2 & -2 \end{pmatrix}=\begin{pmatrix} 1 & 3 & -2 \\ -\frac{3}{2} & -3 & \frac{5}{2} \\ 1 & 1 & -1 \end{pmatrix}.$$

例 3.6 已知线性变换 $\begin{cases} y_1=x_2+2x_3, \\ y_2=x_1+x_2+4x_3, \\ y_3=2x_1-x_2, \end{cases}$ 求变量 y_1, y_2, y_3 到变量 x_1, x_2, x_3 的线性变换.

解 该线性变换用矩阵表示为

$$\boldsymbol{y}=\boldsymbol{A}\boldsymbol{x},$$

其中系数矩阵 $\boldsymbol{A}=\begin{pmatrix} 0 & 1 & 2 \\ 1 & 1 & 4 \\ 2 & -1 & 0 \end{pmatrix}$，$\boldsymbol{x}=\begin{pmatrix} x_1 \\ x_2 \\ x_3 \end{pmatrix}$，$\boldsymbol{y}=\begin{pmatrix} y_1 \\ y_2 \\ y_3 \end{pmatrix}$.

由于$|A|=\begin{vmatrix}0 & 1 & 2\\1 & 1 & 4\\2 & -1 & 0\end{vmatrix}=2\neq 0$，则 A 是逆矩阵，且$A^{-1}=\begin{pmatrix}2 & -1 & 1\\4 & -2 & 1\\-\frac{3}{2} & 1 & -\frac{1}{2}\end{pmatrix}$. 因此，变量 y_1, y_2, y_3 到变量 x_1, x_2, x_3 的线性变换为 $x=A^{-1}y$，即

$$\begin{cases}x_1=2y_1-y_2+y_3,\\x_2=4y_1-2y_2+y_3,\\x_3=-\frac{3}{2}y_1+y_2-\frac{1}{2}y_3.\end{cases}$$

推论 3.1 设 A, B 都是 n 阶方阵，如果 $AB=E$ 或 $BA=E$，则 A 是可逆矩阵，且 $A^{-1}=B$.

证 如果 $AB=E$，则有

$$|AB|=|A||B|=|E|=1,$$

因此，$|A|\neq 0$. 由定理 3.2 可知，A 是可逆矩阵，且

$$A^{-1}=A^{-1}E=A^{-1}(AB)=(A^{-1}A)B=EB=B.$$

同理可证，如果 $BA=E$ 成立，则 A 是可逆矩阵，且 $A^{-1}=B$.

事实上，推论 3.1 的逆命题也成立. 根据推论 3.1，证明 A 的逆矩阵为矩阵 B 时，只需要验证 $AB=E$ 或 $BA=E$ 成立即可. 另外，如果 $AB=E$ 或 $BA=E$，则矩阵 A 与 B 可交换.

例 3.7 设 A，B 为已知的 n 阶方阵，并且满足 $A+B=AB$，证明 $A-E$ 是可逆矩阵，并求其逆矩阵.

证 由于 $A+B=AB$，则 $AB-B-A=O$，即 $(A-E)B-(A-E)=E$，化简得

$$(A-E)(B-E)=E.$$

因此，根据推论 3.1 可知，$A-E$ 是可逆矩阵，且

$$(A-E)^{-1}=B-E.$$

例 3.8 如果分块对角矩阵 $A=\begin{pmatrix}A_1 & O & \cdots & O\\O & A_2 & \cdots & O\\\vdots & \vdots & & \vdots\\O & O & \cdots & A_s\end{pmatrix}$，其中 $A_i\ (i=1, 2, \cdots, s)$ 都是可逆矩阵. 证明 A 是可逆矩阵，且

$$A^{-1}=\begin{pmatrix} A_1^{-1} & O & \cdots & O \\ O & A_2^{-1} & \cdots & O \\ \vdots & \vdots & & \vdots \\ O & O & \cdots & A_s^{-1} \end{pmatrix}. \tag{3.7}$$

证 由于 $A_i\ (i=1,2,\cdots,s)$ 都是可逆矩阵，且

$$\begin{pmatrix} A_1 & O & \cdots & O \\ O & A_2 & \cdots & O \\ \vdots & \vdots & & \vdots \\ O & O & \cdots & A_s \end{pmatrix}\begin{pmatrix} A_1^{-1} & O & \cdots & O \\ O & A_2^{-1} & \cdots & O \\ \vdots & \vdots & & \vdots \\ O & O & \cdots & A_s^{-1} \end{pmatrix}=E,$$

根据推论 3.1 可知，A 是可逆矩阵，且式 (3.7) 成立.

求逆矩阵的过程中，式(3.7)可以作为公式直接使用.

例 3.9 已知矩阵 $A=\begin{pmatrix} 2 & 1 & 0 & 0 \\ 3 & 2 & 0 & 0 \\ 0 & 0 & 3 & 8 \\ 0 & 0 & 2 & 5 \end{pmatrix}$，求 A^{-1}.

解 对矩阵 A 做如下分块，得

$$A=\left(\begin{array}{cc:cc} 2 & 1 & 0 & 0 \\ 3 & 2 & 0 & 0 \\ \hdashline 0 & 0 & 3 & 8 \\ 0 & 0 & 2 & 5 \end{array}\right)=\begin{pmatrix} A_{11} & O \\ O & A_{22} \end{pmatrix},$$

其中 $A_{11}=\begin{pmatrix} 2 & 1 \\ 3 & 2 \end{pmatrix}$，$O=\begin{pmatrix} 0 & 0 \\ 0 & 0 \end{pmatrix}$，$A_{22}=\begin{pmatrix} 3 & 8 \\ 2 & 5 \end{pmatrix}$.

由于 $|A_{11}|=1$，$|A_{22}|=-1$，则 A_{11} 和 A_{22} 都是可逆矩阵，并且

$$A_{11}^{-1}=\begin{pmatrix} 2 & -1 \\ -3 & 2 \end{pmatrix},\quad A_{22}^{-1}=\begin{pmatrix} -5 & 8 \\ 2 & -3 \end{pmatrix}.$$

因此

$$A^{-1}=\begin{pmatrix} A_{11}^{-1} & O \\ O & A_{22}^{-1} \end{pmatrix}=\begin{pmatrix} 2 & -1 & 0 & 0 \\ -3 & 2 & 0 & 0 \\ 0 & 0 & -5 & 8 \\ 0 & 0 & 2 & -3 \end{pmatrix}.$$

3.1.3 可逆矩阵的性质

以下性质的证明比较简单，仅给出部分性质的证明过程.

性质 3.1 如果 $\boldsymbol{A}$ 是可逆矩阵，则 $\boldsymbol{A}^{-1}$ 也是可逆矩阵，且 $(\boldsymbol{A}^{-1})^{-1}=\boldsymbol{A}$.

性质 3.2 如果 $\boldsymbol{A}$ 是可逆矩阵，则 $\boldsymbol{A}^{\mathrm{T}}$ 也是可逆矩阵，且 $(\boldsymbol{A}^{\mathrm{T}})^{-1}=(\boldsymbol{A}^{-1})^{\mathrm{T}}$.

证 由于

$$\boldsymbol{A}^{\mathrm{T}}(\boldsymbol{A}^{-1})^{\mathrm{T}}=(\boldsymbol{A}^{-1}\boldsymbol{A})^{\mathrm{T}}=\boldsymbol{E}^{\mathrm{T}}=\boldsymbol{E},$$

因此，性质 3.2 的结论是正确的.

性质 3.3 如果 $\boldsymbol{A}$ 是可逆矩阵，并且数 $\lambda\neq 0$，则 $\lambda\boldsymbol{A}$ 也是可逆矩阵，且

$$(\lambda\boldsymbol{A})^{-1}=\frac{1}{\lambda}\boldsymbol{A}^{-1}.$$

性质 3.4 如果 $\boldsymbol{A},\boldsymbol{B}$ 都是 n 阶可逆矩阵，则 $\boldsymbol{AB}$ 也是可逆矩阵，且

$$(\boldsymbol{AB})^{-1}=\boldsymbol{B}^{-1}\boldsymbol{A}^{-1}.$$

证 由于

$$(\boldsymbol{AB})(\boldsymbol{B}^{-1}\boldsymbol{A}^{-1})=\boldsymbol{A}(\boldsymbol{BB}^{-1})\boldsymbol{A}^{-1}=\boldsymbol{AA}^{-1}=\boldsymbol{E},$$

根据推论 3.1 可知，性质 3.4 的结论正确.

性质 3.4 的结论可以推广到有限个矩阵的运算.

如果 $\boldsymbol{A}_1,\boldsymbol{A}_2,\cdots,\boldsymbol{A}_s$ 都是 n 阶可逆矩阵，则 $\boldsymbol{A}_1\boldsymbol{A}_2\cdots\boldsymbol{A}_s$ 也是可逆矩阵，且

$$(\boldsymbol{A}_1\boldsymbol{A}_2\cdots\boldsymbol{A}_s)^{-1}=\boldsymbol{A}_s^{-1}\cdots\boldsymbol{A}_2^{-1}\boldsymbol{A}_1^{-1}.$$

性质 3.5 如果 $\boldsymbol{A}$ 是可逆矩阵，则 $|\boldsymbol{A}|\neq 0$，且 $|\boldsymbol{A}^{-1}|=|\boldsymbol{A}|^{-1}$.

证 由于 $\boldsymbol{A}$ 是可逆矩阵，有 $\boldsymbol{AA}^{-1}=\boldsymbol{A}^{-1}\boldsymbol{A}=\boldsymbol{E}$ 成立，两边取行列式，得

$$|\boldsymbol{A}||\boldsymbol{A}^{-1}|=1.$$

因此，$|\boldsymbol{A}|\neq 0$, 且 $|\boldsymbol{A}^{-1}|=|\boldsymbol{A}|^{-1}$.

性质 3.6 如果 $\boldsymbol{A}$ 是可逆矩阵，且 $\boldsymbol{AB}=\boldsymbol{AC}$，则 $\boldsymbol{B}=\boldsymbol{C}$.

证 用 $\boldsymbol{A}$ 的逆矩阵 $\boldsymbol{A}^{-1}$ 左乘矩阵等式

$$\boldsymbol{AB}=\boldsymbol{AC}$$

的两端，得

$$\boldsymbol{A}^{-1}\boldsymbol{AB}=\boldsymbol{A}^{-1}\boldsymbol{AC},$$

即

$$\boldsymbol{B}=\boldsymbol{C},$$

因此结论成立.

对于可逆矩阵 $\boldsymbol{A}$，负指数次幂定义为

$$\boldsymbol{A}^{-k}=(\boldsymbol{A}^{-1})^{k},\quad \text{其中 } k \text{ 是正整数.}$$

并且不难验证，对于任意的整数 k，l 和 n 阶可逆矩阵 $\boldsymbol{A}$，都有

$$\boldsymbol{A}^k\boldsymbol{A}^l=\boldsymbol{A}^{k+l},\quad (\boldsymbol{A}^k)^l=\boldsymbol{A}^{kl}.$$

例 3.10 设 $\boldsymbol{A}$ 是 3 阶矩阵，且 $|\boldsymbol{A}|=2$，计算 $\left|(3\boldsymbol{A})^{-1}-\dfrac{1}{2}\boldsymbol{A}^*\right|$.

解 由于 $|\boldsymbol{A}|=2\neq 0$，则 $\boldsymbol{A}$ 是可逆矩阵，且 $|\boldsymbol{A}^{-1}|=\dfrac{1}{2}$，$\boldsymbol{A}^*=2\boldsymbol{A}^{-1}$. 因此

$$\left|(3\boldsymbol{A})^{-1}-\frac{1}{2}\boldsymbol{A}^*\right|=\left|\frac{1}{3}\boldsymbol{A}^{-1}-\boldsymbol{A}^{-1}\right|=\left|-\frac{2}{3}\boldsymbol{A}^{-1}\right|=\left(-\frac{2}{3}\right)^3|\boldsymbol{A}^{-1}|$$

$$=\left(-\frac{2}{3}\right)^3\times\frac{1}{2}=-\frac{4}{27}.$$

逆矩阵的应用很广泛，这里仅举例说明逆矩阵在求解矩阵方程、计算矩阵的高次幂等方面的简单应用.

例 3.11 已知矩阵 $\boldsymbol{A}=\begin{pmatrix}1&2&3\\2&2&1\\3&4&3\end{pmatrix}$，$\boldsymbol{B}=\begin{pmatrix}2&1\\5&3\end{pmatrix}$，$\boldsymbol{C}=\begin{pmatrix}1&3\\2&0\\3&1\end{pmatrix}$，且满足矩阵方程 $\boldsymbol{AXB}=\boldsymbol{C}$，求矩阵 $\boldsymbol{X}$.

解 由于 $|\boldsymbol{A}|=\begin{vmatrix}1&2&3\\2&2&1\\3&4&3\end{vmatrix}=2\neq 0$，$|\boldsymbol{B}|=\begin{vmatrix}2&1\\5&3\end{vmatrix}=1\neq 0$，因此 $\boldsymbol{A}$ 和 $\boldsymbol{B}$ 都是可逆矩阵，且

$$\boldsymbol{A}^{-1}=\frac{1}{2}\begin{pmatrix}2&6&-4\\-3&-6&5\\2&2&-2\end{pmatrix},\quad \boldsymbol{B}^{-1}=\begin{pmatrix}3&-1\\-5&2\end{pmatrix}.$$

将矩阵等式 $\boldsymbol{AXB}=\boldsymbol{C}$ 的两端左侧乘矩阵 $\boldsymbol{A}^{-1}$，且右侧乘矩阵 $\boldsymbol{B}^{-1}$，得

$$\boldsymbol{X}=\boldsymbol{A}^{-1}\boldsymbol{C}\boldsymbol{B}^{-1}=\frac{1}{2}\begin{pmatrix}2&6&-4\\-3&-6&5\\2&2&-2\end{pmatrix}\begin{pmatrix}1&3\\2&0\\3&1\end{pmatrix}\begin{pmatrix}3&-1\\-5&2\end{pmatrix}=\begin{pmatrix}-2&1\\10&-4\\-10&4\end{pmatrix}.$$

例 3.12 已知矩阵 $\boldsymbol{A}=\begin{pmatrix}3&1&0&0\\1&2&0&0\\2&6&3&2\\6&2&1&3\end{pmatrix}$，且 $\boldsymbol{AB}+\boldsymbol{E}=\boldsymbol{A}^2+\boldsymbol{B}$，求矩阵 $\boldsymbol{B}$.

解 由 $\boldsymbol{AB}+\boldsymbol{E}=\boldsymbol{A}^2+\boldsymbol{B}$，得 $\boldsymbol{AB}-\boldsymbol{B}=\boldsymbol{A}^2-\boldsymbol{E}$，即

$$(\boldsymbol{A}-\boldsymbol{E})\boldsymbol{B}=(\boldsymbol{A}-\boldsymbol{E})(\boldsymbol{A}+\boldsymbol{E}).$$

而 $\boldsymbol{A}-\boldsymbol{E}=\begin{pmatrix}2&1&0&0\\1&1&0&0\\2&6&2&2\\6&2&1&2\end{pmatrix}$，且 $|\boldsymbol{A}-\boldsymbol{E}|=\begin{vmatrix}2&1&0&0\\1&1&0&0\\2&6&2&2\\6&2&1&2\end{vmatrix}=2\neq 0$，则 $\boldsymbol{A}-\boldsymbol{E}$ 是可逆矩阵.

因此

$$\boldsymbol{B}=\boldsymbol{A}+\boldsymbol{E}=\begin{pmatrix}4&1&0&0\\1&3&0&0\\2&6&4&2\\6&2&1&4\end{pmatrix}.$$

例 3.13 已知矩阵 $\boldsymbol{P}=\begin{pmatrix}1&2\\1&4\end{pmatrix}$，$\boldsymbol{\Lambda}=\begin{pmatrix}1&0\\0&2\end{pmatrix}$，且 $\boldsymbol{AP}=\boldsymbol{P\Lambda}$，求 $\boldsymbol{A}^k$ (k 是整数).

解 由 $|\boldsymbol{P}|=\begin{vmatrix}1&2\\1&4\end{vmatrix}=2\neq 0$ 可知，$\boldsymbol{P}$ 是可逆矩阵，且 $\boldsymbol{P}^{-1}=\dfrac{1}{2}\begin{pmatrix}4&-2\\-1&1\end{pmatrix}$.

根据 $\boldsymbol{AP}=\boldsymbol{P\Lambda}$，得 $\boldsymbol{A}=\boldsymbol{P\Lambda P}^{-1}$，从而 $\boldsymbol{A}^2=\boldsymbol{P\Lambda}^2\boldsymbol{P}^{-1}$，$\boldsymbol{A}^3=\boldsymbol{P\Lambda}^3\boldsymbol{P}^{-1}$，依次类推，得

$$\boldsymbol{A}^k=\boldsymbol{P\Lambda}^k\boldsymbol{P}^{-1}.$$

而 $\boldsymbol{\Lambda}=\begin{pmatrix}1&0\\0&2\end{pmatrix}$，$\boldsymbol{\Lambda}^2=\begin{pmatrix}1^2&0\\0&2^2\end{pmatrix}=\begin{pmatrix}1&0\\0&2^2\end{pmatrix}$，依次类推，得

$$\boldsymbol{\Lambda}^k=\begin{pmatrix}1^k&0\\0&2^k\end{pmatrix}=\begin{pmatrix}1&0\\0&2^k\end{pmatrix}.$$

因此

$$\begin{aligned}\boldsymbol{A}^k&=\begin{pmatrix}1&2\\1&4\end{pmatrix}\begin{pmatrix}1&0\\0&2^k\end{pmatrix}\frac{1}{2}\begin{pmatrix}4&-2\\-1&1\end{pmatrix}=\frac{1}{2}\begin{pmatrix}1&2^{k+1}\\1&2^{k+2}\end{pmatrix}\begin{pmatrix}4&-2\\-1&1\end{pmatrix}\\&=\frac{1}{2}\begin{pmatrix}4-2^{k+1}&2^{k+1}-2\\4-2^{k+2}&2^{k+2}-2\end{pmatrix}=\begin{pmatrix}2-2^k&2^k-1\\2-2^{k+1}&2^{k+1}-1\end{pmatrix}.\end{aligned}$$

3.2 方阵的多项式

在数的幂的基础上，已经学习了方阵的幂的定义及其运算规律. 同样，类似于数量的多项式，可以定义方阵的多项式及其相应的运算. 本节主要介绍方阵的多项式的概念和计算.

多项式

$$\varphi(x)=a_0+a_1x+\cdots+a_mx^m \tag{3.8}$$

称为以 x 为自变量的 **m 次多项式**，其中 m 是非负整数，$a_0,a_1,a_2,\cdots,a_m$ 都是常数.

多项式定义及计算

类似数量 x 的 m 次多项式(3.8)，定义方阵 $\boldsymbol{A}$ 的多项式如下.

定义 3.3 设 $\boldsymbol{A}$ 是 n 阶方阵，称

$$\varphi(\boldsymbol{A})=a_0\boldsymbol{E}+a_1\boldsymbol{A}+\cdots+a_m\boldsymbol{A}^m \tag{3.9}$$

为 n 阶方阵 $\boldsymbol{A}$ 的 **m 次多项式**，其中 m 是非负整数，$a_0,a_1,\cdots,a_m$ 都是常数.

由于矩阵 $\boldsymbol{A}^k$ 和 $\boldsymbol{A}^l$ (k 和 l 为非负整数) 与单位矩阵 $\boldsymbol{E}$ 都可以交换，因此，很容易检验，方阵 $\boldsymbol{A}$ 的多项式 $f(\boldsymbol{A})$ 与 $g(\boldsymbol{A})$ 也可交换，即

$$f(\boldsymbol{A})g(\boldsymbol{A})=g(\boldsymbol{A})f(\boldsymbol{A}).$$

当 n 阶方阵 $\boldsymbol{A}$ 具有特殊的结构时，很容易计算 n 阶矩阵 $\boldsymbol{A}$ 的 m 次多项式.

如果矩阵 $\boldsymbol{A}=\boldsymbol{P\Lambda P}^{-1}$，则 $\boldsymbol{A}^k=\boldsymbol{P\Lambda}^k\boldsymbol{P}^{-1}$，从而

$$\begin{aligned}\varphi(\boldsymbol{A})&=a_0\boldsymbol{E}+a_1\boldsymbol{A}+\cdots+a_m\boldsymbol{A}^m\\&=\boldsymbol{P}a_0\boldsymbol{EP}^{-1}+a_1\boldsymbol{P\Lambda P}^{-1}+\cdots+a_m\boldsymbol{P\Lambda}^m\boldsymbol{P}^{-1}\\&=\boldsymbol{P}\varphi(\boldsymbol{\Lambda})\boldsymbol{P}^{-1}.\end{aligned}$$

如果 $\boldsymbol{\Lambda}$ 是对角矩阵，且 $\boldsymbol{\Lambda}=\operatorname{diag}(\lambda_1,\lambda_2,\cdots,\lambda_n)$，则 $\boldsymbol{\Lambda}^k=\operatorname{diag}(\lambda_1^k,\lambda_2^k,\cdots,\lambda_n^k)$，从而

$$\varphi(\boldsymbol{\Lambda})=a_0\boldsymbol{E}+a_1\boldsymbol{\Lambda}+\cdots+a_m\boldsymbol{\Lambda}^m=\operatorname{diag}(\varphi(\lambda_1),\varphi(\lambda_2),\cdots,\varphi(\lambda_n)).$$

例 3.14 已知矩阵 $\boldsymbol{P}=\begin{pmatrix}-1&-1&1\\1&0&1\\0&1&1\end{pmatrix}$，$\boldsymbol{\Lambda}=\begin{pmatrix}-1&&\\&-1&\\&&5\end{pmatrix}$，且 $\boldsymbol{AP}=\boldsymbol{P\Lambda}$，求矩阵 $\boldsymbol{A}$ 的多项式 $\varphi(\boldsymbol{A})=\boldsymbol{A}^3-6\boldsymbol{A}^2+5\boldsymbol{E}$.

解 由 $|\boldsymbol{P}|=\begin{vmatrix}-1&-1&1\\1&0&1\\0&1&1\end{vmatrix}=3\neq0$ 可知，$\boldsymbol{P}$ 是可逆矩阵，且

$$\boldsymbol{P}^{-1}=\frac{1}{3}\begin{pmatrix}-1&2&-1\\-1&-1&2\\1&1&1\end{pmatrix}.$$

根据 $\boldsymbol{AP}=\boldsymbol{P\Lambda}$，得 $\boldsymbol{A}=\boldsymbol{P\Lambda P}^{-1}$，从而

$$\varphi(\boldsymbol{A})=\boldsymbol{P}\varphi(\boldsymbol{\Lambda})\boldsymbol{P}^{-1}.$$

而 $\varphi(-1)=-2$，$\varphi(5)=-20$，于是

$$\varphi(\Lambda)=\begin{pmatrix}-2&&\\&-2&\\&&-20\end{pmatrix}.$$

因此，矩阵 $\boldsymbol{A}$ 的多项式

$$\varphi(\boldsymbol{A})=\begin{pmatrix}-1&-1&1\\1&0&1\\0&1&1\end{pmatrix}\begin{pmatrix}-2&&\\&-2&\\&&-20\end{pmatrix}\cdot\frac{1}{3}\cdot\begin{pmatrix}-1&2&-1\\-1&-1&2\\1&1&1\end{pmatrix}=\begin{pmatrix}-8&-6&-6\\-6&-8&-6\\-6&-6&-8\end{pmatrix}.$$

3.3 克拉默法则

本节讨论特殊的线性方程组的解. 与2元线性方程组(2.1)和3元线性方程组(2.4)类似，在一定的条件下，对于 n 元线性方程组的解，同样可以用 n 阶行列式表示.

为叙述方便起见，设 n 个未知量 n 个方程的线性方程组为

$$\begin{cases}a_{11}x_1+a_{12}x_2+\cdots+a_{1n}x_n=b_1,\\a_{21}x_1+a_{22}x_2+\cdots+a_{2n}x_n=b_2,\\\quad\cdots\cdots\\a_{n1}x_1+a_{n2}x_2+\cdots+a_{nn}x_n=b_n.\end{cases}\tag{3.10}$$

线性方程组(3.10) 的矩阵形式为

$$\boldsymbol{Ax}=\boldsymbol{b},\tag{3.11}$$

其中系数矩阵 $\boldsymbol{A}=\begin{pmatrix}a_{11}&a_{12}&\cdots&a_{1n}\\a_{21}&a_{22}&\cdots&a_{2n}\\\vdots&\vdots&&\vdots\\a_{n1}&a_{n2}&\cdots&a_{nn}\end{pmatrix}$，$\boldsymbol{x}=\begin{pmatrix}x_1\\x_2\\\vdots\\x_n\end{pmatrix}$，$\boldsymbol{b}=\begin{pmatrix}b_1\\b_2\\\vdots\\b_n\end{pmatrix}$.

下面介绍著名的**克拉默**(Cramer)**法则**.

定理 3.3 (克拉默法则)　如果线性方程组(3.10)的系数行列式

$$D=\begin{vmatrix}a_{11}&a_{12}&\cdots&a_{1n}\\a_{21}&a_{22}&\cdots&a_{2n}\\\vdots&\vdots&&\vdots\\a_{n1}&a_{n2}&\cdots&a_{nn}\end{vmatrix}\neq 0,$$

则线性方程组(3.10)有唯一解

$$x_1=\frac{D_1}{D},\quad x_2=\frac{D_2}{D},\quad\cdots,\quad x_n=\frac{D_n}{D},\tag{3.12}$$

其中 $D_j\ (j=1,2,\cdots,n)$ 是用线性方程组 (3.10) 右端的常数项代替系数行列式 D 的第 j 列元素得到的行列式，即

$$D_j=\begin{vmatrix} a_{11} & \cdots & a_{1,j-1} & b_1 & a_{1,j+1} & \cdots & a_{1n} \\ a_{21} & \cdots & a_{2,j-1} & b_2 & a_{2,j+1} & \cdots & a_{2n} \\ \vdots & & \vdots & \vdots & \vdots & & \vdots \\ a_{n1} & \cdots & a_{n,j-1} & b_n & a_{n,j+1} & \cdots & a_{nn} \end{vmatrix}, \quad j=1,2,\cdots,n .$$

证 由 $|\boldsymbol{A}|=D\neq 0$ 知，$\boldsymbol{A}^{-1}$ 存在，并且是唯一的，从而线性方程组(3.11)的唯一解为

$$\boldsymbol{x}=\boldsymbol{A}^{-1}\boldsymbol{b} ,$$

即

$$\boldsymbol{x}=\begin{pmatrix} x_1 \\ x_2 \\ \vdots \\ x_n \end{pmatrix}=\frac{1}{|\boldsymbol{A}|}\begin{pmatrix} A_{11} & A_{21} & \cdots & A_{n1} \\ A_{12} & A_{22} & \cdots & A_{n2} \\ \vdots & \vdots & & \vdots \\ A_{1n} & A_{2n} & \cdots & A_{nn} \end{pmatrix}\begin{pmatrix} b_1 \\ b_2 \\ \vdots \\ b_n \end{pmatrix}=\frac{1}{|\boldsymbol{A}|}\begin{pmatrix} A_{11}b_1+A_{21}b_2+\cdots+A_{n1}b_n \\ A_{12}b_1+A_{22}b_2+\cdots+A_{n2}b_n \\ \vdots \\ A_{1n}b_1+A_{2n}b_2+\cdots+A_{nn}b_n \end{pmatrix},$$

于是

$$x_j=\frac{1}{|\boldsymbol{A}|}(b_1A_{1j}+b_2A_{2j}+\cdots+b_nA_{nj}) .$$

因此

$$x_j=\frac{D_j}{D}, \quad j=1,2,\cdots,n,$$

其中 $D=|\boldsymbol{A}|$，

$$\begin{aligned} D_j &= b_1A_{1j}+b_2A_{2j}+\cdots+b_nA_{nj} \\ &= \begin{vmatrix} a_{11} & \cdots & a_{1,j-1} & b_1 & a_{1,j+1} & \cdots & a_{1n} \\ a_{21} & \cdots & a_{2,j-1} & b_2 & a_{2,j+1} & \cdots & a_{2n} \\ \vdots & & \vdots & \vdots & \vdots & & \vdots \\ a_{n1} & \cdots & a_{n,j-1} & b_n & a_{n,j+1} & \cdots & a_{nn} \end{vmatrix}, \quad j=1,2,\cdots,n. \end{aligned}$$

定理 3.3 的结论式(3.12)仅适用于线性方程组的特殊情况，即线性方程组的未知量的个数和方程的个数相等，且线性方程组的系数行列式 $D\neq 0$. 对于一般的线性方程组求解问题，将在本书第 4 章讨论.

根据定理 3.3，可得到如下结论.

推论 3.2 如果线性方程组(3.10)无解或多解，则它的系数行列式 D 等于零.

例 3.15 利用克拉默法则和逆矩阵的方法，解线性方程组

$$\begin{cases} x_1+2x_2+x_3=1, \\ 2x_1+5x_2+3x_3=2, \\ 2x_1+3x_2+2x_3=1. \end{cases}$$

解 (1) 由于该线性方程组的系数行列式

$$D=\begin{vmatrix}1&2&1\\2&5&3\\2&3&2\end{vmatrix}=\begin{vmatrix}1&2&1\\0&1&1\\0&-1&0\end{vmatrix}=1.$$

代换系数后的行列式

$$D_1=\begin{vmatrix}1&2&1\\2&5&3\\1&3&2\end{vmatrix}=\begin{vmatrix}1&2&1\\0&1&1\\0&1&1\end{vmatrix}=0,\quad D_2=\begin{vmatrix}1&1&1\\2&2&3\\2&1&2\end{vmatrix}=\begin{vmatrix}1&1&1\\0&0&1\\2&1&2\end{vmatrix}=1,$$

$$D_3=\begin{vmatrix}1&2&1\\2&5&2\\2&3&1\end{vmatrix}=\begin{vmatrix}1&2&1\\0&1&0\\2&3&1\end{vmatrix}=-1.$$

根据定理 3.3，该线性方程组的唯一解为

$$x_1=0,\quad x_2=1,\quad x_3=-1.$$

(2) 该线性方程组用矩阵表示为

$$\boldsymbol{Ax}=\boldsymbol{b},$$

其中系数矩阵 $\boldsymbol{A}=\begin{pmatrix}1&2&1\\2&5&3\\2&3&2\end{pmatrix}$，$\boldsymbol{x}=\begin{pmatrix}x_1\\x_2\\x_3\end{pmatrix}$，$\boldsymbol{b}=\begin{pmatrix}1\\2\\1\end{pmatrix}$.

由于 $|\boldsymbol{A}|=\begin{vmatrix}1&2&1\\2&5&3\\2&3&2\end{vmatrix}=1\neq 0$，则矩阵 $\boldsymbol{A}$ 是可逆矩阵，且 $\boldsymbol{A}^{-1}=\begin{pmatrix}1&-1&1\\2&0&-1\\-4&1&1\end{pmatrix}$.

从而

$$\boldsymbol{x}=\boldsymbol{A}^{-1}\boldsymbol{b}=\begin{pmatrix}1&-1&1\\2&0&-1\\-4&1&1\end{pmatrix}\begin{pmatrix}1\\2\\1\end{pmatrix}=\begin{pmatrix}0\\1\\-1\end{pmatrix}.$$

因此，该线性方程组的唯一解为

$$x_1=0,\quad x_2=1,\quad x_3=-1.$$

例 3.16 已知曲线 $y=a_0+a_1x+a_2x^2+a_3x^3$ 通过点(1, 1), (2, 4), (3, 9)和(4, 16)，求该曲线的解析表达式中的系数 a_0,a_1,a_2,a_3.

解 由于要求的曲线过点(1, 1), (2, 4), (3, 9)和(4, 16)，则

$$\begin{cases} a_0 + a_1 + a_2 + a_3 = 1, \\ a_0 + 2a_1 + 4a_2 + 8a_3 = 4, \\ a_0 + 3a_1 + 9a_2 + 27a_3 = 9, \\ a_0 + 4a_1 + 16a_2 + 64a_3 = 16. \end{cases}$$

该线性方程组的系数行列式

$$D = \begin{vmatrix} 1 & 1 & 1 & 1 \\ 1 & 2 & 4 & 8 \\ 1 & 3 & 9 & 27 \\ 1 & 4 & 16 & 64 \end{vmatrix} = \begin{vmatrix} 1 & 1 & 1 & 1 \\ 1 & 2 & 3 & 4 \\ 1 & 4 & 9 & 16 \\ 1 & 8 & 27 & 64 \end{vmatrix} = 12,$$

代换系数以后的行列式

$$D_1 = \begin{vmatrix} 1 & 1 & 1 & 1 \\ 4 & 2 & 4 & 8 \\ 9 & 3 & 9 & 27 \\ 16 & 4 & 16 & 64 \end{vmatrix} = 0, \quad D_2 = \begin{vmatrix} 1 & 1 & 1 & 1 \\ 1 & 4 & 4 & 8 \\ 1 & 9 & 9 & 27 \\ 1 & 16 & 16 & 64 \end{vmatrix} = 0,$$

$$D_3 = \begin{vmatrix} 1 & 1 & 1 & 1 \\ 1 & 2 & 4 & 8 \\ 1 & 3 & 9 & 27 \\ 1 & 4 & 16 & 64 \end{vmatrix} = 12, \quad D_4 = \begin{vmatrix} 1 & 1 & 1 & 1 \\ 1 & 2 & 4 & 4 \\ 1 & 3 & 9 & 9 \\ 1 & 4 & 16 & 16 \end{vmatrix} = 0.$$

因此，要求曲线的解析表达式中的系数分别为

$$a_0 = \frac{D_1}{D} = 0, \quad a_1 = \frac{D_2}{D} = 0, \quad a_2 = \frac{D_3}{D} = 1, \quad a_3 = \frac{D_4}{D} = 0.$$

与线性方程组(3.10)相应的齐次线性方程组为

$$\begin{cases} a_{11}x_1 + a_{12}x_2 + \cdots + a_{1n}x_n = 0, \\ a_{21}x_1 + a_{22}x_2 + \cdots + a_{2n}x_n = 0, \\ \qquad \cdots\cdots \\ a_{n1}x_1 + a_{n2}x_2 + \cdots + a_{nn}x_n = 0. \end{cases} \tag{3.13}$$

显然，$x_1 = 0, x_2 = 0, \cdots, x_n = 0$ 是齐次线性方程组(3.13)的解，该解称为齐次线性方程组(3.13)的**零解**或**平凡解**；如果存在一组不全为零的数也是线性方程组 (3.13)的解，则该解称为齐次线性方程组(3.13)的**非零解**或**非平凡解**.

根据定理 3.3，得如下结论.

定理 3.4 如果齐次线性方程组(3.13)的系数行列式

$$D=\begin{vmatrix} a_{11} & a_{12} & \cdots & a_{1n} \\ a_{21} & a_{22} & \cdots & a_{2n} \\ \vdots & \vdots & & \vdots \\ a_{n1} & a_{n2} & \cdots & a_{nn} \end{vmatrix} \neq 0,$$

则齐次线性方程组(3.13)只有零解.

推论 3.3 如果齐次线性方程组(3.13)有非零解,则它的系数行列式 D 等于零.

事实上，定理 3.4 的逆命题也成立(见本书推论 4.4).

例 3.17 设齐次线性方程组

$$\begin{cases} \lambda x_1 + x_2 + x_3 = 0, \\ x_1 + \lambda x_2 + x_3 = 0, \\ x_1 + x_2 + \lambda x_3 = 0 \end{cases}$$

存在非零解，确定参数 λ 的值.

解 该齐次线性方程组的系数行列式

$$D=\begin{vmatrix} \lambda & 1 & 1 \\ 1 & \lambda & 1 \\ 1 & 1 & \lambda \end{vmatrix}=(\lambda-1)^2(\lambda+2),$$

由于该齐次线性方程组有非零解，则 $D=0$，从而参数

$$\lambda=1 \quad 或 \quad \lambda=-2.$$

例 3.18 设平面上 3 条直线的方程分别为

$$ax+by+c=0, \quad bx+cy+a=0, \quad cx+ay+b=0.$$

如果这 3 条直线相交于一点 (x_0,y_0)，证明 3 阶行列式 $\begin{vmatrix} a & b & c \\ b & c & a \\ c & a & b \end{vmatrix}=0$.

证 由于这 3 条直线相交于一点 (x_0,y_0)，则 $\begin{cases} ax_0+by_0+c=0, \\ bx_0+cy_0+a=0, \\ cx_0+ay_0+b=0. \end{cases}$ 从而齐次线性方程组

$$\begin{cases} ax+by+cz=0, \\ bx+cy+az=0, \\ cx+ay+bz=0 \end{cases}$$

存在非零解 $x=x_0, y=y_0, z=1$. 根据推论 3.3，得

$$\begin{vmatrix} a & b & c \\ b & c & a \\ c & a & b \end{vmatrix}=0.$$

*3.4 MATLAB 实验

实验 3.1 (1) 已知矩阵

$$\boldsymbol{A}=\begin{pmatrix}1 & 2 & 3 & 4\\ 2 & 3 & 1 & 2\\ 1 & 1 & 1 & -1\\ 1 & 0 & -2 & -6\end{pmatrix},$$

利用 MATLAB 软件，计算 $\boldsymbol{A}$ 的逆矩阵.

(2) 已知矩阵

$$\boldsymbol{A}=\begin{pmatrix}a & b\\ c & d\end{pmatrix},\quad ad-bc\neq 0,$$

利用 MATLAB 软件，计算 $\boldsymbol{A}$ 的逆矩阵.

(1) **实验过程**

```
A=[1,2,3,4;2,3,1,2;1,1,1,-1;1,0,-2,-6];
inv(A),%计算 A 的逆矩阵的命令
```

运行结果

```
ans =
   22.0000    -6.0000    -26.0000   17.0000
  -17.0000     5.0000     20.0000  -13.0000
   -1.0000    -0.0000      2.0000   -1.0000
    4.0000    -1.0000     -5.0000    3.0000
```

因此，$\boldsymbol{A}^{-1}=\begin{pmatrix}22 & -6 & -26 & 17\\ -17 & 5 & 20 & -13\\ -1 & 0 & 2 & -1\\ 4 & -1 & -5 & 3\end{pmatrix}$.

(2) **实验过程**

```
syms a b c d
A=[a b;c d];
inv(A), %计算 A 的逆矩阵的命令
```

运行结果

```
ans =
[  d/(a*d-b*c), -b/(a*d-b*c)]
[ -c/(a*d-b*c),  a/(a*d-b*c)]
```

因此，$A^{-1}=\dfrac{1}{ad-bc}\begin{pmatrix} d & -b \\ -c & a \end{pmatrix}$.

实验 3.2 设某个经济系统仅包括 3 个部门，每个部门既是生产部门，也是消耗部门. 在某一个生产周期内各部门的直接消耗系数为常数 a_{ij} (表示第 j 部门生产单位产品消耗第 i 部门产品的数量，$i=1,2,3; j=1,2,3$)及最终产品如表 3.1 所示.

表 3.1 生产周期内各部门的直接消耗系数及最终产品(一)

消耗部门 / a_{ij} / 生产部门	1	2	3	最终产品
1	0.25	0.1	0.1	245
2	0.2	0.2	0.1	90
3	0.1	0.1	0.2	175

建立各生产部门所生产的总产品满足的数学模型，并利用 MATLAB 软件，计算各生产部门所生产的总产品.

实验过程

1. 模型假设和符号说明

假设生产周期内各部门的直接消耗系数为常数 a_{ij} (表示第 j 部门生产单位产品消耗第 i 部门产品的数量)；1, 2, 3 部门所生产的总产品分别为 x_1,x_2,x_3.

2. 建立数学模型和求解

根据产品的分配原则，得

$$\begin{cases} 0.25x_1+0.1x_2+0.1x_3+245=x_1, \\ 0.2x_1+0.2x_2+0.1x_3+90=x_2, \\ 0.1x_1+0.1x_2+0.2x_3+175=x_3, \end{cases}$$

用矩阵表示为

$$\boldsymbol{Ax}+\boldsymbol{y}=\boldsymbol{x},$$

其中 $\boldsymbol{A}=(a_{ij})=\begin{pmatrix} 0.25 & 0.1 & 0.1 \\ 0.2 & 0.2 & 0.1 \\ 0.1 & 0.1 & 0.2 \end{pmatrix}$，$\boldsymbol{x}=\begin{pmatrix} x_1 \\ x_2 \\ x_3 \end{pmatrix}$，$\boldsymbol{y}=\begin{pmatrix} 245 \\ 90 \\ 175 \end{pmatrix}$.

因此，$\boldsymbol{x}=(\boldsymbol{E}-\boldsymbol{A})^{-1}\boldsymbol{y}=\begin{pmatrix}400\\250\\300\end{pmatrix}$.

3. MATLAB 程序

```
A=[0.25 0.1 0.1;0.2 0.2 0.1;0.1 0.1 0.2];
y=[245 90 175]';
E=[1 0 0;0 1 0;0 0 1];
x=(inv(E-A))*y,
```

运行结果

```
x =
  400.0000
  250.0000
  300.0000
```

实验 3.3 假设本例不考虑工程背景的意义,仅考虑可逆矩阵在信息加密中的简单应用；假设传送英文字母的信息可以利用传送一组数字代替该信息，且设字母 a, b, c, ⋯ , z 对应的数字分别为 1, 2, 3, ⋯, 26；假设加密矩阵为

$$\boldsymbol{A}=\begin{pmatrix}1&1&6\\1&6&35\\0&1&6\end{pmatrix}.$$

利用矩阵的乘法，借助 MATLAB 软件，解决如下问题：

(i) 如果传送的信息原文为 linear algebra，收到的信息应该是什么？

(ii) 如果收到的信息为 134, 719, 121, 171, 912, 153，写出传送的信息原文.

实验过程

1. 模型假设和符号说明

假设不考虑工程背景的意义，仅考虑可逆矩阵在信息加密中的简单应用；假设字母 a, b, c, ⋯, z 对应的数字分别为 1, 2, 3, ⋯, 26；假设加密矩阵为

$$\boldsymbol{A}=\begin{pmatrix}1&1&6\\1&6&35\\0&1&6\end{pmatrix}.$$

2. 建立数学模型和求解

(i) 将传送的信息 linear algebra 按字母分组为 lin ear alg ebr a□ □，其中符号□表示空格,对应的数字为0,则要传送的数字为 12, 9, 14, 5, 1, 18, 1, 12, 7, 5, 2, 18, 1, 0, 0，它们按列构成行数是 3 的矩阵为

$$B=\begin{pmatrix}12&5&1&5&1\\9&1&12&2&0\\14&18&7&18&0\end{pmatrix},$$

收到的信息用矩阵表示为

$$C=AB=\begin{pmatrix}1&1&6\\1&6&35\\0&1&6\end{pmatrix}\begin{pmatrix}12&5&1&5&1\\9&1&12&2&0\\14&18&7&18&0\end{pmatrix}=\begin{pmatrix}105&114&55&115&1\\556&641&318&647&1\\93&109&54&110&0\end{pmatrix}.$$

(ii) 如果收到的信息为 134, 719, 121, 171, 912, 153，它们用矩阵表示为

$$D=\begin{pmatrix}134&171\\719&912\\121&153\end{pmatrix},$$

于是要传送的数字用矩阵表示为

$$F=A^{-1}D=\begin{pmatrix}13&18\\1&9\\20&24\end{pmatrix}.$$

3. MATLAB 程序

```
A=[1,1,6;1,6,35;0,1,6];
B=[12,5,1,5,1;9,1,12,2,0;14,18,7,18,0];
C=A*B,
D=[134,171;719,912;121,153];
F=inv(A)*D,
```

运行结果

```
C =
    105     114     55     115     1
    556     641     318    647     1
    93      109     54     110     0
D =
    134     171
    719     912
    121     153
F =
    13.0000         18.0000
```

```
   1.0000         9.0000
  20.0000        24.0000
```

4. 结论

(i) 收到的信息为 105, 556, 93, 114, 641, 109, 55, 318, 54, 115, 647, 110, 1, 1, 0.

(ii) 传送的数字用矩阵表示为 $\boldsymbol{F}=\begin{pmatrix}13 & 18\\ 1 & 9\\ 20 & 24\end{pmatrix}$,因此,传送的信息原文为 matrix,即 matrix.

实验练习 3.1 利用 MATLAB 软件，计算矩阵

$$\boldsymbol{A}=\begin{pmatrix}8 & 1 & -5 & 1\\ 9 & -3 & 0 & 6\\ -5 & 2 & -1 & 2\\ 0 & 4 & -7 & 6\end{pmatrix}$$

的逆矩阵.

实验练习 3.2 利用克拉默法则和逆矩阵的方法，借助 MATLAB 软件，求解线性方程组

$$\begin{cases}5x_1+6x_2=1,\\ x_1+5x_2+6x_3=0,\\ x_2+5x_3+6x_4=2,\\ x_3+5x_4+6x_5=0,\\ x_4+5x_5=6.\end{cases}$$

实验练习 3.3 设某个经济系统仅包括 5 个部门，每个部门既是生产部门，也是消耗部门. 在某一个生产周期内各部门的直接消耗系数为常数 a_{ij} (表示第 j 部门生产单位产品消耗第 i 部门产品的数量， $i,j=1,2,3,4,5$)及最终产品如表 3.2 所示.

表 3.2 生产周期内各部门的直接消耗系数及最终产品(二)

生产部门 \ a_{ij} \ 消耗部门	1	2	3	4	5	最终产品
1	0.159	0.047	0.080	0.008	0.054	1284
2	0.171	0.512	0.502	0.257	0.238	4083
3	0.002	0.001	0.001	0.013	0.010	2691
4	0.021	0.031	0.045	0.104	0.029	477
5	0.027	0.045	0.049	0.027	0.056	927

(i) 利用逆矩阵，建立各生产部门所生产的总产品满足的数学模型，并借助 MATLAB 软件，计算各生产部门所生产的总产品；

(ii) 利用矩阵运算，确定各生产部门之间的流量所满足的数学模型，并借助 MATLAB 软件，计算各生产部门之间的流量.

习　题　3

1. 求下列各矩阵的逆矩阵：

(1) $\begin{pmatrix} 1 & 3 \\ 2 & 8 \end{pmatrix}$；　　(2) $\begin{pmatrix} \cos\theta & -\sin\theta \\ \sin\theta & \cos\theta \end{pmatrix}$；

(3) $\begin{pmatrix} 1 & 1 & -1 \\ 1 & 2 & -3 \\ 0 & 1 & 1 \end{pmatrix}$；　　(4) $\begin{pmatrix} 3 & 1 & 1 \\ 2 & 1 & 2 \\ 1 & 2 & 3 \end{pmatrix}$；

(5) $\begin{pmatrix} 1 & 6 & 0 & 0 \\ 2 & 13 & 0 & 0 \\ 0 & 0 & 2 & 5 \\ 0 & 0 & 3 & 7 \end{pmatrix}$；　　(6) $\begin{pmatrix} 1 & 2 & 0 & 0 & 0 \\ 2 & 3 & 0 & 0 & 0 \\ 0 & 0 & 2 & 0 & 0 \\ 0 & 0 & 0 & 1 & 6 \\ 0 & 0 & 0 & 0 & 1 \end{pmatrix}$.

2. 已知线性变换 $\begin{cases} x_1 = 2y_1 + 2y_2 + y_3, \\ x_2 = 3y_1 + y_2 + 5y_3, \\ x_3 = 3y_1 + 2y_2 + 3y_3, \end{cases}$ 求变量 x_1, x_2, x_3 到变量 y_1, y_2, y_3 的线性变换.

3. 设 3 阶矩阵 $\boldsymbol{A} = \begin{pmatrix} -8 & 2 & -2 \\ 2 & a & -4 \\ -2 & -4 & a \end{pmatrix}$，当 a 为何值时，$\boldsymbol{A}$ 不是可逆矩阵.

4. 设 $\boldsymbol{A}$ 是 n 阶方阵，且存在正整数 k，使 $\boldsymbol{A}^k = \boldsymbol{O}$，证明：

(1) $\boldsymbol{A}$ 不是可逆矩阵；

(2) $\boldsymbol{E} - \boldsymbol{A}$ 是可逆矩阵，且 $(\boldsymbol{E} - \boldsymbol{A})^{-1} = \boldsymbol{E} + \boldsymbol{A} + \boldsymbol{A}^2 + \cdots + \boldsymbol{A}^{k-1}$.

5. 设方阵 $\boldsymbol{A}$ 满足 $\boldsymbol{A}^2 + 2\boldsymbol{A} - 3\boldsymbol{E} = \boldsymbol{O}$，证明 $\boldsymbol{A}$ 和 $\boldsymbol{A}+4\boldsymbol{E}$ 都是可逆矩阵，并求 $\boldsymbol{A}^{-1}$ 和 $(\boldsymbol{A}+4\boldsymbol{E})^{-1}$.

第 5 题
视频讲解

6. 证明可逆矩阵的性质 3.3：如果 $\boldsymbol{A}$ 是可逆矩阵，并且数 $\lambda \neq 0$，则 $\lambda\boldsymbol{A}$ 也是可逆矩阵，且

$$(\lambda\boldsymbol{A})^{-1} = \frac{1}{\lambda}\boldsymbol{A}^{-1}.$$

7. 设 $\boldsymbol{A}, \boldsymbol{B}, \boldsymbol{A}^{-1}+\boldsymbol{B}^{-1}$ 均为可逆矩阵，证明 $\boldsymbol{A}+\boldsymbol{B}$ 也是可逆矩阵，并求 $(\boldsymbol{A}+\boldsymbol{B})^{-1}$.

第7题
视频讲解

8. 已知 3 阶矩阵 $\boldsymbol{A}=(a_{ij})$，A_{ij} 是元素 a_{ij} 的代数余子式，且 $A_{ij}=a_{ij}\,(i,j=1,2,3)$，$a_{22}\neq 0$，证明 $\boldsymbol{A}$ 是可逆矩阵，并计算 $|\boldsymbol{A}|$.

9. 设 $\boldsymbol{A}$ 是 n 阶可逆矩阵，证明 $\boldsymbol{A}$ 的伴随矩阵 $\boldsymbol{A}^*$ 是可逆矩阵，且 $(\boldsymbol{A}^*)^{-1}=(\boldsymbol{A}^{-1})^*$.

10. 设 $n\,(n\geqslant 2)$ 阶矩阵 $\boldsymbol{A}$ 的伴随矩阵为 $\boldsymbol{A}^*$，证明：

(1) 如果 $|\boldsymbol{A}|=0$，则 $|\boldsymbol{A}^*|=0$；

(2) $|\boldsymbol{A}^*|=|\boldsymbol{A}|^{n-1}$.

11. 设 $\boldsymbol{A}$ 是 3 阶方阵，且 $|\boldsymbol{A}|=\dfrac{1}{2}$，求 $|2\boldsymbol{A}^{-1}|, |\boldsymbol{A}^*|, |(3\boldsymbol{A})^{-1}-2\boldsymbol{A}^*|$.

12. 设 $\boldsymbol{A}$，$\boldsymbol{B}$ 分别是 n_1 阶和 n_2 阶可逆矩阵，求

(1) $\begin{pmatrix} \boldsymbol{O} & \boldsymbol{A} \\ \boldsymbol{B} & \boldsymbol{O} \end{pmatrix}^{-1}$；　　　(2) $\begin{pmatrix} \boldsymbol{A} & \boldsymbol{O} \\ \boldsymbol{C} & \boldsymbol{B} \end{pmatrix}^{-1}$.

13. 求解下列矩阵方程：

(1) $\begin{pmatrix} 2 & 1 \\ 5 & 3 \end{pmatrix}\boldsymbol{X}=\begin{pmatrix} 1 \\ 2 \end{pmatrix}$；

(2) $\boldsymbol{X}\begin{pmatrix} 1 & 1 & -1 \\ 1 & 2 & -3 \\ 0 & 1 & 1 \end{pmatrix}=\begin{pmatrix} 1 & 2 & 0 \\ 3 & 0 & 1 \end{pmatrix}$；

(3) $\begin{pmatrix} 1 & 2 & 3 \\ 1 & 1 & 2 \\ 0 & 1 & 2 \end{pmatrix}\boldsymbol{X}\begin{pmatrix} -1 & -2 \\ 2 & 3 \end{pmatrix}=\begin{pmatrix} 1 & 2 \\ 2 & 3 \\ 3 & 1 \end{pmatrix}$.

14. 已知 3 阶矩阵 $\boldsymbol{A}=\begin{pmatrix} 3 & 1 & 0 \\ 2 & 5 & 0 \\ 0 & 0 & 4 \end{pmatrix}$，且矩阵 $\boldsymbol{B}$ 满足 $\boldsymbol{AB}+\boldsymbol{E}=\boldsymbol{A}^2+\boldsymbol{B}$，求矩阵 $\boldsymbol{B}$.

15. 已知矩阵 $\boldsymbol{A}=\begin{pmatrix} -1 & 2 & 0 \\ 0 & -1 & 2 \\ 1 & 0 & -1 \end{pmatrix}$，3 阶矩阵 $\boldsymbol{B}$ 满足 $\boldsymbol{A}^*\boldsymbol{BA}=4\boldsymbol{E}+3\boldsymbol{BA}$，其中 $\boldsymbol{E}$ 是 3 阶单位矩阵，$\boldsymbol{A}^*$ 是 $\boldsymbol{A}$ 的伴随矩阵，求矩阵 $\boldsymbol{B}$，$|\boldsymbol{B}|$.

16. 已知矩阵 $\boldsymbol{A}$ 的伴随矩阵为

$$A^* = \begin{pmatrix} 1 & 0 & 0 & 0 \\ 2 & 1 & 0 & 0 \\ 0 & 0 & 1 & 3 \\ 0 & 0 & 0 & 8 \end{pmatrix},$$

并且满足 $\boldsymbol{ABA}^{-1} = \boldsymbol{BA}^{-1} + 3\boldsymbol{E}$，求矩阵 $\boldsymbol{B}$.

17. 已知矩阵 $\boldsymbol{P} = \begin{pmatrix} -1 & -2 \\ 1 & 4 \end{pmatrix}$，$\boldsymbol{\Lambda} = \begin{pmatrix} 2 & 0 \\ 0 & 1 \end{pmatrix}$，且 $\boldsymbol{AP} = \boldsymbol{P\Lambda}$，求 $\boldsymbol{A}^k$ (k 是整数).

18. 已知矩阵 $\boldsymbol{P} = \begin{pmatrix} -1 & 2 & 2 \\ 2 & 0 & 1 \\ 0 & -1 & -1 \end{pmatrix}$，$\boldsymbol{\Lambda} = \begin{pmatrix} -1 & & \\ & 1 & \\ & & 0 \end{pmatrix}$，且 $\boldsymbol{AP} = \boldsymbol{P\Lambda}$，求

$$\varphi(\boldsymbol{A}) = 2\boldsymbol{A}^6 - 2\boldsymbol{A}^2 - \boldsymbol{E}.$$

19. 分别用逆矩阵和克拉默法则，解下列线性方程组：

(1) $\begin{cases} x_1 + 2x_2 + 3x_3 = 1, \\ 2x_1 + 2x_2 + 5x_3 = 2, \\ 3x_1 + 5x_2 + x_3 = 1; \end{cases}$ (2) $\begin{cases} x_1 + x_2 + x_3 = 2, \\ x_1 + 2x_2 + 4x_3 = 3, \\ x_1 + 3x_2 + 9x_3 = 2. \end{cases}$

20. 设齐次线性方程组 $\begin{cases} 3x_1 + \lambda x_2 - x_3 = 0, \\ 4x_2 + x_3 = 0, \\ \lambda x_1 - 5x_2 - x_3 = 0 \end{cases}$ 存在非零解，确定参数 λ 的值.

21. 参数 λ 和 μ 满足什么条件时，齐次线性方程组 $\begin{cases} x_1 + x_2 - x_3 = 0, \\ 2x_1 + (\lambda+3)x_2 - 3x_3 = 0, \\ -2x_1 + (\lambda-1)x_2 + \mu x_3 = 0 \end{cases}$ 只有零解.

22. 设 n 次多项式 $f(x) = a_0 + a_1x + a_2x^2 + \cdots + a_nx^n$ 有 n+1 个互不相同的零点，利用克拉默法则，证明：n 次多项式 $f(x)$ 的系数 $a_0, a_1, \cdots, a_n$ 都是零.

第 22 题的证明

第 3 章测试题

第 3 章测试题参考答案

第 4 章　线性方程组

数学家高斯

高斯 (Gauss, 1777～1855) 是德国著名数学家、物理学家、天文学家、大地测量学家，生于不伦瑞克，1792 年进入卡罗琳学院 (如今的不伦瑞克工业大学)，1795 年进入哥廷根大学，1796 年对正多边形的欧几里得作图理论做出了惊人的贡献，即给出了作正十七边形的方法，1807 年被聘任为哥廷根大学的教授和当地天文台的台长.

高斯的数学研究几乎遍及所有领域，在数论、代数学、非欧几何、复变函数和微分几何等方面都做出了开创性的贡献. 他还把数学应用于天文学、大地测量学和磁学的研究，发明了最小二乘法原理. 他的数论研究总结在《算术研究》中，该书奠定了近代数论的基础. 高斯对待学问十分严谨，他仅发表自己认为十分成熟的作品. 高斯对代数学的重要贡献是证明了代数基本定理，该证明开创了数学研究的新途径. 约 1800 年，高斯提出了至今仍在使用的解线性方程组的高斯消元法.

基本概念

矩阵的初等变换、初等矩阵、矩阵的秩.

基本运算

初等变换法求逆矩阵、求矩阵的秩、解线性方程组和矩阵方程.

基本要求

了解矩阵的初等变换和初等矩阵的概念，掌握用初等变换化矩阵为行阶梯形和行最简形矩阵，熟练掌握用初等变换求逆矩阵和解矩阵方程等；熟悉矩阵的秩的概念和性质，掌握利用初等变换求矩阵的秩的方法；熟练掌握线性方程组无解、有唯一解、有无穷多解的判定方法和用初等行变换解线性方程组等.

线性方程组常常出现在生产实践和科学研究的各个领域，它是线性代数课程的基本内容. 为讨论线性方程组解的存在性和解线性方程组，本章介绍矩阵的初等变换、初等矩阵、矩阵的秩和判定线性方程组的解的存在性等内容.

4.1 矩阵的初等变换和初等矩阵

矩阵的初等变换是处理矩阵问题的一个重要手段，对于求解线性方程组、求逆矩阵和矩阵的秩等，都起到十分重要的作用；而初等矩阵对内容的理论研究具有重要性. 本节首先从不同的实际问题引入线性方程组，然后介绍矩阵的初等变换、初等矩阵等.

4.1.1 线性方程组的实例和消元解法

实例 4.1 某工厂在计划期内需要安排生产甲、乙两种产品. 已知生产单位甲、乙产品消耗 A，B，C 三种原材料的数量和原材料供应量如表 4.1 所示.

表 4.1 单位产品原材料的消耗量和原材料供应量

原材料 \ 产品	甲产品	乙产品	原材料供应量
A	1	2	8
B	4	0	16
C	0	4	12

为建立生产甲产品和乙产品的件数所满足的数学模型，假设生产 x_1 件甲产品、x_2 件乙产品时，三种原料 A，B，C 的剩余量分别为 x_3, x_4, x_5. 根据表 4.1，生产甲产品和乙产品的件数所满足的数学模型为

$$\begin{cases} x_1 + 2x_2 + x_3 = 8, \\ 4x_1 + 0x_2 + x_4 = 16, \\ 0x_1 + 4x_2 + x_5 = 12. \end{cases}$$

实 例

实例 4.2 设待配平的化学反应方程式为

$$Pb(N_3)_2+Cr(MnO_4)_2 \longrightarrow Cr_2O_3+MnO_2+Pb_3O_4+NO.$$

由于需要建立化学反应方程式中 6 种反应物的系数所满足的数学模型，假设化学反应方程式中 6 种反应物的系数依次为 $x_1, x_2, x_3, x_4, x_5, x_6$，化学反应方程式中共有 5 个不同的原子 Pb，N，Cr，Mn，O. 根据原子守恒原理，则化学反应方程式中 6 种反应物的系数所满足的数学模型为

$$\begin{cases} x_1 - 3x_5 = 0, \\ 6x_1 - x_6 = 0, \\ x_2 - 2x_3 = 0, \\ 2x_2 - x_4 = 0, \\ 8x_2 - 3x_3 - 2x_4 - 4x_5 - x_6 = 0. \end{cases}$$

由实例 4.1 和实例 4.2 可知，许多实际问题都可以用线性方程组模型描述，研究求解线性方程组是线性代数中很重要的内容. 下面举例介绍解线性方程组的消元方法.

例 4.1　解线性方程组

$$\begin{cases} 2x_1 - x_2 + 3x_3 = 1, \\ 4x_1 + 2x_2 + 5x_3 = 4, \\ 2x_1 + 2x_3 = 6. \end{cases} \tag{B}$$

解　首先，将线性方程组(B)中第 1 个方程乘−2 加到第 2 个方程上，方程组(B)中第 1 个方程乘 −1 加到第 3 个方程上，方程组(B)变形为

$$\begin{cases} 2x_1 - x_2 + 3x_3 = 1, \\ 4x_2 - x_3 = 2, \\ x_2 - x_3 = 5. \end{cases} \tag{B_1}$$

再将线性方程组(B_1)中第 2 和 3 两个方程交换，方程组(B_1)变形为

$$\begin{cases} 2x_1 - x_2 + 3x_3 = 1, \\ x_2 - x_3 = 5, \\ 4x_2 - x_3 = 2. \end{cases} \tag{B_2}$$

然后，将线性方程组(B_2)中第 2 个方程乘−4 加到第 3 个方程，方程组(B_2)变形为

$$\begin{cases} 2x_1 - x_2 + 3x_3 = 1, \\ x_2 - x_3 = 5, \\ 3x_3 = -18. \end{cases} \tag{B_3}$$

最后，利用回代方法，得线性方程组(B_3)的解为

$$\begin{cases} x_3 = -6, \\ x_2 = -1, \\ x_1 = 9. \end{cases}$$

因此，线性方程组(B)的唯一解是

$$\begin{cases} x_1 = 9, \\ x_2 = -1, \\ x_3 = -6. \end{cases}$$

由例 4.1 可知，求解线性方程组(B)，主要任务是对线性方程组(B)进行消元，将线性方程组(B)等价地变形为方程组(B_3). 在上述消元的过程中，对线性方程组可以施行以下三种变换：

(1) 交换线性方程组中某两个方程的位置；

(2) 用一个非零常数乘线性方程组的某一个方程；

(3) 将线性方程组中某个方程乘一个常数加到另一个方程上.

显然，上述三种变换都是可逆的，并且其逆变换仍是同类型的变换，因此称它们是线性方程组的三种同解变换. 解线性方程组就是利用这三种变换进行“消元”，使原线性方程组逐步化简为与其同解的简单方程组；然后，回代求解.

对线性方程组施行三种同解变换的过程中，仅线性方程组中未知量的系数和常数项发生了变化，未知量始终没有改变. 未知量的作用只是限制了它的系数在方程组中的位置，因此改变的是线性方程组的增广矩阵的元素.

在例 4.1 中，线性方程组(B)转变为方程组(B_3)，即对线性方程组(B)的增广矩阵做变换，将其化成方程组(B_3)的增广矩阵. 具体的实施过程如下.

线性方程组(B)的增广矩阵记为

$$\boldsymbol{B}=\begin{pmatrix}2&-1&3&1\\4&2&5&4\\2&0&2&6\end{pmatrix},$$

将矩阵 $\boldsymbol{B}$ 的第 1 行乘-2 加到第 2 行，矩阵 $\boldsymbol{B}$ 的第 1 行乘-1 加到第 3 行，得矩阵

$$\boldsymbol{B}_1=\begin{pmatrix}2&-1&3&1\\0&4&-1&2\\0&1&-1&5\end{pmatrix};$$

再将矩阵 $\boldsymbol{B}_1$ 的第 2 行和第 3 行交换，得矩阵

$$\boldsymbol{B}_2=\begin{pmatrix}2&-1&3&1\\0&1&-1&5\\0&4&-1&2\end{pmatrix};$$

最后，将矩阵 $\boldsymbol{B}_2$ 的第 2 行乘-4 加到第 3 行，得行阶梯形矩阵

$$\boldsymbol{B}_3=\begin{pmatrix}2&-1&3&1\\0&1&-1&5\\0&0&3&-18\end{pmatrix}.$$

矩阵 $\boldsymbol{B}_3$ 对应的线性方程组为方程组(B_3)，回代得线性方程组(B)的解.

上述对矩阵实施的行变换，称为矩阵的**初等行变换**. 矩阵的初等变换的定义如下.

4.1.2　矩阵的初等变换

定义 4.1　下列三种变换称为**矩阵的初等行(或列)变换**：

(1) 交换矩阵的某两行(或列)的元素；

(2) 用非零常数 λ 乘矩阵的某一行(或列)的所有元素；

(3) 将矩阵的某一行(或列)的所有元素乘常数 λ 加到另一行(或列)的对应元素上.

交换矩阵 i,j 的两行(或列)的元素，记作 $r_i \leftrightarrow r_j$ (或 $c_i \leftrightarrow c_j$)；矩阵的第 i 行(或列)的所有元素乘数 λ，记作 λr_i (或 λc_i)；矩阵的第 i 行(或列)的所有元素乘数 λ 加到第 j 行(或列)的对应元素上，记作 $r_j + \lambda r_i$ (或 $c_j + \lambda c_i$).

矩阵的初等行变换和列变换统称为**矩阵的初等变换**，简称**初等变换**.

可以验证，矩阵的初等变换都是可逆变换，且其逆变换是同类型的初等变换. 矩阵的初等变换 $r_i \leftrightarrow r_j$ (或 $c_i \leftrightarrow c_j$)的逆变换是其本身；变换 λr_i (或 λc_i)的逆变换是 $\frac{1}{\lambda} r_i \left(或 \frac{1}{\lambda} c_i \right)$；变换 $r_j + \lambda r_i$ (或 $c_j + \lambda c_i$)的逆变换是 $r_j + (-\lambda) r_i$ (或 $c_j + (-\lambda) c_i$).

定义 4.2　(1) 如果矩阵 $\boldsymbol{A}$ 经过有限次初等行变换变成矩阵 $\boldsymbol{B}$，称矩阵 $\boldsymbol{A}$ 与 $\boldsymbol{B}$ **行等价**，记作 $\boldsymbol{A} \xrightarrow{r} \boldsymbol{B}$；

(2) 如果矩阵 $\boldsymbol{A}$ 经过有限次初等列变换变成矩阵 $\boldsymbol{B}$，称矩阵 $\boldsymbol{A}$ 与 $\boldsymbol{B}$ **列等价**，记作 $\boldsymbol{A} \xrightarrow{c} \boldsymbol{B}$；

(3) 如果矩阵 $\boldsymbol{A}$ 经过有限次初等变换变成矩阵 $\boldsymbol{B}$，称矩阵 $\boldsymbol{A}$ 与 $\boldsymbol{B}$ **等价**，记作 $\boldsymbol{A} \to \boldsymbol{B}$.

矩阵的等价关系具有如下性质：

(1) **反身性**　矩阵 $\boldsymbol{A}$ 与 $\boldsymbol{A}$ 自身等价，即 $\boldsymbol{A} \to \boldsymbol{A}$；

(2) **对称性**　如果矩阵 $\boldsymbol{A}$ 与 $\boldsymbol{B}$ 等价，则矩阵 $\boldsymbol{B}$ 与 $\boldsymbol{A}$ 等价，即若 $\boldsymbol{A} \to \boldsymbol{B}$，则 $\boldsymbol{B} \to \boldsymbol{A}$；

(3) **传递性**　如果矩阵 $\boldsymbol{A}$ 与 $\boldsymbol{B}$ 等价，$\boldsymbol{B}$ 与 $\boldsymbol{C}$ 等价，则 $\boldsymbol{A}$ 与 $\boldsymbol{C}$ 等价，即若 $\boldsymbol{A} \to \boldsymbol{B}$，$\boldsymbol{B} \to \boldsymbol{C}$，则 $\boldsymbol{A} \to \boldsymbol{C}$.

例 4.2　利用矩阵的初等行变换，解线性方程组

$$\begin{cases} 2x_1 - x_2 - x_3 + x_4 = 2, \\ x_1 + x_2 - 2x_3 + x_4 = 4, \\ 4x_1 - 6x_2 + 2x_3 - 2x_4 = 4, \\ 3x_1 + 6x_2 - 9x_3 + 7x_4 = 9. \end{cases}$$

解　对该线性方程组的增广矩阵做初等行变换的过程如下.

$$\boldsymbol{B}=\begin{pmatrix}2&-1&-1&1&2\\1&1&-2&1&4\\4&-6&2&-2&4\\3&6&-9&7&9\end{pmatrix}\xrightarrow[\frac{1}{2}r_3]{r_1\leftrightarrow r_2}\begin{pmatrix}1&1&-2&1&4\\2&-1&-1&1&2\\2&-3&1&-1&2\\3&6&-9&7&9\end{pmatrix}$$

$$\xrightarrow[\substack{r_3-2r_1\\r_4-3r_1}]{r_2-r_3}\begin{pmatrix}1&1&-2&1&4\\0&2&-2&2&0\\0&-5&5&-3&-6\\0&3&-3&4&-3\end{pmatrix}\xrightarrow[\substack{r_3+5r_2\\r_4-3r_2}]{\frac{1}{2}r_2}\begin{pmatrix}1&1&-2&1&4\\0&1&-1&1&0\\0&0&0&2&-6\\0&0&0&1&-3\end{pmatrix}$$

$$\xrightarrow{r_4-\frac{1}{2}r_3}\begin{pmatrix}1&1&-2&1&4\\0&1&-1&1&0\\0&0&0&2&-6\\0&0&0&0&0\end{pmatrix}\xrightarrow[\substack{r_2-\frac{1}{2}r_3\\\frac{1}{2}r_3}]{r_1-r_2}\begin{pmatrix}1&0&-1&0&4\\0&1&-1&0&3\\0&0&0&1&-3\\0&0&0&0&0\end{pmatrix},$$

增广矩阵 $\boldsymbol{B}$ 的行最简形矩阵对应的方程组为

$$\begin{cases}x_1-x_3=4,\\x_2-x_3=3,\\x_4=-3.\end{cases}$$

令 $x_3=c$，该线性方程组的解为

$$\begin{cases}x_1=c+4,\\x_2=c+3,\\x_3=c,\\x_4=-3,\end{cases}\quad \text{其中 } c \text{ 是任意常数.}$$

上例的计算过程说明，在解线性方程组时，首先将线性方程组的增广矩阵化为行最简形矩阵，并写出行最简形矩阵所对应的方程组，然后回代求解即可.

同时，根据例 4.2 的计算过程可知，任何矩阵经过有限次初等行变换，都可以化为行阶梯形矩阵，且行阶梯形矩阵的非零行的行数是唯一的；再经过有限次初等行变换，都可以化为行最简形矩阵. 事实上，在矩阵的初等行变换的条件下，一个矩阵的行最简形矩阵是唯一的.

如果允许对矩阵做初等列变换，一定可以化为标准形矩阵 (**标准形矩阵的特点：左上角为单位矩阵，其他元素都是零矩阵**).

例如，

$$\overline{\boldsymbol{B}}=\begin{pmatrix}1&0&-1&0&4\\0&1&-1&0&3\\0&0&0&1&-3\\0&0&0&0&0\end{pmatrix}\xrightarrow{c_3\leftrightarrow c_4}\begin{pmatrix}1&0&0&-1&4\\0&1&0&-1&3\\0&0&1&0&-3\\0&0&0&0&0\end{pmatrix}$$

$$\xrightarrow[c_4+c_2]{c_4+c_1}\begin{pmatrix}1&0&0&0&4\\0&1&0&0&3\\0&0&1&0&-3\\0&0&0&0&0\end{pmatrix}\xrightarrow[c_5+3c_3]{\substack{c_5-4c_1\\c_5-3c_2}}\begin{pmatrix}1&0&0&0&0\\0&1&0&0&0\\0&0&1&0&0\\0&0&0&0&0\end{pmatrix}=\boldsymbol{F},$$

该矩阵 $\boldsymbol{F}$ 即是矩阵 $\boldsymbol{B}$ 或 $\overline{\boldsymbol{B}}$ 的标准形矩阵.

实际上，利用矩阵的初等变换，任何 $m\times n$ 矩阵 $\boldsymbol{A}$ 都可以化为标准形矩阵

$$\boldsymbol{F}=\begin{pmatrix}\boldsymbol{E}_{r\times r}&\boldsymbol{O}\\\boldsymbol{O}&\boldsymbol{O}\end{pmatrix},$$

且其标准形矩阵 $\boldsymbol{F}$ 是由 $m\times n$ 矩阵 $\boldsymbol{A}$ 唯一确定的，其中 $\boldsymbol{E}_{r\times r}$ 为 r 阶单位矩阵.

4.1.3　初等矩阵

定义 4.3　由单位矩阵 $\boldsymbol{E}$ 经过一次初等变换得到的矩阵称为**初等矩阵**.

例如，$\begin{pmatrix}0&1&0\\1&0&0\\0&0&1\end{pmatrix}$，$\begin{pmatrix}1&0&0\\0&6&0\\0&0&1\end{pmatrix}$，$\begin{pmatrix}1&0&0\\0&1&0\\9&0&1\end{pmatrix}$ 都是初等矩阵.

每种初等变换都对应一类初等矩阵.

(1) 交换单位矩阵 $\boldsymbol{E}$ 的 i,j 两行(或列)的元素，得到的初等矩阵记作 $\boldsymbol{E}(i,j)$，则

$$\boldsymbol{E}(i,j)=\begin{pmatrix}1&&&&&&&\\&\ddots&&&&&&\\&&0&\cdots&1&&&\\&&&1&&&&\\&&\vdots&\ddots&\vdots&&&\\&&&&1&&&\\&&1&\cdots&0&&&\\&&&&&&\ddots&\\&&&&&&&1\end{pmatrix}\begin{matrix}\\\\\leftarrow i\\\\\\\\\leftarrow j\\\\\\\end{matrix};$$

(2) 用非零常数 λ 乘单位矩阵 $\boldsymbol{E}$ 的第 i 行(或列)的所有元素，得到的初等矩阵记作 $\boldsymbol{E}(i(\lambda))$，则

$$\boldsymbol{E}(i(\lambda))=\begin{pmatrix}1&&&&&&\\&\ddots&&&&&\\&&1&&&&\\&&&\lambda&&&\\&&&&1&&\\&&&&&\ddots&\\&&&&&&1\end{pmatrix}\leftarrow i;$$

(3) 将单位矩阵 $\boldsymbol{E}$ 的第 i 行的所有元素乘数 λ 加到第 j 行(或第 j 列的所有元素乘数 λ 加到第 i 列) 的对应元素上，得到的初等矩阵记作 $\boldsymbol{E}(j,i(\lambda))$，则

$$\boldsymbol{E}(j,i(\lambda))=\begin{pmatrix}1 & & & & & \\ & \ddots & & & & \\ & & 1 & & & \\ & & \vdots & \ddots & & \\ & & \lambda & \cdots & 1 & \\ & & & & & \ddots & \\ & & & & & & 1\end{pmatrix}\begin{matrix} \\ \\ \leftarrow i \\ \\ \leftarrow j \\ \\ \\ \end{matrix}.$$

根据初等矩阵的定义，不难证明，初等矩阵都是可逆矩阵，且其逆矩阵仍是同类型的初等矩阵，即

$$(\boldsymbol{E}(i,j))^{-1}=\boldsymbol{E}(i,j),\quad (\boldsymbol{E}(i(\lambda)))^{-1}=\boldsymbol{E}\left(i\left(\frac{1}{\lambda}\right)\right),\quad (\boldsymbol{E}(j,i(\lambda)))^{-1}=\boldsymbol{E}(j,i(-\lambda)).$$

利用矩阵的乘法，可以验证，初等变换和初等矩阵之间具有如下关系.

定理 4.1 对 $m\times n$ 矩阵 $\boldsymbol{A}$ 做一次初等行变换，结果相当于在 $\boldsymbol{A}$ 的左边乘一个相应的 m 阶初等矩阵；对 $m\times n$ 矩阵 $\boldsymbol{A}$ 做一次初等列变换，结果相当于在 $\boldsymbol{A}$ 的右边乘一个相应的 n 阶初等矩阵.

例如，

$$\begin{pmatrix}0&1&0\\1&0&0\\0&0&1\end{pmatrix}\begin{pmatrix}3&0&1\\1&-1&2\\0&1&1\end{pmatrix}=\begin{pmatrix}1&-1&2\\3&0&1\\0&1&1\end{pmatrix},\quad \begin{pmatrix}3&0&1\\1&-1&2\\0&1&1\end{pmatrix}\begin{pmatrix}0&1&0\\1&0&0\\0&0&1\end{pmatrix}=\begin{pmatrix}0&3&1\\-1&1&2\\1&0&1\end{pmatrix}.$$

例如，

$$\begin{pmatrix}1&0&0&0\\0&1&0&0\\0&0&1&0\\0&\lambda&0&1\end{pmatrix}\begin{pmatrix}a_{11}&a_{12}&a_{13}&a_{14}\\a_{21}&a_{22}&a_{23}&a_{24}\\a_{31}&a_{32}&a_{33}&a_{34}\\a_{41}&a_{42}&a_{43}&a_{44}\end{pmatrix}=\begin{pmatrix}a_{11}&a_{12}&a_{13}&a_{14}\\a_{21}&a_{22}&a_{23}&a_{24}\\a_{31}&a_{32}&a_{33}&a_{34}\\a_{41}+\lambda a_{21}&a_{42}+\lambda a_{22}&a_{43}+\lambda a_{23}&a_{44}+\lambda a_{24}\end{pmatrix},$$

而

$$\begin{pmatrix}a_{11}&a_{12}&a_{13}&a_{14}\\a_{21}&a_{22}&a_{23}&a_{24}\\a_{31}&a_{32}&a_{33}&a_{34}\\a_{41}&a_{42}&a_{43}&a_{44}\end{pmatrix}\begin{pmatrix}1&0&0&0\\0&1&0&0\\0&0&1&0\\0&\lambda&0&1\end{pmatrix}=\begin{pmatrix}a_{11}&a_{12}+\lambda a_{14}&a_{13}&a_{14}\\a_{21}&a_{22}+\lambda a_{24}&a_{23}&a_{24}\\a_{31}&a_{32}+\lambda a_{34}&a_{33}&a_{34}\\a_{41}&a_{42}+\lambda a_{44}&a_{43}&a_{44}\end{pmatrix}.$$

定理 4.2 n 阶方阵 $\boldsymbol{A}$ 为可逆矩阵的充分必要条件是 $\boldsymbol{A}$ 可以表示成有限个初等矩阵的乘积.

证 必要性. 设 n 阶方阵 $\boldsymbol{A}$ 的标准形矩阵为 $\boldsymbol{F}$，则

$$A \to F = \begin{pmatrix} E & O \\ O & O \end{pmatrix}.$$

从而存在有限个初等矩阵 $P_1, P_2, \cdots, P_l$，使

$$A = P_1P_2\cdots P_kFP_{k+1}\cdots P_l. \tag{4.1}$$

由于 A 是可逆矩阵，则 $|A| \neq 0$. 根据式(2.9)和式(4.1)，得 $|F| \neq 0$，于是 A 的标准形矩阵 F 是单位矩阵. 因此，

$$A = P_1P_2\cdots P_l,$$

即 n 阶方阵 A 可以表示成有限个初等矩阵的乘积.

充分性. 因为 A 可以表示为有限个初等矩阵的乘积，而初等矩阵都是可逆矩阵，且有限个可逆矩阵的乘积仍是可逆矩阵，所以 A 是可逆矩阵.

根据定理 4.1 和定理 4.2，得如下结论.

推论 4.1　(1) n 阶方阵 A 为可逆矩阵的充分必要条件是 A 与 n 阶单位矩阵等价，即 A 的标准形矩阵是单位矩阵；

(2) n 阶方阵 A 为可逆矩阵的充分必要条件是 A 与 n 阶单位矩阵行等价；

(3) n 阶方阵 A 为可逆矩阵的充分必要条件是 A 与 n 阶单位矩阵列等价.

推论 4.2　设 A 和 B 都是 $m\times n$ 矩阵，则

(1) 矩阵 A 与 B 行等价的充分必要条件是存在 m 阶可逆矩阵 P，使 $PA = B$；

(2) 矩阵 A 与 B 列等价的充分必要条件是存在 n 阶可逆矩阵 Q，使 $AQ = B$；

(3) 矩阵 A 与 B 等价的充分必要条件是存在 m 阶可逆矩阵 P 和 n 阶可逆矩阵 Q，使 $PAQ = B$.

实际上，定理 4.2 提供了求逆矩阵的另一种方法——**初等变换法**，下面介绍该方法的实施过程.

设 A 是 n 阶可逆矩阵，则 A 的逆矩阵仍是可逆矩阵. 根据定理 4.2，不妨设

$$A^{-1} = P_1P_2\cdots P_l, \tag{4.2}$$

其中 $P_i(i = 1, 2, \cdots, l)$ 是初等矩阵. 根据式(4.2)，得

$$P_1P_2\cdots P_lA = E, \tag{4.3}$$

$$P_1P_2\cdots P_lE = A^{-1}. \tag{4.4}$$

根据定理 4.1、式(4.3)和式(4.4)，说明对 A 和 E 施行 l 次相同的初等行变换，当矩阵 A 化成单位矩阵 E 时，E 化成 A 的逆矩阵 A^{-1}. 因此，将矩阵 A 和 E 并排写成 $n\times 2n$ 的矩阵 (A, E)，对它仅施行初等行变换，当它的前 n 列化成单位矩阵 E 时，它的后 n 列化成矩阵 A 的逆矩阵 A^{-1}.

例 4.3　用初等行变换法，求矩阵 $A = \begin{pmatrix} 1 & 2 & 3 \\ 2 & 2 & 1 \\ 3 & 4 & 3 \end{pmatrix}$ 的逆矩阵.

解 由于

$$(\boldsymbol{A},\boldsymbol{E})=\begin{pmatrix}1&2&3&1&0&0\\2&2&1&0&1&0\\3&4&3&0&0&1\end{pmatrix}\xrightarrow[r_3-3r_1]{r_2-2r_1}\begin{pmatrix}1&2&3&1&0&0\\0&-2&-5&-2&1&0\\0&-2&-6&-3&0&1\end{pmatrix}$$

$$\xrightarrow[r_3-r_2]{r_1+r_2}\begin{pmatrix}1&0&-2&-1&1&0\\0&-2&-5&-2&1&0\\0&0&-1&-1&-1&1\end{pmatrix}\xrightarrow[r_2-5r_3]{r_1-2r_3}\begin{pmatrix}1&0&0&1&3&-2\\0&-2&0&3&6&-5\\0&0&-1&-1&-1&1\end{pmatrix}$$

$$\xrightarrow[-r_3]{-\frac{1}{2}r_2}\begin{pmatrix}1&0&0&1&3&-2\\0&1&0&-\dfrac{3}{2}&-3&\dfrac{5}{2}\\0&0&1&1&1&-1\end{pmatrix},$$

因此

$$\boldsymbol{A}^{-1}=\begin{pmatrix}1&3&-2\\-\dfrac{3}{2}&-3&\dfrac{5}{2}\\1&1&-1\end{pmatrix}.$$

利用初等行变换不仅可以求逆矩阵，还可以解矩阵方程.

设矩阵方程为 $\boldsymbol{AX}=\boldsymbol{B}$，且 $\boldsymbol{A}$ 是可逆矩阵，则 $\boldsymbol{X}=\boldsymbol{A}^{-1}\boldsymbol{B}$. 因为

$$\boldsymbol{A}^{-1}(\boldsymbol{A},\boldsymbol{B})=(\boldsymbol{E},\boldsymbol{A}^{-1}\boldsymbol{B}),$$

根据推论 4.2(1)可知，矩阵 $(\boldsymbol{A},\boldsymbol{B})$ 与 $(\boldsymbol{E},\boldsymbol{A}^{-1}\boldsymbol{B})$ 行等价. 因此，对矩阵 $(\boldsymbol{A},\boldsymbol{B})$ 施行初等行变换，当矩阵 $\boldsymbol{A}$ 化成单位矩阵 $\boldsymbol{E}$ 时，$\boldsymbol{B}$ 化成矩阵 $\boldsymbol{X}$.

例 4.4 设矩阵方程为 $\boldsymbol{AX}=\boldsymbol{B}$，用初等行变换的方法，求矩阵 $\boldsymbol{X}$，其中 $\boldsymbol{A}=\begin{pmatrix}1&2&3\\2&2&1\\3&4&3\end{pmatrix}$ 是可逆矩阵，$\boldsymbol{B}=\begin{pmatrix}2&5\\3&1\\4&3\end{pmatrix}$.

解 由于

$$(\boldsymbol{A},\boldsymbol{B})=\begin{pmatrix}1&2&3&2&5\\2&2&1&3&1\\3&4&3&4&3\end{pmatrix}\xrightarrow[r_3-3r_1]{r_2-2r_1}\begin{pmatrix}1&2&3&2&5\\0&-2&-5&-1&-9\\0&-2&-6&-2&-12\end{pmatrix}$$

$$\xrightarrow[r_3-r_2]{r_1+r_2}\begin{pmatrix}1&0&-2&1&-4\\0&-2&-5&-1&-9\\0&0&-1&-1&-3\end{pmatrix}\xrightarrow[r_2-5r_3]{r_1-2r_3}\begin{pmatrix}1&0&0&3&2\\0&-2&0&4&6\\0&0&-1&-1&-3\end{pmatrix}$$

$$\xrightarrow[-r_3]{-\frac{1}{2}r_2}\begin{pmatrix}1 & 0 & 0 & 3 & 2\\0 & 1 & 0 & -2 & -3\\0 & 0 & 1 & 1 & 3\end{pmatrix},$$

因此

$$X=\begin{pmatrix}3 & 2\\-2 & -3\\1 & 3\end{pmatrix}.$$

对于矩阵方程 $XA=B$，当矩阵 A 是可逆矩阵时，仍然可以用初等行变换的方法，求矩阵 X.

将矩阵方程 $XA=B$ 两端求转置，得 $A^{\mathrm{T}}X^{\mathrm{T}}=B^{\mathrm{T}}$. 因此，对矩阵 $(A^{\mathrm{T}},B^{\mathrm{T}})$ 施行初等行变换，当矩阵 A^{T} 化成单位矩阵 E 时，B^{T} 化成矩阵 X^{T}，从而得到矩阵 X.

利用初等行变换，求可逆矩阵 P，使 $PA=B$.

因为 $P(A,E)=(B,P)$，且 P 是可逆矩阵，根据推论 4.2(1)可知，矩阵 (A,E) 与 (B,P) 行等价，所以对矩阵 (A,E) 施行初等行变换，当矩阵 A 化成矩阵 B 时，单位矩阵 E 化成可逆矩阵 P.

例 4.5 设矩阵 $A=\begin{pmatrix}2 & -1 & -1\\1 & 1 & -2\\4 & -6 & 2\end{pmatrix}$ 的行最简形矩阵为 F，求 F 和可逆矩阵 P，使 $PA=F$.

解 由于

$$(A,E)=\begin{pmatrix}2 & -1 & -1 & 1 & 0 & 0\\1 & 1 & -2 & 0 & 1 & 0\\4 & -6 & 2 & 0 & 0 & 1\end{pmatrix}\xrightarrow{r_2\leftrightarrow r_1}\begin{pmatrix}1 & 1 & -2 & 0 & 1 & 0\\2 & -1 & -1 & 1 & 0 & 0\\4 & -6 & 2 & 0 & 0 & 1\end{pmatrix}$$

$$\xrightarrow[r_3-4r_1]{r_2-2r_1}\begin{pmatrix}1 & 1 & -2 & 0 & 1 & 0\\0 & -3 & 3 & 1 & -2 & 0\\0 & -10 & 10 & 0 & -4 & 1\end{pmatrix}\xrightarrow{r_3-\frac{10}{3}r_2}\begin{pmatrix}1 & 1 & -2 & 0 & 1 & 0\\0 & -3 & 3 & 1 & -2 & 0\\0 & 0 & 0 & -\frac{10}{3} & \frac{8}{3} & 1\end{pmatrix}$$

$$\xrightarrow[r_1-r_2]{-\frac{1}{3}r_2}\begin{pmatrix}1 & 0 & -1 & \frac{1}{3} & \frac{1}{3} & 0\\0 & 1 & -1 & -\frac{1}{3} & \frac{2}{3} & 0\\0 & 0 & 0 & -\frac{10}{3} & \frac{8}{3} & 1\end{pmatrix}\xrightarrow[\substack{r_2-r_3\\-3r_3}]{r_1+r_3}\begin{pmatrix}1 & 0 & -1 & -3 & 3 & 1\\0 & 1 & -1 & 3 & -2 & -1\\0 & 0 & 0 & 10 & -8 & -3\end{pmatrix},$$

因此，$\boldsymbol{A}$ 的行最简形矩阵 $\boldsymbol{F}$ 和可逆矩阵 $\boldsymbol{P}$ 分别为

$$\boldsymbol{F}=\begin{pmatrix}1&0&-1\\0&1&-1\\0&0&0\end{pmatrix},\quad \boldsymbol{P}=\begin{pmatrix}-3&3&1\\3&-2&-1\\10&-8&-3\end{pmatrix}.$$

由例 4.5 的计算过程可知，对矩阵所做的初等行变换不同，得到的可逆矩阵 $\boldsymbol{P}$ 是不同的. 因此，可逆矩阵 $\boldsymbol{P}$ 的形式不是唯一的，但是矩阵 $\boldsymbol{A}$ 的行最简形矩阵是唯一的.

比如，例 4.5 中可逆矩阵

$$\boldsymbol{P}=\begin{pmatrix}-3&3&1\\3&-2&-1\\-\dfrac{10}{3}&\dfrac{8}{3}&1\end{pmatrix},\quad \boldsymbol{P}=\begin{pmatrix}\dfrac{1}{3}&\dfrac{1}{3}&0\\-\dfrac{1}{3}&\dfrac{2}{3}&0\\-\dfrac{10}{3}&\dfrac{8}{3}&1\end{pmatrix}$$

都是正确的结果.

4.2 矩阵的秩

由 4.1 节可知，任意矩阵经过初等行变换，不仅可以化成行阶梯形矩阵，也可以化为行最简形矩阵. 行阶梯形矩阵或行最简形矩阵的非零行数即是本节要学习的矩阵的秩. 矩阵的秩是反映矩阵特性的又一个数量指标，也是判定线性方程组的解是否存在的重要工具. 本节介绍矩阵的秩的概念、矩阵的秩的性质和利用初等变换求矩阵的秩等.

4.2.1 矩阵的秩的概念

定义 4.4 在 $m\times n$ 矩阵 $\boldsymbol{A}=(a_{ij})$ 中，任取 k 行 k 列$(1\leqslant k\leqslant\min(m,n))$，位于这些行列交叉点处的元素按它们在矩阵 $\boldsymbol{A}$ 中的相对位置构成一个 k 阶行列式，称之为矩阵 $\boldsymbol{A}$ 的一个 k 阶**子式**.

$m\times n$ 矩阵 $\boldsymbol{A}$ 的 k 阶行列式共有 $C_m^k C_n^k$ 个.

排列组合相关概念

例如，对于矩阵 $\boldsymbol{A}=\begin{pmatrix}1&3&4&5\\-1&0&2&3\\0&1&-1&0\end{pmatrix}$，若在矩阵 $\boldsymbol{A}$ 中取 1, 3 两行和 1, 2 两列，得矩阵 $\boldsymbol{A}$ 的一个 2 阶子式为 $\begin{vmatrix}1&3\\0&1\end{vmatrix}$；若在矩阵 $\boldsymbol{A}$ 中取 1, 3 两行和 2, 4 两列，得矩

阵 $\boldsymbol{A}$ 的一个 2 阶子式为 $\begin{vmatrix} 3 & 5 \\ 1 & 0 \end{vmatrix}$. 矩阵 $\boldsymbol{A}$ 的 2 阶子式共有 $C_3^2 C_4^2 = 18$ 个.

定义 4.5　设矩阵 $\boldsymbol{A}$ 中存在一个 r 阶子式 D 不等于零，而 $\boldsymbol{A}$ 的所有 r+1 阶子式(如果存在 $r+1$ 阶子式的话)都等于零，则称 D 为矩阵 $\boldsymbol{A}$ 的一个**最高阶非零子式**，r 称为矩阵 $\boldsymbol{A}$ 的**秩**，记作 $R(\boldsymbol{A})$.

规定零矩阵的秩为零.

根据矩阵秩的定义 4.5，得如下结论：如果矩阵 $\boldsymbol{A}$ 的秩为 r，则矩阵 $\boldsymbol{A}$ 的所有高于 r 阶的子式都等于零，即矩阵 $\boldsymbol{A}$ 的秩是 $\boldsymbol{A}$ 中非零子式的最高阶数；如果矩阵 $\boldsymbol{A}$ 中存在一个 k 阶子式不等于零，则 $R(\boldsymbol{A}) \geqslant k$；如果矩阵 $\boldsymbol{A}$ 中所有的 l 阶子式都等于零，则 $R(\boldsymbol{A}) < l$；如果去掉矩阵 $\boldsymbol{A}$ 中某些行或列，得到的矩阵记作 $\boldsymbol{B}$，则 $R(\boldsymbol{B}) \leqslant R(\boldsymbol{A})$.

例 4.6　求矩阵 $\boldsymbol{A} = \begin{pmatrix} 0 & 1 & 2 & -2 \\ 2 & -1 & 5 & 3 \\ 2 & 0 & 7 & 1 \end{pmatrix}$ 的秩.

解　显然，矩阵 $\boldsymbol{A}$ 的 2 阶子式 $\begin{vmatrix} 0 & 1 \\ 2 & -1 \end{vmatrix} = -2 \neq 0$，而矩阵 $\boldsymbol{A}$ 的四个 3 阶子式

$$D_1 = \begin{vmatrix} 0 & 1 & 2 \\ 2 & -1 & 5 \\ 2 & 0 & 7 \end{vmatrix} = 0, \quad D_2 = \begin{vmatrix} 0 & 1 & -2 \\ 2 & -1 & 3 \\ 2 & 0 & 1 \end{vmatrix} = 0,$$

$$D_3 = \begin{vmatrix} 0 & 2 & -2 \\ 2 & 5 & 3 \\ 2 & 7 & 1 \end{vmatrix} = 0, \quad D_4 = \begin{vmatrix} 1 & 2 & -2 \\ -1 & 5 & 3 \\ 0 & 7 & 1 \end{vmatrix} = 0,$$

即矩阵 $\boldsymbol{A}$ 中存在一个 2 阶子式不等于零，而它所有的 3 阶子式都等于零，因此 $R(\boldsymbol{A}) = 2$.

根据例 4.6 的计算过程可知，用定义 4.5 求 $m \times n$ 矩阵的秩，当 m 和 n 比较大时，计算量相当大. 因此，本节介绍求矩阵的秩的简便方法.

例 4.7　求矩阵 $\boldsymbol{A} = \begin{pmatrix} 2 & 0 & -1 & 3 & 6 \\ 0 & 3 & 6 & 1 & 2 \\ 0 & 0 & 0 & 8 & 9 \\ 0 & 0 & 0 & 0 & 0 \end{pmatrix}$ 的秩.

解　由于矩阵 $\boldsymbol{A}$ 是行阶梯形矩阵，且只有 3 个非零行，则 $\boldsymbol{A}$ 的所有 4 阶子式都等于零. 而 $\boldsymbol{A}$ 的 3 阶子式

$$\begin{vmatrix} 2 & 0 & 3 \\ 0 & 3 & 1 \\ 0 & 0 & 8 \end{vmatrix} = 48 \neq 0,$$

因此，$R(\boldsymbol{A}) = 3$.

由例 4.7 容易看出，行阶梯形矩阵的秩即是它的非零行数. 为求矩阵的秩简单起见，下面介绍矩阵的秩的性质.

4.2.2 矩阵的秩的性质

性质 4.1 如果 $\boldsymbol{A}$ 是 $m\times n$ 矩阵，则 $0 \leqslant R(\boldsymbol{A}) \leqslant \min(m,n)$.

根据矩阵的秩的定义 4.5，显然，性质 4.1 成立.

性质 4.2 如果 $\boldsymbol{A}$ 是任意的矩阵，则 $R(\boldsymbol{A}) = R(\boldsymbol{A}^{\mathrm{T}})$.

由行列式的性质 2.1 可知，矩阵 $\boldsymbol{A}$ 的子式与 $\boldsymbol{A}^{\mathrm{T}}$ 的相应子式相等，从而矩阵 $\boldsymbol{A}$ 的最高阶非零子式与 $\boldsymbol{A}^{\mathrm{T}}$ 的最高阶非零子式阶数相同，即 $R(\boldsymbol{A}) = R(\boldsymbol{A}^{\mathrm{T}})$.

性质 4.3 如果矩阵 $\boldsymbol{A}$ 与 $\boldsymbol{B}$ 等价，则 $R(\boldsymbol{A}) = R(\boldsymbol{B})$.

证 首先证明：如果矩阵 $\boldsymbol{A}$ 经过一次初等行变换变成 $\boldsymbol{B}$，则 $R(\boldsymbol{A}) = R(\boldsymbol{B})$.

设 $R(\boldsymbol{A}) = r$，则 $\boldsymbol{A}$ 中至少存在一个 r 阶子式 D_r 不为零.

(1) 当 $\boldsymbol{A} \xrightarrow{r_i \leftrightarrow r_j} \boldsymbol{B}$ 或 $\boldsymbol{A} \xrightarrow{\lambda r_i} \boldsymbol{B}$ 时,矩阵 $\boldsymbol{B}$ 中与 D_r 相应的 r 阶子式记作 $\bar{D}_r$，由于 $\bar{D}_r = D_r$，或 $\bar{D}_r = -D_r$，或 $\bar{D}_r = \lambda D_r$，从而矩阵 $\boldsymbol{B}$ 中存在 r 阶子式 $\bar{D}_r \neq 0$，因此 $R(\boldsymbol{B}) \geqslant r$.

(2) 当 $\boldsymbol{A} \xrightarrow{r_j + \lambda r_i} \boldsymbol{B}$ 时，矩阵 $\boldsymbol{B}$ 中与 D_r 相应的 r 阶子式记作 $\bar{D}_r$.

(i) 如果 D_r 中不含矩阵 $\boldsymbol{A}$ 的第 j 行，则矩阵 $\boldsymbol{B}$ 中存在 r 阶子式 $\bar{D}_r = D_r \neq 0$；

(ii) 如果 D_r 中同时含矩阵 $\boldsymbol{A}$ 的 i，j 两行，则根据行列式的性质 2.5，矩阵 $\boldsymbol{B}$ 中存在 r 阶子式 $\bar{D}_r = D_r \neq 0$；

(iii) 如果 D_r 中含矩阵 $\boldsymbol{A}$ 的第 j 行，但不含第 i 行，则根据行列式的性质 2.4，可得 $\bar{D}_r = D_r + \lambda \hat{D}_r$，而 $\hat{D}_r$ 是矩阵 $\boldsymbol{A}$ 的不含第 j 行而含第 i 行的 r 阶子式，同时也是矩阵 $\boldsymbol{B}$ 的不含第 j 行而含第 i 行的 r 阶子式. 若 $\hat{D}_r = 0$，则矩阵 $\boldsymbol{B}$ 中存在 r 阶子式 $\bar{D}_r = D_r \neq 0$；若 $\hat{D}_r \neq 0$，则矩阵 $\boldsymbol{B}$ 中存在 r 阶子式 $\hat{D}_r \neq 0$.

根据(i)～(iii)，可知 $R(\boldsymbol{B}) \geqslant r$.

由上可知，如果矩阵 $\boldsymbol{A}$ 经过一次初等行变换变成 $\boldsymbol{B}$，则 $R(\boldsymbol{B}) \geqslant R(\boldsymbol{A})$；而矩阵 $\boldsymbol{B}$ 经过一次初等行变换也能够变成 $\boldsymbol{A}$，则 $R(\boldsymbol{A}) \geqslant R(\boldsymbol{B})$. 因此，$R(\boldsymbol{A}) = R(\boldsymbol{B})$.

矩阵经过一次初等行变换矩阵的秩不变，从而矩阵经过有限次初等行变换矩阵的秩仍然不变.

同理，可证矩阵经过有限次初等列变换矩阵的秩也不会改变.

综上所述，如果矩阵 $\boldsymbol{A}$ 与 $\boldsymbol{B}$ 等价，则 $R(\boldsymbol{A})=R(\boldsymbol{B})$.

根据性质 4.3，求矩阵的秩时，只需要通过初等行变换将矩阵化为行阶梯形矩阵，行阶梯形矩阵的非零行数即是该矩阵的秩.

例 4.8　求矩阵 $\boldsymbol{A}=\begin{pmatrix}3&2&0&5&0\\3&-2&3&6&-1\\2&0&1&5&-3\\1&6&-4&-1&4\end{pmatrix}$ 的秩，并写出矩阵 $\boldsymbol{A}$ 的一个最高阶非零子式.

解　由于

$$\boldsymbol{A}\xrightarrow{r_1\leftrightarrow r_4}\begin{pmatrix}1&6&-4&-1&4\\3&-2&3&6&-1\\2&0&1&5&-3\\3&2&0&5&0\end{pmatrix}\xrightarrow[r_4-3r_1]{\substack{r_2-r_4\\r_3-2r_1}}\begin{pmatrix}1&6&-4&-1&4\\0&-4&3&1&-1\\0&-12&9&7&-11\\0&-16&12&8&-12\end{pmatrix}$$

$$\xrightarrow[r_4-4r_2]{r_3-3r_2}\begin{pmatrix}1&6&-4&-1&4\\0&-4&3&1&-1\\0&0&0&4&-8\\0&0&0&4&-8\end{pmatrix}\xrightarrow{r_4-r_3}\begin{pmatrix}1&6&-4&-1&4\\0&-4&3&1&-1\\0&0&0&4&-8\\0&0&0&0&0\end{pmatrix},$$

因此，$R(\boldsymbol{A})=3$.

记矩阵 $\boldsymbol{A}=(\boldsymbol{a}_1,\boldsymbol{a}_2,\boldsymbol{a}_3,\boldsymbol{a}_4,\boldsymbol{a}_5)$，而矩阵 $\boldsymbol{B}=(\boldsymbol{a}_1,\boldsymbol{a}_2,\boldsymbol{a}_4)$ 的行阶梯形矩阵为

$$\begin{pmatrix}1&6&-1\\0&-4&1\\0&0&4\\0&0&0\end{pmatrix},$$

显然，$R(\boldsymbol{B})=3$，且 $\begin{vmatrix}3&2&5\\3&-2&6\\2&0&5\end{vmatrix}=-16\neq0$ 是矩阵 $\boldsymbol{B}$ 的一个 3 阶非零子式. 因此，矩阵 $\boldsymbol{A}$ 的一个最高阶非零子式为

$$\begin{vmatrix}3&2&5\\3&-2&6\\2&0&5\end{vmatrix}=-16\neq0.$$

例 4.9　设矩阵 $\boldsymbol{A}=\begin{pmatrix}0&1&a&-2\\2&-1&5&3\\2&0&7&b\end{pmatrix}$，且 $R(\boldsymbol{A})=2$，求参数 a 和 b.

解 由于

$$A \xrightarrow{r_1 \leftrightarrow r_2} \begin{pmatrix} 2 & -1 & 5 & 3 \\ 0 & 1 & a & -2 \\ 2 & 0 & 7 & b \end{pmatrix} \xrightarrow{r_3 - r_1} \begin{pmatrix} 2 & -1 & 5 & 3 \\ 0 & 1 & a & -2 \\ 0 & 1 & 2 & b-3 \end{pmatrix}$$

$$\xrightarrow{r_3 - r_2} \begin{pmatrix} 2 & -1 & 5 & 3 \\ 0 & 1 & a & -2 \\ 0 & 0 & 2-a & b-1 \end{pmatrix},$$

而 $R(\boldsymbol{A})=2$，因此参数 $a=2$，$b=1$.

根据推论 4.1 和性质 4.3，得方阵 $\boldsymbol{A}$ 是可逆矩阵的又一个充分必要条件.

推论 4.3 n 阶矩阵 $\boldsymbol{A}$ 为可逆矩阵的充分必要条件是 $R(\boldsymbol{A})=n$.

当 n 阶矩阵 $\boldsymbol{A}$ 的秩为 n 时，称 n 阶矩阵 $\boldsymbol{A}$ 是**满秩矩阵**，否则，称为**降秩矩阵**. 对于 $m\times n$ 矩阵，当矩阵 $\boldsymbol{A}$ 的秩为 m 时，称矩阵 $\boldsymbol{A}$ 是**行满秩矩阵**；当矩阵 $\boldsymbol{A}$ 的秩为 n 时，称矩阵 $\boldsymbol{A}$ 是**列满秩矩阵**.

性质 4.4 如果存在可逆矩阵 $\boldsymbol{P}$，$\boldsymbol{Q}$，使 $\boldsymbol{PAQ}=\boldsymbol{B}$，则 $R(\boldsymbol{A})=R(\boldsymbol{B})$.

证 根据推论 4.2 的(3)，如果存在可逆矩阵 $\boldsymbol{P}$，$\boldsymbol{Q}$，使 $\boldsymbol{PAQ}=\boldsymbol{B}$，则矩阵 $\boldsymbol{A}$ 与 $\boldsymbol{B}$ 等价. 由性质 4.3，得 $R(\boldsymbol{A})=R(\boldsymbol{B})$.

性质 4.5 如果矩阵 $\boldsymbol{A}$ 与 $\boldsymbol{B}$ 的行数相同，则

$$\max(R(\boldsymbol{A}), R(\boldsymbol{B})) \leqslant R(\boldsymbol{A}, \boldsymbol{B}) \leqslant R(\boldsymbol{A}) + R(\boldsymbol{B}). \tag{4.5}$$

当矩阵 $\boldsymbol{B}$ 只有 1 列时，有

$$R(\boldsymbol{A}) \leqslant R(\boldsymbol{A}, \boldsymbol{B}) \leqslant R(\boldsymbol{A}) + 1. \tag{4.6}$$

证 由于矩阵 $\boldsymbol{A}$ 的最高阶非零子式都是矩阵$(\boldsymbol{A}, \boldsymbol{B})$的非零子式，因此

$$R(\boldsymbol{A}) \leqslant R(\boldsymbol{A}, \boldsymbol{B}).$$

同理

$$R(\boldsymbol{B}) \leqslant R(\boldsymbol{A}, \boldsymbol{B}).$$

于是

$$\max(R(\boldsymbol{A}), R(\boldsymbol{B})) \leqslant R(\boldsymbol{A}, \boldsymbol{B}). \tag{4.7}$$

设 $R(\boldsymbol{A})=s$, $R(\boldsymbol{B})=t$, 则 $R(\boldsymbol{A}^{\mathrm{T}})=s$, $R(\boldsymbol{B}^{\mathrm{T}})=t$.

记矩阵$(\boldsymbol{A}, \boldsymbol{B})=\boldsymbol{C}$，假设矩阵 $\boldsymbol{A}^{\mathrm{T}}$ 的行阶梯形矩阵为 $\overline{\boldsymbol{A}}$，矩阵 $\boldsymbol{B}^{\mathrm{T}}$ 的行阶梯形矩阵为 $\overline{\boldsymbol{B}}$. 由于

$$\boldsymbol{C}^{\mathrm{T}} = \begin{pmatrix} \boldsymbol{A}^{\mathrm{T}} \\ \boldsymbol{B}^{\mathrm{T}} \end{pmatrix} \xrightarrow{r} \begin{pmatrix} \overline{\boldsymbol{A}} \\ \overline{\boldsymbol{B}} \end{pmatrix},$$

由性质 4.2 和性质 4.3，得 $R(\boldsymbol{C})=R(\boldsymbol{C}^{\mathrm{T}})\leqslant s+t$，于是

$$R(\boldsymbol{A}, \boldsymbol{B}) \leqslant R(\boldsymbol{A}) + R(\boldsymbol{B}). \tag{4.8}$$

因此，根据式(4.7)和式(4.8)，可知式(4.5)成立.

由于当矩阵 $\boldsymbol{B}$ 只有 1 列时，$R(\boldsymbol{B})\leqslant 1$，根据式(4.5)，得式(4.6)的结论.

性质 4.6　如果矩阵 $\boldsymbol{A}$ 与 $\boldsymbol{B}$ 是同型矩阵，则

$$R(\boldsymbol{A}+\boldsymbol{B})\leqslant R(\boldsymbol{A})+R(\boldsymbol{B}). \tag{4.9}$$

证　因为 $(\boldsymbol{A}+\boldsymbol{B},\boldsymbol{B})\xrightarrow{c}(\boldsymbol{A},\boldsymbol{B})$，所以

$$R(\boldsymbol{A}+\boldsymbol{B})\leqslant R\left(\boldsymbol{A}+\boldsymbol{B},\boldsymbol{B}\right)=R(\boldsymbol{A},\boldsymbol{B}),$$

根据性质 4.5，可得式(4.9)的正确性.

例 4.10　设 $\boldsymbol{A}$ 为 n 阶矩阵，证明 $R(\boldsymbol{A}+\boldsymbol{E})+R(\boldsymbol{A}-\boldsymbol{E})\geqslant n$.

证　因为$(\boldsymbol{A}+\boldsymbol{E})+(\boldsymbol{E}-\boldsymbol{A})=2\boldsymbol{E}$，$R(2\boldsymbol{E})=n$，根据性质 4.6，得

$$R(\boldsymbol{A}+\boldsymbol{E})+R(\boldsymbol{E}-\boldsymbol{A})\geqslant n.$$

而矩阵 $\boldsymbol{E}-\boldsymbol{A}$ 与 $\boldsymbol{A}-\boldsymbol{E}$ 等价，从而 $R(\boldsymbol{E}-\boldsymbol{A})=R(\boldsymbol{A}-\boldsymbol{E})$，所以

$$R(\boldsymbol{A}+\boldsymbol{E})+R(\boldsymbol{A}-\boldsymbol{E})\geqslant n.$$

性质 4.7　如果矩阵 $\boldsymbol{A}$ 的列数与 $\boldsymbol{B}$ 的行数相同，则 $R(\boldsymbol{AB})\leqslant\min(R(\boldsymbol{A}),R(\boldsymbol{B}))$.

性质 4.8　如果 $\boldsymbol{A}_{m\times n}\boldsymbol{B}_{n\times l}=\boldsymbol{O}$，则 $R(\boldsymbol{A})+R(\boldsymbol{B})\leqslant n$.

性质 4.7 的证明见例 4.15，性质 4.8 的证明见例 5.12.

4.3　线性方程组和矩阵方程的解

线性方程组的解有三种情况：无解、唯一解和无穷多解. 这三种情况的判定与线性方程组的系数矩阵的秩和增广矩阵的秩密切相关. 比如，例 4.1 中的线性方程组有唯一解，此时方程组的系数矩阵的秩等于增广矩阵的秩，并且等于未知量的个数 3. 本节开始详细讨论线性方程组有解与无解的判定方法等.

4.3.1　线性方程组的解

设 n 个未知量 m 个方程的线性方程组为

$$\begin{cases} a_{11}x_1+a_{12}x_2+\cdots+a_{1n}x_n=b_1,\\ a_{21}x_1+a_{22}x_2+\cdots+a_{2n}x_n=b_2,\\ \qquad\cdots\cdots\\ a_{m1}x_1+a_{m2}x_2+\cdots+a_{mn}x_n=b_m, \end{cases} \tag{4.10}$$

线性方程组(4.10)的矩阵形式为

$$\boldsymbol{Ax}=\boldsymbol{b}, \tag{4.11}$$

其中系数矩阵

$$\boldsymbol{A}=\begin{pmatrix} a_{11} & a_{12} & \cdots & a_{1n} \\ a_{21} & a_{22} & \cdots & a_{2n} \\ \vdots & \vdots & & \vdots \\ a_{m1} & a_{m2} & \cdots & a_{mn} \end{pmatrix}, \quad \boldsymbol{x}=\begin{pmatrix} x_1 \\ x_2 \\ \vdots \\ x_n \end{pmatrix}, \quad \boldsymbol{b}=\begin{pmatrix} b_1 \\ b_2 \\ \vdots \\ b_m \end{pmatrix}.$$

假定线性方程组(4.10)的系数矩阵$\boldsymbol{A}$的秩为$R(\boldsymbol{A})=r$．当系数矩阵$\boldsymbol{A}$经初等行变换化成行最简形矩阵时，不妨假设线性方程组(4.10)的增广矩阵$\boldsymbol{B}=(\boldsymbol{A},\boldsymbol{b})$所化成的形式为

$$\tilde{\boldsymbol{B}}=\begin{pmatrix} 1 & 0 & \cdots & 0 & b_{11} & \cdots & b_{1,n-r} & d_1 \\ 0 & 1 & \cdots & 0 & b_{21} & \cdots & b_{2,n-r} & d_2 \\ \vdots & \vdots & & \vdots & \vdots & & \vdots & \vdots \\ 0 & 0 & \cdots & 1 & b_{r1} & \cdots & b_{r,n-r} & d_r \\ 0 & 0 & \cdots & 0 & 0 & \cdots & 0 & d_{r+1} \\ 0 & 0 & \cdots & 0 & 0 & \cdots & 0 & 0 \\ \vdots & \vdots & & \vdots & \vdots & & \vdots & \vdots \\ 0 & 0 & \cdots & 0 & 0 & \cdots & 0 & 0 \end{pmatrix},$$

相应的线性方程组为

$$\begin{cases} x_1+b_{11}x_{r+1}+\cdots+b_{1,n-r}x_n=d_1, \\ x_2+b_{21}x_{r+1}+\cdots+b_{2,n-r}x_n=d_2, \\ \qquad\qquad \cdots\cdots \\ x_r+b_{r1}x_{r+1}+\cdots+b_{r,n-r}x_n=d_r, \\ 0=d_{r+1}. \end{cases} \tag{4.12}$$

(1) 当式(4.12)中的$d_{r+1}\neq 0$时，$R(\boldsymbol{A})=r$，$R(\boldsymbol{B})=r+1$，即$R(\boldsymbol{A})<R(\boldsymbol{B})$，则无论未知量$x_1,x_2,\cdots,x_n$取什么值，都不能满足方程组(4.12)的第$r+1$个方程，从而方程组(4.12)无解，因此线性方程组(4.10)无解．

(2) 当式(4.12)中的$d_{r+1}=0$时，$R(\boldsymbol{A})=R(\boldsymbol{B})=r$，并且设$r=n$，则增广矩阵$\boldsymbol{B}$的行最简形矩阵为

$$\tilde{\boldsymbol{B}}=\begin{pmatrix} 1 & 0 & \cdots & 0 & d_1 \\ 0 & 1 & \cdots & 0 & d_2 \\ \vdots & \vdots & & \vdots & \vdots \\ 0 & 0 & \cdots & 1 & d_n \end{pmatrix} \quad 或 \quad \tilde{\boldsymbol{B}}=\begin{pmatrix} 1 & 0 & \cdots & 0 & d_1 \\ 0 & 1 & \cdots & 0 & d_2 \\ \vdots & \vdots & & \vdots & \vdots \\ 0 & 0 & \cdots & 1 & d_n \\ 0 & 0 & \cdots & 0 & 0 \\ \vdots & \vdots & & \vdots & \vdots \\ 0 & 0 & \cdots & 0 & 0 \end{pmatrix},$$

相应的线性方程组为

$$\begin{cases} x_1 = d_1, \\ x_2 = d_2, \\ \quad \cdots\cdots \\ x_n = d_n, \end{cases} \tag{4.13}$$

从而方程组(4.12)有唯一解. 因此，线性方程组(4.10)有唯一解，并且其唯一解是式(4.13).

(3) 当式(4.12)中的 $d_{r+1}=0$ 时，$R(\boldsymbol{A})=R(\boldsymbol{B})$，并且设 $r<n$，则增广矩阵 $\boldsymbol{B}$ 的行等价矩阵 $\tilde{\boldsymbol{B}}$ 相应的方程组为式(4.12). 矩阵 $\tilde{\boldsymbol{B}}$ 中每个非零行的第一个非零元(主元素)对应的未知量称为**非自由未知量**，其余 $n-r$ 个未知量 $x_{r+1}, x_{r+2}, \cdots, x_n$ 称为**自由未知量**. 将线性方程组(4.12)中含自由未知量 $x_{r+1}, x_{r+2}, \cdots, x_n$ 的项移到等号右端，得

$$\begin{cases} x_1 = -b_{11}x_{r+1} - \cdots - b_{1,n-r}x_n + d_1, \\ x_2 = -b_{21}x_{r+1} - \cdots - b_{2,n-r}x_n + d_2, \\ \quad \cdots\cdots \\ x_r = -b_{r1}x_{r+1} - \cdots - b_{r,n-r}x_n + d_r, \end{cases}$$

令自由未知量 $x_{r+1}=c_1$，$\cdots$, $x_n=c_{n-r}$，则线性方程组(4.12)的解为

$$\begin{cases} x_1 = -b_{11}c_1 - \cdots - b_{1,n-r}c_{n-r} + d_1, \\ \quad \cdots\cdots \\ x_r = -b_{r1}c_1 - \cdots - b_{r,n-r}c_{n-r} + d_r, \\ x_{r+1} = c_1, \\ \quad \cdots\cdots \\ x_n = c_{n-r}, \end{cases} \tag{4.14}$$

其中 c_1，$\cdots$, c_{n-r} 为任意常数，从而线性方程组(4.10)的解为式(4.14).

由于 c_1，$\cdots$, c_{n-r} 可以取任意值，因此，线性方程组(4.10)有无穷多解. 式(4.14)中含有 $n-r$ 个相互独立的常数，称该解为线性方程组(4.10)的**通解**.

(2) 和 (3) 的逆否命题即是(1)的逆命题的结论. 同理，可以说明(2)和(3)的逆命题的正确性.

综上所述，得如下定理.

定理 4.3　设 n 元线性方程组为 $\boldsymbol{Ax}=\boldsymbol{b}$，增广矩阵 $\boldsymbol{B}=(\boldsymbol{A},\boldsymbol{b})$.

(1) n 元线性方程组 $\boldsymbol{Ax}=\boldsymbol{b}$ 无解的充分必要条件是 $R(\boldsymbol{A})<R(\boldsymbol{B})$；

(2) n 元线性方程组 $\boldsymbol{Ax}=\boldsymbol{b}$ 有唯一解的充分必要条件是 $R(\boldsymbol{A})=R(\boldsymbol{B})=n$；

(3) n 元线性方程组 $\boldsymbol{Ax}=\boldsymbol{b}$ 有无穷多解的充分必要条件是 $R(\boldsymbol{A})=R(\boldsymbol{B})<n$.

此外，以上分析过程给出了求解线性方程组的步骤如下：

(i) 把线性方程组的增广矩阵 $\boldsymbol{B}$ 化成行阶梯形矩阵，由此得 $R(\boldsymbol{A})$ 和 $R(\boldsymbol{B})$．若 $R(\boldsymbol{A})<R(\boldsymbol{B})$，则方程组无解.

(ii) 若 $R(\boldsymbol{A})=R(\boldsymbol{B})=r$，进一步将矩阵 $\boldsymbol{B}$ 化成行最简形矩阵，然后将行最简形矩阵中 r 个非零行的主元素(非零行的第一个非零元素)所对应的未知量作为非自由未知量，其余 $n-r$ 个未知量作为自由未知量，并令自由未知量分别为任意常数 $c_1, c_2,\cdots, c_{n-r}$，从而得线性方程组的通解.

如果线性方程组 (4.10) 或 (4.11) 有解，称方程组 (4.10) 或 (4.11) 为**相容的线性方程组**；否则，称为**不相容的线性方程组**.

根据定理 4.3，对于齐次线性方程组，有如下结论.

推论 4.4　n 元齐次线性方程组 $\boldsymbol{Ax}=\boldsymbol{0}$ 有非零解的充分必要条件是 $R(\boldsymbol{A})<n$；n 元齐次线性方程组 $\boldsymbol{Ax}=\boldsymbol{0}$ 只有零解的充分必要条件是 $R(\boldsymbol{A})=n$.

推论 4.5　如果齐次线性方程组中方程的个数小于未知量的个数，则齐次线性方程组有非零解.

例 4.11　求解齐次线性方程组 $\begin{cases} x_1+5x_2-x_3-x_4=0, \\ x_1-2x_2+x_3+3x_4=0, \\ 3x_1+8x_2-x_3+x_4=0. \end{cases}$

解　对该方程组的系数矩阵 $\boldsymbol{A}$ 做初等行变换，将其化成行最简形矩阵，具体计算过程如下.

$$\boldsymbol{A}=\begin{pmatrix} 1 & 5 & -1 & -1 \\ 1 & -2 & 1 & 3 \\ 3 & 8 & -1 & 1 \end{pmatrix} \xrightarrow[r_3-3r_1]{r_2-r_1} \begin{pmatrix} 1 & 5 & -1 & -1 \\ 0 & -7 & 2 & 4 \\ 0 & -7 & 2 & 4 \end{pmatrix}$$

$$\xrightarrow{r_3-r_2} \begin{pmatrix} 1 & 5 & -1 & -1 \\ 0 & -7 & 2 & 4 \\ 0 & 0 & 0 & 0 \end{pmatrix} \xrightarrow[r_1-5r_2]{-\frac{1}{7}r_2} \begin{pmatrix} 1 & 0 & \dfrac{3}{7} & \dfrac{13}{7} \\ 0 & 1 & -\dfrac{2}{7} & -\dfrac{4}{7} \\ 0 & 0 & 0 & 0 \end{pmatrix}.$$

由此可见，$R(\boldsymbol{A})=2<4$，因此该方程组有无穷多解.

$\boldsymbol{A}$ 的行最简形矩阵对应的方程组为

$$\begin{cases} x_1+\dfrac{3}{7}x_3+\dfrac{13}{7}x_4=0, \\ x_2-\dfrac{2}{7}x_3-\dfrac{4}{7}x_4=0, \end{cases}$$

从而

$$\begin{cases} x_1 = -\dfrac{3}{7}x_3 - \dfrac{13}{7}x_4, \\ x_2 = \dfrac{2}{7}x_3 + \dfrac{4}{7}x_4. \end{cases}$$

令自由未知量 $x_3 = c_1$， $x_4 = c_2$ ，得原齐次线性方程组的通解为

$$\begin{cases} x_1 = -\dfrac{3}{7}c_1 - \dfrac{13}{7}c_2, \\ x_2 = \dfrac{2}{7}c_1 + \dfrac{4}{7}c_2, \\ x_3 = c_1, \\ x_4 = c_2, \end{cases} \qquad \text{其中 } c_1, c_2 \text{ 为任意常数.}$$

例 4.12　求解非齐次线性方程组 $\begin{cases} x_1 - 2x_2 + 3x_3 - x_4 = 1, \\ 3x_1 - x_2 + 5x_3 - 3x_4 = 2, \\ 2x_1 + x_2 + 2x_3 - 2x_4 = 3. \end{cases}$

解　对该线性方程组的增广矩阵 $\boldsymbol{B}$ 做初等行变换，将其化为行阶梯形矩阵，具体计算过程如下.

$$\boldsymbol{B} = \begin{pmatrix} 1 & -2 & 3 & -1 & 1 \\ 3 & -1 & 5 & -3 & 2 \\ 2 & 1 & 2 & -2 & 3 \end{pmatrix} \xrightarrow[r_3 - 2r_1]{r_2 - 3r_1} \begin{pmatrix} 1 & -2 & 3 & -1 & 1 \\ 0 & 5 & -4 & 0 & -1 \\ 0 & 5 & -4 & 0 & 1 \end{pmatrix}$$

$$\xrightarrow{r_3 - r_2} \begin{pmatrix} 1 & -2 & 3 & -1 & 1 \\ 0 & 5 & -4 & 0 & -1 \\ 0 & 0 & 0 & 0 & 2 \end{pmatrix},$$

由此可见，系数矩阵 $\boldsymbol{A}$ 的秩 $R(\boldsymbol{A}) = 2 < R(\boldsymbol{B}) = 3$ ，因此，原线性方程组无解.

例 4.13　求解非齐线性方程组 $\begin{cases} x_1 + x_2 - 3x_3 - x_4 = 1, \\ 3x_1 + 3x_2 - 3x_3 + 4x_4 = 4, \\ x_1 + x_2 - 9x_3 - 8x_4 = 0. \end{cases}$

解　对该线性方程组的增广矩阵做初等行变换，将其化为行最简形矩阵，具体计算过程如下.

$$\boldsymbol{B} = \begin{pmatrix} 1 & 1 & -3 & -1 & 1 \\ 3 & 3 & -3 & 4 & 4 \\ 1 & 1 & -9 & -8 & 0 \end{pmatrix} \xrightarrow[r_3 - r_1]{r_2 - 3r_1} \begin{pmatrix} 1 & 1 & -3 & -1 & 1 \\ 0 & 0 & 6 & 7 & 1 \\ 0 & 0 & -6 & -7 & -1 \end{pmatrix}$$

$$\xrightarrow{r_3+r_2}\begin{pmatrix}1&1&-3&-1&1\\0&0&6&7&1\\0&0&0&0&0\end{pmatrix}\xrightarrow[\frac{1}{6}r_2]{r_1+\frac{1}{2}r_2}\begin{pmatrix}1&1&0&\frac{5}{2}&\frac{3}{2}\\0&0&1&\frac{7}{6}&\frac{1}{6}\\0&0&0&0&0\end{pmatrix},$$

$\boldsymbol{B}$ 的行最简形矩阵相应的方程组为

$$\begin{cases}x_1+x_2+\dfrac{5}{2}x_4=\dfrac{3}{2},\\x_3+\dfrac{7}{6}x_4=\dfrac{1}{6}.\end{cases}$$

从而

$$\begin{cases}x_1=-x_2-\dfrac{5}{2}x_4+\dfrac{3}{2},\\x_3=-\dfrac{7}{6}x_4+\dfrac{1}{6}.\end{cases}$$

令自由未知量 $x_2=c_1$， $x_4=c_2$ ，得原线性方程组的通解为

$$\begin{cases}x_1=-c_1-\dfrac{5}{2}c_2+\dfrac{3}{2},\\x_2=c_1,\\x_3=-\dfrac{7}{6}c_2+\dfrac{1}{6},\\x_4=c_2,\end{cases}\qquad \text{其中 } c_1,c_2 \text{ 为任意常数.}$$

例 4.14 已知线性方程组 $\begin{cases}(1+\lambda)x_1+x_2+x_3=0,\\x_1+(1+\lambda)x_2+x_3=3,\\x_1+x_2+(1+\lambda)x_3=\lambda,\end{cases}$ 问 λ 取何值时，该线性方程组：(1) 有唯一解；(2) 无解；(3) 有无穷多解？并在有无穷多解时，求其通解.

解 对该线性方程组的增广矩阵 $\boldsymbol{B}$ 做初等行变换，并化成行阶梯形矩阵，具体计算过程如下.

$$\boldsymbol{B}=\begin{pmatrix}1+\lambda&1&1&0\\1&1+\lambda&1&3\\1&1&1+\lambda&\lambda\end{pmatrix}\xrightarrow{r_3\leftrightarrow r_1}\begin{pmatrix}1&1&1+\lambda&\lambda\\1&1+\lambda&1&3\\1+\lambda&1&1&0\end{pmatrix}$$

$$\xrightarrow[r_3-(1+\lambda)r_1]{r_2-r_1}\begin{pmatrix}1&1&1+\lambda&\lambda\\0&\lambda&-\lambda&3-\lambda\\0&-\lambda&-\lambda(2+\lambda)&-\lambda(1+\lambda)\end{pmatrix}$$

$$\xrightarrow{r_3+r_2}\begin{pmatrix}1 & 1 & 1+\lambda & \lambda \\ 0 & \lambda & -\lambda & 3-\lambda \\ 0 & 0 & -\lambda(3+\lambda) & -(\lambda-1)(3+\lambda)\end{pmatrix}.$$

(1) 当$\lambda\neq 0$且$\lambda\neq -3$时，系数矩阵$\boldsymbol{A}$的秩$R(\boldsymbol{A})=R(\boldsymbol{B})=3$. 因此，该线性方程组有唯一解；

(2) 当$\lambda=0$时，$\boldsymbol{B}\to\begin{pmatrix}1 & 1 & 1 & 0 \\ 0 & 0 & 0 & 3 \\ 0 & 0 & 0 & 3\end{pmatrix}\to\begin{pmatrix}1 & 1 & 1 & 0 \\ 0 & 0 & 0 & 3 \\ 0 & 0 & 0 & 0\end{pmatrix}$，于是系数矩阵$\boldsymbol{A}$的秩$R(\boldsymbol{A})=1$，而$R(\boldsymbol{B})=2$. 因此，该线性方程组无解；

(3) 当$\lambda=-3$时，$\boldsymbol{B}\to\begin{pmatrix}1 & 1 & -2 & -3 \\ 0 & -3 & 3 & 6 \\ 0 & 0 & 0 & 0\end{pmatrix}\to\begin{pmatrix}1 & 0 & -1 & -1 \\ 0 & 1 & -1 & -2 \\ 0 & 0 & 0 & 0\end{pmatrix}$，于是系数矩阵$\boldsymbol{A}$的秩$R(\boldsymbol{A})=R(\boldsymbol{B})=2$. 因此，该线性方程组有无穷多解，并且其通解为

$$\begin{cases}x_1=c-1, \\ x_2=c-2, \\ x_3=c,\end{cases}\quad \text{其中 } c \text{ 为任意常数.}$$

4.3.2 矩阵方程的解

定理 4.3 的结论可以推广到矩阵方程的情形.

定理 4.4 矩阵方程$\boldsymbol{AX}=\boldsymbol{B}$有解的充分必要条件是$R(\boldsymbol{A})=R(\boldsymbol{A},\boldsymbol{B})$.

证 设$\boldsymbol{A}$为$m\times n$矩阵，$\boldsymbol{B}$为$m\times l$矩阵，则$\boldsymbol{X}$为$n\times l$矩阵. 将矩阵$\boldsymbol{X}$和$\boldsymbol{B}$按列分块，并分别记作

$$\boldsymbol{X}=(\boldsymbol{x}_1,\boldsymbol{x}_2,\cdots,\boldsymbol{x}_l),\quad \boldsymbol{B}=(\boldsymbol{b}_1,\boldsymbol{b}_2,\cdots,\boldsymbol{b}_l),$$

于是矩阵方程$\boldsymbol{AX}=\boldsymbol{B}$可表示为

$$\boldsymbol{A}(\boldsymbol{x}_1,\boldsymbol{x}_2,\cdots,\boldsymbol{x}_l)=(\boldsymbol{b}_1,\boldsymbol{b}_2,\cdots,\boldsymbol{b}_l),\quad \text{即 } \boldsymbol{Ax}_i=\boldsymbol{b}_i\ (i=1,2,\cdots,l),$$

从而矩阵方程$\boldsymbol{AX}=\boldsymbol{B}$与$l$个线性方程组$\boldsymbol{Ax}_i=\boldsymbol{b}_i(i=1,2,\cdots,l)$等价.

充分性. 设$R(\boldsymbol{A})=R(\boldsymbol{A},\boldsymbol{B})$，由$R(\boldsymbol{A})\leqslant R(\boldsymbol{A},\boldsymbol{b}_i)\leqslant R(\boldsymbol{A},\boldsymbol{B})$，知$R(\boldsymbol{A})=R(\boldsymbol{A},\boldsymbol{b}_i)$，根据定理 4.3 可知，$l$个线性方程组$\boldsymbol{Ax}_i=\boldsymbol{b}_i(i=1,2,\cdots,l)$均有解，因此矩阵方程$\boldsymbol{AX}=\boldsymbol{B}$有解.

必要性. 设矩阵方程$\boldsymbol{AX}=\boldsymbol{B}$有解，从而$l$个线性方程组$\boldsymbol{Ax}_i=\boldsymbol{b}_i(i=1,2,\cdots,l)$有解，设它们的解为

$$\boldsymbol{x}_i=\begin{pmatrix}x_{1i}\\x_{2i}\\\vdots\\x_{ni}\end{pmatrix}\quad(i=1,2,\cdots,l).$$

记矩阵 $\boldsymbol{A}=(\boldsymbol{a}_1,\boldsymbol{a}_2,\cdots,\boldsymbol{a}_n)$，则

$$x_{1i}\boldsymbol{a}_1+x_{2i}\boldsymbol{a}_2+\cdots+x_{ni}\boldsymbol{a}_n=\boldsymbol{b}_i\quad(i=1,2,\cdots,l).$$

对矩阵 $(\boldsymbol{A},\boldsymbol{B})=(\boldsymbol{a}_1,\boldsymbol{a}_2,\cdots,\boldsymbol{a}_n,\boldsymbol{b}_1,\boldsymbol{b}_2,\cdots,\boldsymbol{b}_l)$ 做初等列变换

$$c_{n+i}-x_{1i}c_1-x_{2i}c_2-\cdots-x_{ni}c_n\quad(i=1,2,\cdots,l),$$

使

$$x_{1i}\boldsymbol{a}_1+x_{2i}\boldsymbol{a}_2+\cdots+x_{ni}\boldsymbol{a}_n=\boldsymbol{b}_i\quad(i=1,2,\cdots,l).$$

将矩阵 $(\boldsymbol{A},\boldsymbol{B})$ 的第 $n+1$ 列，$n+2$ 列，…，$n+l$ 列都化成零列，即

$$(\boldsymbol{A},\boldsymbol{B})\xrightarrow{c}(\boldsymbol{A},\boldsymbol{O}).$$

因此，$R(\boldsymbol{A})=R(\boldsymbol{A},\boldsymbol{B})$.

例 4.15 证明 $R(\boldsymbol{AB})\leqslant\min(R(\boldsymbol{A}),R(\boldsymbol{B}))$.

证 设 $\boldsymbol{AB}=\boldsymbol{C}$，则矩阵方程 $\boldsymbol{AX}=\boldsymbol{C}$ 有解为 $\boldsymbol{X}=\boldsymbol{B}$，于是 $R(\boldsymbol{A})=R(\boldsymbol{A},\boldsymbol{C})$，从而

$$R(\boldsymbol{C})\leqslant R(\boldsymbol{A}).$$

同理，$R(\boldsymbol{C})\leqslant R(\boldsymbol{B})$. 因此

$$R(\boldsymbol{AB})\leqslant\min(R(\boldsymbol{A}),R(\boldsymbol{B})).$$

*4.4 MATLAB 实验

实验 4.1 (1) 利用 MATLAB 软件，求矩阵 $\boldsymbol{A}=\begin{pmatrix}1&2&3&4&5\\6&7&8&9&10\\11&12&13&14&15\\16&16&18&19&20\end{pmatrix}$ 的秩.

(2) 利用 MATLAB 软件，解线性方程组 $\begin{cases}2x_1-3x_2+x_3-5x_4=1,\\-5x_1-10x_2-2x_3+x_4=-21,\\x_1+4x_2+3x_3+2x_4=1,\\2x_1-4x_2+9x_3-3x_4=-16.\end{cases}$

(1) **实验过程**

```
A=[1 2 3 4 5;6 7 8 9 10;11 12 13 14 15;16 16 18 19 20];
```

```
R=rank(A),%求秩的命令
```

运行结果

```
R=
      3
```

因此，$R(A)=3$.

(2) **实验过程**

```
format rat,%分数显示
B=[2 -3 1 -5 1;-5 -10 -2 1 -21;1 4 3 2 1;2 -4 9 -3 -16]; %增广矩阵
rref(B), %初等变换化 B 为行最简形
```

运行结果

```
ans =
      1        0        0       -5/3       3
      0        1        0       2/3        1
      0        0        1       1/3        -2
      0        0        0       0          0
```

因此，该线性方程组的无穷多解为$\begin{cases} x_1=\dfrac{5}{3}c+3, \\ x_2=-\dfrac{2}{3}c+1, \\ x_3=-\dfrac{1}{3}c-2, \\ x_4=c, \end{cases}$ 其中 c 是任意常数.

实验 4.2　设需要配平的化学反应方程式为

$$Pb(N_3)_2+Cr(MnO_4)_2 \longrightarrow Cr_2O_3+MnO_2+Pb_3O_4+NO.$$

建立化学反应方程式中 6 种反应物的系数所满足的数学模型，借助 MATLAB 软件，计算化学反应方程式中 6 种反应物的系数.

实验过程

1. 模型假设和符号说明

假设化学反应方程式中 6 种反应物的系数依次为 x_1,x_2,x_3,x_4,x_5,x_6；假设化学反应过程式中，遵循原子守恒原理.

2. 建立数学模型和求解

由于化学反应方程式中共有 5 种不同的原子 Pb，N，Cr，Mn，O，根据原子守恒原理，则化学反应方程式中 6 种反应物的系数所满足的数学模型为

$$\begin{cases} x_1 - 3x_5 = 0, \\ 6x_1 - x_6 = 0, \\ x_2 - 2x_3 = 0, \\ 2x_2 - x_4 = 0, \\ 8x_2 - 3x_3 - 2x_4 - 4x_5 - x_6 = 0. \end{cases}$$

3. MATLAB 程序

```
format rat,%分数显示
A=[1,0,0,0,-3,0;6,0,0,0,0,-1;0,1,-2,0,0,0;0,2,0,-1,0,0;
0,8,-3,-2,-4,-1]; %系数矩阵
rref(A), %初等变换化 A 为行最简形
```

运行结果

```
ans =
    1      0      0      0      0      -1/6
    0      1      0      0      0      -22/45
    0      0      1      0      0      -11/45
    0      0      0      1      0      -44/45
    0      0      0      0      1      -1/18
```

因此，化学反应方程式中 6 种反应物的系数依次为 15, 44, 22, 88, 5, 90.

实验 4.3 设某城市部分单行道构成了包含 6 个点(交通路口) A, B, C, D, E, F 的局部交通网络(图 4.1). 汽车进出该局部交通网络的流量(每小时的车辆数)见图 4.1，其中线附近的数字表示已观测到的车流量，$x_i(i=1,2,\cdots,8)$ 表示未知车流量的值. 建立数学模型，借助 MATLAB 软件，计算局部交通网络中的未知量(假设每个交通路口，进和出的车辆数相等；进和出局部交通网络的车辆数相等).

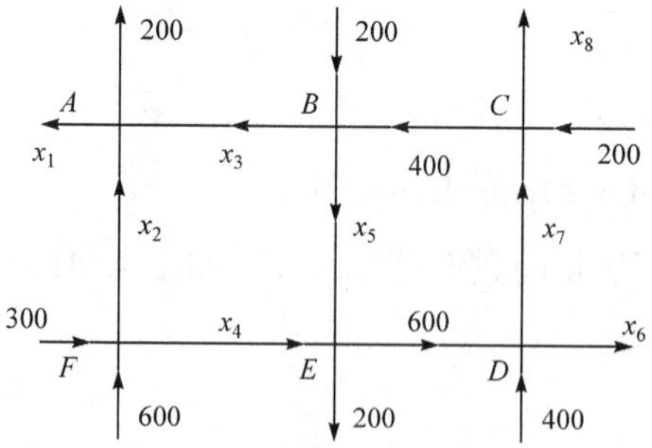

图 4.1　6 个交通路口交通流量图

实验过程

1. 模型假设和符号说明

假设每个交通路口进和出的车辆数相等；假设每个交通路口没有滞留车辆；假设进和出局部交通网络的车辆数相等；符号见图 4.1.

2. 建立数学模型和求解

根据假设，得线性方程组为

$$
\begin{cases}
-x_1 + x_2 + x_3 = 200, \\
x_3 + x_5 = 200 + 400, \\
x_7 - x_8 = 400 - 200, \\
x_6 + x_7 = 600 + 400, \\
x_4 + x_5 = 600 + 200, \\
x_2 + x_4 = 300 + 600, \\
x_1 + x_6 + x_8 = 1300,
\end{cases}
$$

其通解为

$$
\begin{cases}
x_1 = 500, \\
x_2 = c_1 + 100, \\
x_3 = -c_1 + 600, \\
x_4 = -c_1 + 800, \\
x_5 = c_1, \\
x_6 = -c_2 + 800, \\
x_7 = c_2 + 200, \\
x_8 = c_2,
\end{cases}
\quad \text{其中 } c_1, c_2 \text{ 是任意常数.}
$$

3. MATLAB 程序

```
B=[-1,1,1,0,0,0,0,0,200; 0,0,1,0,1,0,0,0,600; 0,0,0,0,0,0,1,-1,200;0,0,0,0,0,1,1,0,1000;0,0,0,1,1,0,0,0,800;0,1,0,1,0,0,0,0,900;1,0,0,0,0,1,0,1,1300];
rref(B), %初等变换化 B 为行最简形
```

运行结果

```
ans =
     1  0   0   0   0   0   0   0   500
     0  1   0   0  -1   0   0   0   100
     0  0   1   0   1   0   0   0   600
```

```
0 0  0  1  1  0  0   0   800
0 0  0  0  0  1  0   1   800
0 0  0  0  0  0  1  -1   200
0 0  0  0  0  0  0   0   0
```

4. 结论

基于道路是单行道情形，局部交通网络中的未知量分别为 $x_1 = 500$, $x_2 = c_1 + 100$, $x_3 = -c_1 + 600$, $x_4 = -c_1 + 800$, $x_5 = c_1$, $x_6 = -c_2 + 800$, $x_7 = c_2 + 200$, $x_8 = c_2$，其中 $0 \leqslant c_1 \leqslant 600, 0 \leqslant c_2 \leqslant 800$ 是正整数.

实验练习 4.1 (1) 利用 MATLAB 软件，求矩阵 $\boldsymbol{A} = \begin{pmatrix} 1 & 1 & 2 & 5 & 7 \\ 1 & 2 & 3 & 7 & 10 \\ 1 & 3 & 4 & 9 & 13 \\ 1 & 4 & 5 & 11 & 16 \end{pmatrix}$ 的秩；

(2) 利用 MATLAB 软件，求解线性方程组 $\begin{cases} 2x_1 + x_2 - 5x_3 + x_4 = 8, \\ x_1 - 3x_2 - 6x_4 = 9, \\ 2x_2 - x_3 + 2x_4 = -5, \\ x_1 + 4x_2 - 7x_3 + 6x_4 = 0. \end{cases}$

实验练习 4.2 设薄铁平板的周边温度已经知道(如图 4.2 所示，数字的单位为℃). 假定其热传导过程平板温度已经达到稳态，网格上各点的温度是其上下左右 4 个点温度的平均值. 建立数学模型(用线性方程组表示)，借助 MATLAB 软件，确定铁板中间 4 个点 a, b, c, d 处的温度.

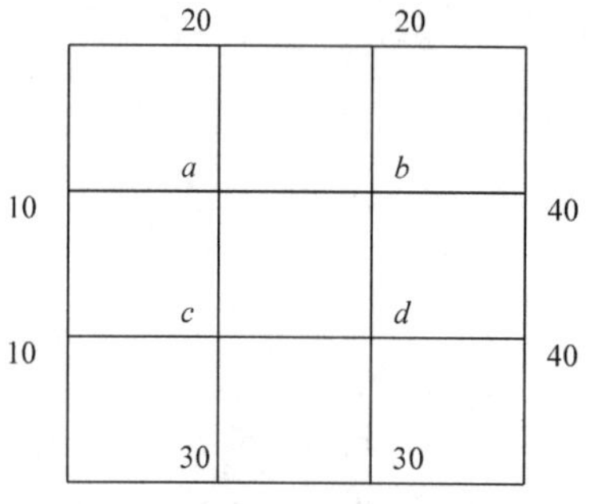

图 4.2 薄铁平板的周边温度图

实验练习 4.3 物质 w 的配方设计问题 假设物质 w 的成分包括 A，B，C，D，E，F 以及其他，其中 A，B，C，D，E，F 在该物质的含量分别为 25.26%, 2.43%, 0.23%, 2.05%, 0.23% 和 2.18%. 根据生产需要和原材料的库存原因，需要用编号为 1～12 的材料配制物质 w，编号为 1～12 的材料所含 A，B，C，D，E，F 的数量见表 4.2.

建立数学模型，确定编号为 1～12 的材料在该物质中所含的百分比，从而满足成分 A，B，C，D，E，F 在物质 w 中的含量.

表 4.2　物质 w 和编号 1～12 的材料的成分含量

材料编号	A/%	B/%	C/%	D/%	E/%	F/%
1	31.75	2.96	0.24	2.05	0.20	2.01
2	32.49	2.07	0.21	1.84	0.22	1.95
3	26.64	1.77	0.22	1.86	0.26	2.29
4	25.50	2.35	0.22	2.14	0.25	2.11
5	28.31	1.76	0.30	1.99	0.27	2.10
6	24.13	2.91	0.13	2.36	0.20	2.36
7	22.67	2.59	0.13	1.97	0.21	2.37
8	18.72	3.00	0.07	2.22	0.20	2.25
9	19.48	2.07	0.36	1.79	0.26	1.89
10	24.76	2.47	0.27	2.06	0.21	2.26
11	19.36	3.41	0.26	2.21	0.20	2.22
12	22.44	2.48	0.45	2.39	0.19	2.43
物质 w	25.26	2.43	0.23	2.05	0.23	2.18

习　题　4

1. 用初等行变换，将下列矩阵化成行最简形矩阵：

(1) $\begin{pmatrix} 0 & 1 & 0 & 2 \\ 3 & 0 & 3 & 0 \\ 2 & 2 & 6 & 8 \end{pmatrix}$；(2) $\begin{pmatrix} 1 & 1 & 2 & 5 & 7 \\ 1 & 2 & 3 & 7 & 10 \\ 1 & 3 & 4 & 9 & 13 \\ 1 & 4 & 5 & 11 & 16 \end{pmatrix}$；(3) $\begin{pmatrix} 1 & -1 & -3 & 1 & 1 \\ 1 & -1 & 2 & -1 & 3 \\ 2 & -2 & -11 & 4 & 0 \end{pmatrix}$.

2. 计算下列矩阵的乘积：

(1) $\begin{pmatrix} a_{11} & a_{12} & a_{13} & a_{14} \\ a_{21} & a_{22} & a_{23} & a_{24} \\ a_{31} & a_{32} & a_{33} & a_{34} \end{pmatrix}\begin{pmatrix} 1 & 0 & 0 & 0 \\ 0 & 0 & 1 & 0 \\ 0 & 1 & 0 & 0 \\ 0 & 0 & 0 & 1 \end{pmatrix}$；(2) $\begin{pmatrix} 1 & 0 & 0 \\ 0 & 0 & 1 \\ 0 & 1 & 0 \end{pmatrix}\begin{pmatrix} a_{11} & a_{12} & a_{13} & a_{14} \\ a_{21} & a_{22} & a_{23} & a_{24} \\ a_{31} & a_{32} & a_{33} & a_{34} \end{pmatrix}$；

(3) $\begin{pmatrix} 1 & 0 & 0 \\ 0 & 1 & 0 \\ 0 & 0 & \lambda \end{pmatrix}\begin{pmatrix} a_{11} & a_{12} & a_{13} & a_{14} \\ a_{21} & a_{22} & a_{23} & a_{24} \\ a_{31} & a_{32} & a_{33} & a_{34} \end{pmatrix}$；　(4) $\begin{pmatrix} a_{11} & a_{12} & a_{13} & a_{14} \\ a_{21} & a_{22} & a_{23} & a_{24} \\ a_{31} & a_{32} & a_{33} & a_{34} \end{pmatrix}\begin{pmatrix} 1 & 0 & 0 & 0 \\ 0 & \lambda & 1 & 0 \\ 0 & 0 & 1 & 0 \\ 0 & 0 & 0 & 1 \end{pmatrix}$.

3. 用初等行变换，求下列矩阵的逆矩阵：

(1) $\begin{pmatrix} 1 & 1 & -1 \\ 1 & 2 & -3 \\ 0 & 1 & -1 \end{pmatrix}$；　(2) $\begin{pmatrix} 1 & 2 & 3 \\ 2 & 2 & 2 \\ 3 & 4 & 4 \end{pmatrix}$；

(3) $\begin{pmatrix} 1 & 0 & 0 & 0 \\ 1 & 2 & 0 & 0 \\ 2 & 1 & 3 & 0 \\ 1 & 2 & 1 & 4 \end{pmatrix}$；　　(4) $\begin{pmatrix} 1 & 1 & 1 & 1 \\ 0 & 1 & 1 & 1 \\ 0 & 0 & 1 & 1 \\ 0 & 0 & 0 & 1 \end{pmatrix}$.

4. 用初等行变换，求解下列矩阵方程：

(1) $\begin{pmatrix} 1 & 1 & -1 \\ 0 & 2 & 2 \\ 1 & -1 & -1 \end{pmatrix} \boldsymbol{X} = \begin{pmatrix} 3 & 2 \\ 1 & 0 \\ -2 & 1 \end{pmatrix}$；　　(2) $\boldsymbol{X} \begin{pmatrix} 0 & 2 & 1 \\ 2 & -1 & 3 \\ -3 & 3 & -4 \end{pmatrix} = \begin{pmatrix} 1 & 2 & 3 \\ 2 & -3 & 1 \end{pmatrix}$.

5. 已知矩阵 $\boldsymbol{A} = \begin{pmatrix} 2 & -1 & 0 \\ 0 & 2 & -1 \\ 0 & 0 & 2 \end{pmatrix}$，求矩阵 $\boldsymbol{X}$，满足条件 $\boldsymbol{AX} = 3\boldsymbol{X} + \boldsymbol{A}$.

6. 已知矩阵 $\boldsymbol{A} = \begin{pmatrix} 1 & 2 & 3 & 4 \\ 2 & 3 & 4 & 5 \\ 3 & 4 & 3 & 2 \end{pmatrix}$，求一个可逆矩阵 $\boldsymbol{P}$，使 $\boldsymbol{PA}$ 为矩阵 $\boldsymbol{A}$ 的行最简形矩阵 $\boldsymbol{F}$，并写出 $\boldsymbol{A}$ 的行最简形矩阵 $\boldsymbol{F}$.

7. 求下列矩阵的秩，并写出该矩阵的一个最高阶非零子式：

(1) $\begin{pmatrix} 1 & 2 & 1 & 0 \\ 5 & 7 & 3 & 1 \\ 2 & 1 & 0 & 1 \\ 4 & 5 & 2 & 1 \end{pmatrix}$；　　(2) $\begin{pmatrix} 1 & 0 & 1 & 1 \\ 5 & 1 & 7 & 6 \\ -1 & 0 & 1 & 3 \\ 8 & -2 & 4 & 6 \end{pmatrix}$.

8. 设矩阵 $\boldsymbol{A} = \begin{pmatrix} 1 & -2 & 3\lambda \\ -1 & 2\lambda & -3 \\ \lambda & -2 & 3 \end{pmatrix}$，当 λ 取何值时，(1) $R(\boldsymbol{A}) = 1$；(2) $R(\boldsymbol{A}) = 2$；(3) $R(\boldsymbol{A}) = 3$.

9. 证明 $R(\boldsymbol{A}) = 1$ 的充分必要条件是存在非零列向量 $\boldsymbol{\alpha}$ 和非零行向量 $\boldsymbol{\beta}^{\mathrm{T}}$，使

$$\boldsymbol{A} = \boldsymbol{\alpha}\boldsymbol{\beta}^{\mathrm{T}}.$$

10. 设 $\boldsymbol{A}$ 为 n 阶矩阵 $(n \geqslant 2)$，$\boldsymbol{A}^*$ 为 $\boldsymbol{A}$ 的伴随矩阵，证明：

$$R(\boldsymbol{A}^*) = \begin{cases} n, & R(\boldsymbol{A}) = n, \\ 1, & R(\boldsymbol{A}) = n-1, \\ 0, & R(\boldsymbol{A}) \leqslant n-2. \end{cases}$$

第 9 题的证明

11. 解下列线性方程组：

(1) $\begin{cases} x_1 + x_2 + 2x_3 - x_4 = 0, \\ 2x_1 + x_2 + x_3 - x_4 = 0, \\ 2x_1 + 2x_2 + x_3 + 2x_4 = 0; \end{cases}$　　(2) $\begin{cases} x_1 - x_2 + 5x_3 - x_4 = 0, \\ x_1 + x_2 - 2x_3 + 3x_4 = 0, \\ 3x_1 - x_2 + 8x_3 + x_4 = 0; \end{cases}$

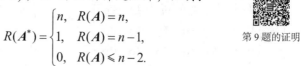

(3) $\begin{cases} x_1+x_2+x_3+x_4+x_5=0, \\ 3x_1+2x_2+x_3-x_4=0, \\ x_2+2x_3+2x_4+6x_5=0, \\ 5x_1+4x_2+3x_3+4x_4-x_5=0; \end{cases}$

(4) $\begin{cases} x_1+x_2+x_3+x_4=3, \\ x_1+x_2-2x_3+4x_4=-3, \\ 2x_1+2x_2-x_3-5x_4=-10; \end{cases}$

(5) $\begin{cases} x_1+2x_2+3x_3+4x_4=4, \\ x_2-x_3-4x_4=-3, \\ x_1+3x_2+x_4=1, \\ -2x_2+4x_3+7x_4=3; \end{cases}$

(6) $\begin{cases} x_1-5x_2+2x_3-3x_4=11, \\ 5x_1+3x_2+6x_3-x_4=-1, \\ 3x_1-x_2+4x_3-2x_4=5, \\ -x_1-9x_2-4x_4=17. \end{cases}$

12. 当 λ 取何值时，非齐次线性方程组

$$\begin{cases} \lambda x_1+x_2+x_3=1, \\ x_1+\lambda x_2+x_3=\lambda, \\ x_1+x_2+\lambda x_3=\lambda^2. \end{cases}$$

(1) 有唯一解；(2) 无解；(3) 有无穷多解？在有无穷多解的情况下，并求出其通解.

13. 当 a,b 取什么值时，线性方程组

$$\begin{cases} x_1+x_2+x_3+x_4+x_5=1, \\ 3x_1+2x_2+x_3+x_4-3x_5=a, \\ x_2+2x_3+2x_4+6x_5=3, \\ 5x_1+4x_2+3x_3+3x_4-x_5=b \end{cases}$$

有解？在有解的情况下，求它的通解.

14. 设线性方程组为

$$\begin{cases} x_1-x_2=a_1, \\ x_2-x_3=a_2, \\ x_3-x_4=a_3, \\ x_4-x_5=a_4, \\ x_5-x_1=a_5. \end{cases}$$

线性方程组
模型实例

证明此方程组有解的充分必要条件是 $a_1+a_2+a_3+a_4+a_5=0$. 在有解的情形下，求出它的通解.

15. 设线性方程组

第 15 题
的证明

$$\text{(I)} \quad \begin{cases} a_{11}x_1+a_{12}x_2+\cdots+a_{1n}x_n=c_1, \\ a_{21}x_1+a_{22}x_2+\cdots+a_{2n}x_n=c_2, \\ \cdots\cdots \\ a_{m1}x_1+a_{m2}x_2+\cdots+a_{mn}x_n=c_m \end{cases}$$

有解，且系数矩阵的秩为 r_1；另一方程组

$$(\mathrm{II})\quad\begin{cases} b_{11}x_1 + b_{12}x_2 + \cdots + b_{1n}x_n = d_1, \\ b_{21}x_1 + b_{22}x_2 + \cdots + b_{2n}x_n = d_2, \\ \cdots\cdots \\ b_{m1}x_1 + b_{m2}x_2 + \cdots + b_{mn}x_n = d_m \end{cases}$$

无解，其系数矩阵的秩为 r_2. 证明矩阵

$$\boldsymbol{C} = \begin{pmatrix} a_{11} & a_{12} & \cdots & a_{1n} & b_{11} & b_{12} & \cdots & b_{1n} & c_1 & d_1 \\ a_{21} & a_{22} & \cdots & a_{2n} & b_{21} & b_{22} & \cdots & b_{2n} & c_2 & d_2 \\ \vdots & \vdots & & \vdots & \vdots & \vdots & & \vdots & \vdots & \vdots \\ a_{m1} & a_{m2} & \cdots & a_{mn} & b_{m1} & b_{m2} & \cdots & b_{mn} & c_m & d_m \end{pmatrix}$$

的秩不超过 $r_1 + r_2 + 1$.

16 设矩阵 $\boldsymbol{A}$ 列满秩，且 $\boldsymbol{AB} = \boldsymbol{C}$, 证明线性方程组 $\boldsymbol{Bx} = \boldsymbol{O}$ 与 $\boldsymbol{Cx} = \boldsymbol{O}$ 同解.

17. 设 $\boldsymbol{A}$ 为 $m \times n$ 矩阵，证明矩阵方程 $\boldsymbol{AX} = \boldsymbol{E}$ 有解的充分必要条件是 $R(\boldsymbol{A}) = m$，其中 $\boldsymbol{E}$ 是 m 阶单位矩阵.

第 4 章测试题

第 4 章测试题参考答案

第 5 章　向量组的线性相关性

数学家佩亚诺

佩亚诺 (Peano，1858～1932) 是意大利数学家，由于他勤学好问，成绩优异，1873 年通过卡沃乌尔学校的初中升学考试而入了学，1876 年高中毕业，因成绩优异获得奖学金，进入都灵大学读书. 他先读工程学，在修完两年物理与数学之后，决定专攻数学. 在校期间，他学习的科目十分广泛，1880 年 7 月他以高分拿到大学毕业证书，并留校任教，此后他一直在都灵大学教书.

佩亚诺于1888年提出向量空间的定义. 佩亚诺致力于发展布尔所创始的符号逻辑系统，1889 年出版了《算术原理新方法》. 之后他作为符号逻辑的先驱和公理化方法的推行人而著名. 佩亚诺于 1891 年创建了《数学杂志》，并在这个杂志上用数理逻辑符号写下了这组自然数公理，且证明了它们的独立性. 佩亚诺于 1895～1908 年出版《数学公式汇编》(共有 5 卷)，仅第五卷就含有大约 4200 条公式和定理，有人称它为“无尽的数学矿藏”.

基本概念

向量组、向量组的线性相关性、最大线性无关组和秩、齐次方程组的基础解系等.

基本运算

向量和向量组的线性表示、向量组的最大无关组和秩、线性方程组的通解等.

基本要求

掌握向量和向量组的线性表示的判定方法，理解向量组的线性相关和无关的概念，掌握向量组线性相关和无关的判别方法；熟练掌握用初等变换求向量组的最大线性无关组和秩的方法；掌握线性方程组的解的性质、结构和通解的求法；了解向量空间的基和维数等概念，掌握向量在一个基下坐标的求法等.

向量的概念起源于线性方程组的解的研究. 向量在研究线性方程组的解与解之间的关系及实际问题中都有很重要的应用. 本章首先介绍向量、向量组和向量组的线性相关，然后，学习向量组的最大线性无关组和秩，最后讨论线性方程组的解的结构等内容.

5.1 向量和向量组

在解析几何课程中，介绍过平面直角坐标系中的 2 维向量和空间直角坐标系中的 3 维向量. 本节将平面直角坐标系中的 2 维向量和空间直角坐标系中的 3 维向量推广到一般情况.

5.1.1 向量的实例和向量的概念

实例 5.1 确定飞机的状态，需要以下 6 个参数.

机身的仰角 $\varphi\left(-\frac{\pi}{2}\leqslant\varphi\leqslant\frac{\pi}{2}\right)$，机翼的转角 $\psi(-\pi<\psi\leqslant\pi)$，机身的水平转角 $\theta(0\leqslant\theta<2\pi)$，飞机的重心在空间位置的坐标参数 x，y，z，这 6 个参数可以构成有序数组.

实例 5.2 设线性方程组为

$$\begin{cases}a_{11}x_1+a_{12}x_2+\cdots+a_{1n}x_n=b_1,\\ a_{21}x_1+a_{22}x_2+\cdots+a_{2n}x_n=b_2,\\ \qquad\cdots\cdots\\ a_{m1}x_1+a_{m2}x_2+\cdots+a_{mn}x_n=b_m,\end{cases}$$

该方程组中每个方程的未知量的系数和常数项也可以构成有序数组.

实例 5.1 和实例 5.2 中涉及的有序数组就是下面介绍的向量.

定义 5.1 由 m 个数 $a_1,a_2,\cdots,a_m$ 所构成的有序数组称为 ***m* 维向量**，记作

$$\begin{pmatrix}a_1\\ a_2\\ \vdots\\ a_m\end{pmatrix} \quad 或 \quad (a_1,a_2,\cdots,a_m).$$

它们分别称为 ***m* 维列向量**或 ***m* 维行向量**. 这 m 个数称为该向量的 ***m* 个分量**，第 i 个数 $a_i\,(i=1,2,\cdots,m)$ 称为该向量的**第 *i* 个分量**.

通常用黑体希腊字母 $\boldsymbol{\alpha},\boldsymbol{\beta},\boldsymbol{\gamma}$ 等或小写英文字母表示向量. 为方便起见，零向

量也可以用 **0** 表示.

分量都是实数的向量称为**实向量**，否则称为**复向量**. 除特别说明外，本书介绍的向量都是实向量.

在解析几何中，平面直角坐标系中的 2 维向量和空间直角坐标系中的 3 维向量具有几何意义，它们是既有大小又有方向的有向线段. 当 $m>3$ 时，m 维向量不再具有几何意义.

根据定义 5.1，向量是特殊的矩阵，因此向量具有矩阵中所有的运算.

例如，实例 5.1 中 6 个参数构成的有序数组是一个 6 维向量，记作

$$\boldsymbol{\alpha}=(\varphi,\psi,\theta,x,y,z)^{\mathrm{T}}.$$

例如，实例 5.2 中的线性方程组由 m 个方程组成，因此对应 m 个 n+1 维行向量，记作

$$\boldsymbol{\gamma}_i=\left(\boldsymbol{a}_{i1},\boldsymbol{a}_{i2},\cdots,\boldsymbol{a}_{in},\boldsymbol{b}_i\right),\quad i=1,2,\cdots,m.$$

行向量和列向量总被看作是两个不同的向量. 一般情况下，本书中的向量都是指列向量.

5.1.2　向量组和向量组的线性组合

定义 5.2　同维的列(或行)向量构成的集合称为**向量组**.

例如，集合 $\boldsymbol{\alpha}_1=\begin{pmatrix}1\\2\\1\end{pmatrix},\boldsymbol{\alpha}_2=\begin{pmatrix}-3\\4\\7\end{pmatrix},\boldsymbol{\alpha}_3=\begin{pmatrix}2\\-1\\5\end{pmatrix},\boldsymbol{\alpha}_4=\begin{pmatrix}4\\6\\1\end{pmatrix}$ 是向量组.

例如，设矩阵 $\boldsymbol{A}=\begin{pmatrix}a_{11}&a_{12}&\cdots&a_{1n}\\a_{21}&a_{22}&\cdots&a_{2n}\\\vdots&\vdots&&\vdots\\a_{m1}&a_{m2}&\cdots&a_{mn}\end{pmatrix}$，由矩阵 $\boldsymbol{A}$ 可以得到 m 个 n 维的行向量

$$\boldsymbol{\beta}_i=(a_{i1},a_{i2},\cdots,a_{in}),\quad i=1,2,\cdots,m, \tag{5.1}$$

称 $\boldsymbol{\beta}_1,\boldsymbol{\beta}_2,\cdots,\boldsymbol{\beta}_m$ 为矩阵 $\boldsymbol{A}$ 的**行向量组**；由矩阵 $\boldsymbol{A}$ 可以得到 n 个 m 维的列向量

$$\boldsymbol{\alpha}_j=(a_{1j},a_{2j},\cdots,a_{mj})^{\mathrm{T}},\quad j=1,2,\cdots,n, \tag{5.2}$$

称 $\boldsymbol{\alpha}_1,\boldsymbol{\alpha}_2,\cdots,\boldsymbol{\alpha}_n$ 为矩阵 $\boldsymbol{A}$ 的**列向量组**.

由式(5.1)和(5.2) 可知，矩阵 $\boldsymbol{A}$ 可以表示为

$$A=\begin{pmatrix}\beta_1\\ \beta_2\\ \vdots\\ \beta_m\end{pmatrix} \quad 或 \quad A=(\alpha_1,\alpha_2,\cdots,\alpha_n).$$

因此，矩阵 A 与有限个向量组成的向量组之间是一一对应的关系.

向量组中可以包含有限个向量，也可以包含无限个向量.

定义 5.3 给定向量组 $A:\alpha_1,\alpha_2,\cdots,\alpha_n$，对于任意实数 $\lambda_1,\lambda_2,\cdots,\lambda_n$，称表达式

$$\lambda_1\alpha_1+\lambda_2\alpha_2+\cdots+\lambda_n\alpha_n \tag{5.3}$$

为向量组 A 的一个**线性组合**，其中 $\lambda_1,\lambda_2,\cdots,\lambda_n$ 称为线性组合(5.3)的**组合系数**.

5.1.3 向量和向量组的线性表示

定义 5.4 给定向量 β 和向量组 $A:\alpha_1,\alpha_2,\cdots,\alpha_n$，如果存在 n 个实数 $\lambda_1,\lambda_2,\cdots,\lambda_n$，使

$$\beta=\lambda_1\alpha_1+\lambda_2\alpha_2+\cdots+\lambda_n\alpha_n, \tag{5.4}$$

称向量 β 能由向量组 A **线性表示**，或称向量 β 是向量组 A 的**线性组合**.

根据定义 5.4，向量组 $A:\alpha_1,\alpha_2,\cdots,\alpha_n$ 中任何一个向量都能由该向量组 A 线性表示. 因为 $\mathbf{0}=0\alpha_1+0\alpha_2+\cdots+0\alpha_n$，所以零向量是任意向量组的线性组合.

例如，设 m 个 m 维向量组成的向量组为 $e_1=\begin{pmatrix}1\\0\\ \vdots\\0\end{pmatrix}$，$e_2=\begin{pmatrix}0\\1\\ \vdots\\0\end{pmatrix}$，$\cdots$，$e_m=\begin{pmatrix}0\\0\\ \vdots\\1\end{pmatrix}$，称之为 m 维的**单位坐标向量组**或**标准坐标向量组**.

显然，任意 m 维的向量 $\beta=(b_1,b_2,\cdots,b_m)^{\mathrm{T}}$ 能由 m 维的单位坐标向量组 $e_1,e_2,\cdots,e_m$ 唯一地线性表示为

$$\beta=b_1e_1+b_2e_2+\cdots+b_me_m.$$

根据式(5.4)，向量 β 能由向量组 $A:\alpha_1,\alpha_2,\cdots,\alpha_n$ 线性表示，即线性方程组

$$x_1\alpha_1+x_2\alpha_2+\cdots+x_n\alpha_n=\beta$$

有解. 由定理 4.3，得如下定理.

定理 5.1 向量 β 能由向量组 $A:\alpha_1,\alpha_2,\cdots,\alpha_n$ 线性表示的充分必要条件是矩阵 A 的秩等于矩阵 B 的秩，即

$$R(A)=R(B),$$

其中 $A=(\alpha_1,\alpha_2,\cdots,\alpha_n)$，$B=(\alpha_1,\alpha_2,\cdots,\alpha_n,\beta)$.

本书中字母 A 等表示向量组还是表示矩阵，根据上下文确定.

例 5.1　已知向量组 A: $\boldsymbol{\alpha}_1=\begin{pmatrix}1\\1\\-1\\3\end{pmatrix}$，$\boldsymbol{\alpha}_2=\begin{pmatrix}1\\2\\1\\1\end{pmatrix}$，$\boldsymbol{\alpha}_3=\begin{pmatrix}1\\0\\1\\-4\end{pmatrix}$ 和向量 $\boldsymbol{\beta}=\begin{pmatrix}1\\1\\3\\-6\end{pmatrix}$，证明向量 $\boldsymbol{\beta}$ 能由向量组 $\boldsymbol{\alpha}_1,\boldsymbol{\alpha}_2,\boldsymbol{\alpha}_3$ 线性表示，并写出该线性表示的表达式.

证　记矩阵 $\boldsymbol{A}=(\boldsymbol{\alpha}_1,\boldsymbol{\alpha}_2,\boldsymbol{\alpha}_3)$，$\boldsymbol{B}=(\boldsymbol{\alpha}_1,\boldsymbol{\alpha}_2,\boldsymbol{\alpha}_3,\boldsymbol{\beta})$. 由于矩阵

$$\boldsymbol{B}=\begin{pmatrix}1&1&1&1\\1&2&0&1\\-1&1&1&3\\3&1&-4&-6\end{pmatrix}\longrightarrow\begin{pmatrix}1&1&1&1\\0&1&-1&0\\0&2&2&4\\0&-2&-7&-9\end{pmatrix}$$

$$\longrightarrow\begin{pmatrix}1&1&1&1\\0&1&-1&0\\0&0&4&4\\0&0&-9&-9\end{pmatrix}\longrightarrow\begin{pmatrix}1&0&0&-1\\0&1&0&1\\0&0&1&1\\0&0&0&0\end{pmatrix},$$

则 $R(\boldsymbol{A})=R(\boldsymbol{B})=3$，根据定理 5.1 可知，向量 $\boldsymbol{\beta}$ 能由向量组 $\boldsymbol{\alpha}_1,\boldsymbol{\alpha}_2,\boldsymbol{\alpha}_3$ 线性表示.

设 $\boldsymbol{\beta}=x_1\boldsymbol{\alpha}_1+x_2\boldsymbol{\alpha}_2+x_3\boldsymbol{\alpha}_3$，则该线性方程组的解为

$$x_1=-1,\quad x_2=1,\quad x_3=1,$$

因此，

$$\boldsymbol{\beta}=-\boldsymbol{\alpha}_1+\boldsymbol{\alpha}_2+\boldsymbol{\alpha}_3.$$

例如，设向量组 A: $\boldsymbol{\alpha}_1=\begin{pmatrix}1\\-2\end{pmatrix}$，$\boldsymbol{\alpha}_2=\begin{pmatrix}3\\-6\end{pmatrix}$ 和向量 $\boldsymbol{\beta}=\begin{pmatrix}1\\2\end{pmatrix}$，记矩阵 $\boldsymbol{A}=(\boldsymbol{\alpha}_1,\boldsymbol{\alpha}_2)$，$\boldsymbol{B}=(\boldsymbol{\alpha}_1,\boldsymbol{\alpha}_2,\boldsymbol{\beta})$. 由于矩阵

$$\boldsymbol{B}=\begin{pmatrix}1&3&1\\-2&-6&2\end{pmatrix}\longrightarrow\begin{pmatrix}1&3&1\\0&0&4\end{pmatrix},$$

则 $R(\boldsymbol{A})=1, R(\boldsymbol{B})=2$，根据定理 5.1 可知，向量 $\boldsymbol{\beta}$ 不能由向量组 $\boldsymbol{\alpha}_1,\boldsymbol{\alpha}_2$ 线性表示.

定义 5.5　设有向量组 A: $\boldsymbol{\alpha}_1,\boldsymbol{\alpha}_2,\cdots,\boldsymbol{\alpha}_k$ 和 B: $\boldsymbol{\beta}_1,\boldsymbol{\beta}_2,\cdots,\boldsymbol{\beta}_l$，如果向量组 B 中每个向量都能由向量组 A 线性表示，称向量组 B 能由**向量组 A 线性表示**. 如果向量组 A 与向量组 B 能相互线性表示，称向量组 A 与 B **等价**.

根据定义 5.5，如果向量组 B: $\boldsymbol{\beta}_1,\boldsymbol{\beta}_2,\cdots,\boldsymbol{\beta}_l$ 能由向量组 A: $\boldsymbol{\alpha}_1,\boldsymbol{\alpha}_2,\cdots,\boldsymbol{\alpha}_k$ 线性表示，则向量组 B 中任意向量 $\boldsymbol{\beta}_j\,(j=1,2,\cdots,l)$ 能由向量组 A 线性表示，即存在常数 $\lambda_{1j},\lambda_{2j},\cdots,\lambda_{kj}$，使

$$\boldsymbol{\beta}_j=\lambda_{1j}\boldsymbol{\alpha}_1+\lambda_{2j}\boldsymbol{\alpha}_2+\cdots+\lambda_{kj}\boldsymbol{\alpha}_k=(\boldsymbol{\alpha}_1,\boldsymbol{\alpha}_2,\cdots,\boldsymbol{\alpha}_k)\begin{pmatrix}\lambda_{1j}\\\lambda_{2j}\\\vdots\\\lambda_{kj}\end{pmatrix},\quad j=1,2,\cdots,l. \tag{5.5}$$

利用分块矩阵的运算，式(5.5)表示为

$$(\boldsymbol{\beta}_1,\boldsymbol{\beta}_2,\cdots,\boldsymbol{\beta}_l)=(\boldsymbol{\alpha}_1,\boldsymbol{\alpha}_2,\cdots,\boldsymbol{\alpha}_k)\begin{pmatrix}\lambda_{11}&\lambda_{12}&\cdots&\lambda_{1l}\\\lambda_{21}&\lambda_{22}&\cdots&\lambda_{2l}\\\vdots&\vdots&&\vdots\\\lambda_{k1}&\lambda_{k2}&\cdots&\lambda_{kl}\end{pmatrix}, \tag{5.6}$$

其中矩阵 $\boldsymbol{K}=\begin{pmatrix}\lambda_{11}&\lambda_{12}&\cdots&\lambda_{1l}\\\lambda_{21}&\lambda_{22}&\cdots&\lambda_{2l}\\\vdots&\vdots&&\vdots\\\lambda_{k1}&\lambda_{k2}&\cdots&\lambda_{kl}\end{pmatrix}$ 称为向量组 B 能由向量组 A 线性表示的**系数矩阵**.

记矩阵 $\boldsymbol{B}=(\boldsymbol{\beta}_1,\boldsymbol{\beta}_2,\cdots,\boldsymbol{\beta}_l)$ 和 $\boldsymbol{A}=(\boldsymbol{\alpha}_1,\boldsymbol{\alpha}_2,\cdots,\boldsymbol{\alpha}_k)$，式(5.6)表明向量组 B 能由向量组 A 线性表示，即矩阵 $\boldsymbol{B}$ 的列向量组 $\boldsymbol{\beta}_1,\boldsymbol{\beta}_2,\cdots,\boldsymbol{\beta}_l$ 能由矩阵 $\boldsymbol{A}$ 的列向量组 $\boldsymbol{\alpha}_1,\boldsymbol{\alpha}_2,\cdots,\boldsymbol{\alpha}_k$ 线性表示，并且线性表示的系数矩阵为 $\boldsymbol{K}$，从而矩阵等式 $\boldsymbol{B}=\boldsymbol{AK}$ 成立. 因此，矩阵方程

$$\boldsymbol{AX}=\boldsymbol{B}$$

有解 $\boldsymbol{X}=\boldsymbol{K}$. 根据定理 4.4，得到如下定理的结论.

定理 5.2 向量组 $B:\boldsymbol{\beta}_1,\boldsymbol{\beta}_2,\cdots,\boldsymbol{\beta}_l$ 能由向量组 $A:\boldsymbol{\alpha}_1,\boldsymbol{\alpha}_2,\cdots,\boldsymbol{\alpha}_k$ 线性表示的充分必要条件是矩阵 $\boldsymbol{A}$ 的秩等于矩阵$(\boldsymbol{A},\boldsymbol{B})$的秩，即

$$R(\boldsymbol{A})=R(\boldsymbol{A},\boldsymbol{B}),$$

其中 $\boldsymbol{A}=(\boldsymbol{\alpha}_1,\boldsymbol{\alpha}_2,\cdots,\boldsymbol{\alpha}_k)$， $\boldsymbol{B}=(\boldsymbol{\beta}_1,\boldsymbol{\beta}_2,\cdots,\boldsymbol{\beta}_l)$.

推论 5.1 向量组 $B:\boldsymbol{\beta}_1,\boldsymbol{\beta}_2,\cdots,\boldsymbol{\beta}_l$ 与向量组 $A:\boldsymbol{\alpha}_1,\boldsymbol{\alpha}_2,\cdots,\boldsymbol{\alpha}_k$ 等价的充分必要条件是

$$R(\boldsymbol{A})=R(\boldsymbol{B})=R(\boldsymbol{A},\boldsymbol{B}),$$

其中 $\boldsymbol{A}=(\boldsymbol{\alpha}_1,\boldsymbol{\alpha}_2,\cdots,\boldsymbol{\alpha}_k)$， $\boldsymbol{B}=(\boldsymbol{\beta}_1,\boldsymbol{\beta}_2,\cdots,\boldsymbol{\beta}_l)$.

推论 5.2 如果向量组 $B:\boldsymbol{\beta}_1,\boldsymbol{\beta}_2,\cdots,\boldsymbol{\beta}_l$ 能由向量组 $A:\boldsymbol{\alpha}_1,\boldsymbol{\alpha}_2,\cdots,\boldsymbol{\alpha}_k$ 线性表示，则

$$R(\boldsymbol{B})\leqslant R(\boldsymbol{A}),$$

其中 $\boldsymbol{A}=(\boldsymbol{\alpha}_1,\boldsymbol{\alpha}_2,\cdots,\boldsymbol{\alpha}_k)$， $\boldsymbol{B}=(\boldsymbol{\beta}_1,\boldsymbol{\beta}_2,\cdots,\boldsymbol{\beta}_l)$.

根据以上分析和推论 4.2 可知，矩阵 $\boldsymbol{A}$ 与 $\boldsymbol{B}$ 列等价的充分必要条件是存在可逆矩阵 $\boldsymbol{P}$，使 $\boldsymbol{B}=\boldsymbol{AP}$，即矩阵 $\boldsymbol{A}$ 与 $\boldsymbol{B}$ 的列向量组等价；矩阵 $\boldsymbol{A}$ 与 $\boldsymbol{B}$ 行等价的充分必要条件是存在可逆矩阵 $\boldsymbol{P}$，使 $\boldsymbol{B}=\boldsymbol{PA}$，即矩阵 $\boldsymbol{A}$ 与 $\boldsymbol{B}$ 的行向量组等价.

例 5.2　已知向量组

$$A:\boldsymbol{\alpha}_1=\begin{pmatrix}1\\-1\\1\\-1\end{pmatrix},\quad \boldsymbol{\alpha}_2=\begin{pmatrix}3\\1\\1\\3\end{pmatrix}\quad 与\quad B:\boldsymbol{\beta}_1=\begin{pmatrix}2\\0\\1\\1\end{pmatrix},\quad \boldsymbol{\beta}_2=\begin{pmatrix}1\\1\\0\\2\end{pmatrix},\quad \boldsymbol{\beta}_3=\begin{pmatrix}3\\-1\\2\\0\end{pmatrix},$$

证明向量组 A 与 B 等价.

证　记矩阵 $\boldsymbol{A}=(\boldsymbol{\alpha}_1,\boldsymbol{\alpha}_2)$，$\boldsymbol{B}=(\boldsymbol{\beta}_1,\boldsymbol{\beta}_2,\boldsymbol{\beta}_3)$. 由矩阵

$$(\boldsymbol{A},\boldsymbol{B})=\begin{pmatrix}1&3&2&1&3\\-1&1&0&1&-1\\1&1&1&0&2\\-1&3&1&2&0\end{pmatrix}\longrightarrow\begin{pmatrix}1&3&2&1&3\\0&4&2&2&2\\0&-2&-1&-1&-1\\0&6&3&3&3\end{pmatrix}$$

$$\longrightarrow\begin{pmatrix}1&3&2&1&3\\0&2&1&1&1\\0&0&0&0&0\\0&0&0&0&0\end{pmatrix},$$

可知 $R(\boldsymbol{A})=2$，$R(\boldsymbol{A},\boldsymbol{B})=2$. 显然,矩阵 $\boldsymbol{B}$ 中存在不等于零的 2 阶子式,即 $R(\boldsymbol{B})\geqslant 2$. 而 $R(\boldsymbol{B})\leqslant R(\boldsymbol{A},\boldsymbol{B})=2$，则 $R(\boldsymbol{B})=2$，从而

$$R(\boldsymbol{A})=R(\boldsymbol{B})=R(\boldsymbol{A},\boldsymbol{B})=2.$$

因此，根据推论 5.1 可知，向量组 A 与向量组 B 等价.

5.2　向量组线性相关性的概念和判定方法

零向量总能由任意的向量组线性表示，但是表达形式是否唯一，或者说齐次线性方程组是否只有零解，该问题可以用向量语言刻画. 本节介绍向量组的线性相关和无关及其判定方法.

5.2.1　向量组线性相关性的概念

定义 5.6　设有向量组 $A:\boldsymbol{\alpha}_1,\boldsymbol{\alpha}_2,\cdots,\boldsymbol{\alpha}_n$,如果存在一组不全为零的数 $\lambda_1,\lambda_2,\cdots,\lambda_n$，使

$$\lambda_1\boldsymbol{\alpha}_1+\lambda_2\boldsymbol{\alpha}_2+\cdots+\lambda_n\boldsymbol{\alpha}_n=\boldsymbol{0},\tag{5.7}$$

称向量组 A **线性相关**，否则称向量组 A **线性无关**.

根据定义 5.6 可知，向量组 $A:\boldsymbol{\alpha}_1,\boldsymbol{\alpha}_2,\cdots,\boldsymbol{\alpha}_n$ 线性无关的充分必要条件是只有 $\lambda_1=\lambda_2=\cdots=\lambda_n=0$ 时,式(5.7)成立. 或者向量组 $A:\boldsymbol{\alpha}_1,\boldsymbol{\alpha}_2,\cdots,\boldsymbol{\alpha}_n$ 线性无关的充分必

要条件是如果$\lambda_1\boldsymbol{\alpha}_1+\lambda_2\boldsymbol{\alpha}_2+\cdots+\lambda_n\boldsymbol{\alpha}_n=\mathbf{0}$,则只有$\lambda_1=\lambda_2=\cdots=\lambda_n=0$.

如果向量组中只有一个向量$\boldsymbol{\alpha}$,向量$\boldsymbol{\alpha}$线性相关的充分必要条件是$\boldsymbol{\alpha}=\mathbf{0}$，即一个零向量是线性相关，一个非零向量是线性无关.

设非零向量$\boldsymbol{\alpha}=(a_1,a_2,\cdots,a_m)^{\mathrm{T}}$，$\boldsymbol{\beta}=(b_1,b_2,\cdots,b_m)^{\mathrm{T}}$，向量$\boldsymbol{\alpha}$和$\boldsymbol{\beta}$线性相关的充分必要条件是存在不全为零的数$\lambda_1,\lambda_2$,使$\lambda_1\boldsymbol{\alpha}+\lambda_2\boldsymbol{\beta}=\mathbf{0}$．不妨设$\lambda_1\neq 0$,则$\boldsymbol{\alpha}=-\dfrac{\lambda_2}{\lambda_1}\boldsymbol{\beta}$，即

$$a_i=-\frac{\lambda_2}{\lambda_1}b_i,\quad i=1,2,\cdots,m.$$

因此，两个非零向量线性相关的充分必要条件是它们的对应分量成比例.

从几何的角度考虑，两个2维的非零向量线性相关，它们落在同一条直线上；两个3维的向量线性相关的几何意义是它们共线；三个3维的向量线性相关的几何意义是它们共面.

5.2.2 向量组线性相关性的判定方法

根据定义5.6可知，向量组$A:\boldsymbol{\alpha}_1,\boldsymbol{\alpha}_2,\cdots,\boldsymbol{\alpha}_n$线性相关，即齐次线性方程组

$$x_1\boldsymbol{\alpha}_1+x_2\boldsymbol{\alpha}_2+\cdots+x_n\boldsymbol{\alpha}_n=\mathbf{0}$$

存在非零解；向量组$A:\boldsymbol{\alpha}_1,\boldsymbol{\alpha}_2,\cdots,\boldsymbol{\alpha}_n$线性无关，即齐次线性方程组

$$x_1\boldsymbol{\alpha}_1+x_2\boldsymbol{\alpha}_2+\cdots+x_n\boldsymbol{\alpha}_n=\mathbf{0}$$

只有零解. 利用推论4.4，得如下定理.

定理5.3 向量组$A:\boldsymbol{\alpha}_1,\boldsymbol{\alpha}_2,\cdots,\boldsymbol{\alpha}_n$线性相关的充分必要条件是矩阵$\boldsymbol{A}$的秩小于向量的个数$n$，即$R(\boldsymbol{A})<n$；向量组$A:\boldsymbol{\alpha}_1,\boldsymbol{\alpha}_2,\cdots,\boldsymbol{\alpha}_n$线性无关的充分必要条件是矩阵$\boldsymbol{A}$的秩等于向量的个数$n$，即$R(\boldsymbol{A})=n$，其中矩阵$\boldsymbol{A}=(\boldsymbol{\alpha}_1,\boldsymbol{\alpha}_2,\cdots,\boldsymbol{\alpha}_n)$.

例5.3 讨论m个m维的单位坐标向量组$\boldsymbol{e}_1=\begin{pmatrix}1\\0\\\vdots\\0\end{pmatrix}$，$\boldsymbol{e}_2=\begin{pmatrix}0\\1\\\vdots\\0\end{pmatrix}$，$\cdots$，$\boldsymbol{e}_m=\begin{pmatrix}0\\0\\\vdots\\1\end{pmatrix}$的线性相关性.

解 由m个m维的单位坐标向量组构成的矩阵为m阶的单位矩阵$\boldsymbol{E}=(\boldsymbol{e}_1,\boldsymbol{e}_2,\cdots,\boldsymbol{e}_m)$，而$R(\boldsymbol{E})=m$. 因此，$m$个$m$维的单位坐标向量组是线性无关的.

例5.4 判断向量组$\boldsymbol{\alpha}_1=\begin{pmatrix}1\\2\\-1\\5\end{pmatrix}$，$\boldsymbol{\alpha}_2=\begin{pmatrix}2\\-1\\1\\1\end{pmatrix}$，$\boldsymbol{\alpha}_3=\begin{pmatrix}4\\3\\-1\\11\end{pmatrix}$的线性相关性.

解　由于矩阵

$$A=\begin{pmatrix}1&2&4\\2&-1&3\\-1&1&-1\\5&1&11\end{pmatrix}\to\begin{pmatrix}1&2&4\\0&-5&-5\\0&3&3\\0&-9&-9\end{pmatrix}\to\begin{pmatrix}1&2&4\\0&-5&-5\\0&0&0\\0&0&0\end{pmatrix},$$

则 $R(A)=2$ 小于向量的个数 3，因此向量组 $\alpha_1,\alpha_2,\alpha_3$ 线性相关.

例 5.5　已知向量组 $\alpha_1=\begin{pmatrix}1\\2\\4\end{pmatrix}$，$\alpha_2=\begin{pmatrix}1\\-1\\-2\end{pmatrix}$，$\alpha_3=\begin{pmatrix}-2\\-1\\a\end{pmatrix}$ 线性相关，确定参数 a 的值.

解　由于矩阵

$$A=(\alpha_1,\alpha_2,\alpha_3)=\begin{pmatrix}1&1&-2\\2&-1&-1\\4&-2&a\end{pmatrix}\to\begin{pmatrix}1&1&-2\\0&-3&3\\0&-6&a+8\end{pmatrix}\to\begin{pmatrix}1&1&-2\\0&-3&3\\0&0&a+2\end{pmatrix},$$

且向量组 $\alpha_1,\alpha_2,\alpha_3$ 线性相关，即 $R(A)$ 小于向量的个数 3，因此参数 $a=-2$.

例 5.6　设向量组 $\alpha_1,\alpha_2,\alpha_3$ 线性无关，且向量 $\beta_1=\alpha_1+\alpha_2$，$\beta_2=\alpha_2+\alpha_3$，$\beta_3=\alpha_1+\alpha_2+\alpha_3$，证明向量组 β_1,β_2,β_3 线性无关.

证　方法 1　设有 x_1,x_2,x_3，使

$$x_1\beta_1+x_2\beta_2+x_3\beta_3=\mathbf{0},$$

即

$$x_1(\alpha_1+\alpha_2)+x_2(\alpha_2+\alpha_3)+x_3(\alpha_1+\alpha_2+\alpha_3)=\mathbf{0},$$

化简得

$$(x_1+x_3)\alpha_1+(x_1+x_2+x_3)\alpha_2+(x_2+x_3)\alpha_3=\mathbf{0}.$$

由于向量组 $\alpha_1,\alpha_2,\alpha_3$ 线性无关，则

$$\begin{cases}x_1+x_3=0,\\x_1+x_2+x_3=0,\\x_2+x_3=0.\end{cases}$$

而该线性方程组的系数矩阵为 $A=\begin{pmatrix}1&0&1\\1&1&1\\0&1&1\end{pmatrix}$，且 $|A|=\begin{vmatrix}1&0&1\\1&1&1\\0&1&1\end{vmatrix}=1\neq 0$，从而该方程组只有零解 $x_1=x_2=x_3=0$．因此，向量组 β_1,β_2,β_3 线性无关.

方法 2　由于

$$\begin{aligned}(\boldsymbol{\beta}_1,\boldsymbol{\beta}_2,\boldsymbol{\beta}_3)&=(\boldsymbol{\alpha}_1+\boldsymbol{\alpha}_2,\boldsymbol{\alpha}_2+\boldsymbol{\alpha}_3,\boldsymbol{\alpha}_1+\boldsymbol{\alpha}_2+\boldsymbol{\alpha}_3)\\&=(\boldsymbol{\alpha}_1,\boldsymbol{\alpha}_2,\boldsymbol{\alpha}_3)\begin{pmatrix}1&0&1\\1&1&1\\0&1&1\end{pmatrix},\end{aligned}$$

记 $\boldsymbol{K}=\begin{pmatrix}1&0&1\\1&1&1\\0&1&1\end{pmatrix}$，则 $|\boldsymbol{K}|=\begin{vmatrix}1&0&1\\1&1&1\\0&1&1\end{vmatrix}=1\neq 0$．根据推论 4.2(2)可知，矩阵 $(\boldsymbol{\beta}_1,\boldsymbol{\beta}_2,\boldsymbol{\beta}_3)$ 和 $(\boldsymbol{\alpha}_1,\boldsymbol{\alpha}_2,\boldsymbol{\alpha}_3)$ 列等价，从而 $R(\boldsymbol{\beta}_1,\boldsymbol{\beta}_2,\boldsymbol{\beta}_3)=R(\boldsymbol{\alpha}_1,\boldsymbol{\alpha}_2,\boldsymbol{\alpha}_3)$．

又因为向量组 $\boldsymbol{\alpha}_1,\boldsymbol{\alpha}_2,\boldsymbol{\alpha}_3$ 线性无关，所以 $R(\boldsymbol{\alpha}_1,\boldsymbol{\alpha}_2,\boldsymbol{\alpha}_3)=3$，从而 $R(\boldsymbol{\beta}_1,\boldsymbol{\beta}_2,\boldsymbol{\beta}_3)=3$．因此，向量组 $\boldsymbol{\beta}_1,\boldsymbol{\beta}_2,\boldsymbol{\beta}_3$ 线性无关.

方法 3　由于

$$(\boldsymbol{\beta}_1,\boldsymbol{\beta}_2,\boldsymbol{\beta}_3)=(\boldsymbol{\alpha}_1+\boldsymbol{\alpha}_2,\boldsymbol{\alpha}_2+\boldsymbol{\alpha}_3,\boldsymbol{\alpha}_1+\boldsymbol{\alpha}_2+\boldsymbol{\alpha}_3)\xrightarrow[c_1-c_2]{\substack{c_3-c_1\\c_2-c_3}}(\boldsymbol{\alpha}_1,\boldsymbol{\alpha}_2,\boldsymbol{\alpha}_3),$$

向量组 $\boldsymbol{\alpha}_1,\boldsymbol{\alpha}_2,\boldsymbol{\alpha}_3$ 线性无关，即 $R(\boldsymbol{\alpha}_1,\boldsymbol{\alpha}_2,\boldsymbol{\alpha}_3)=3$，从而 $R(\boldsymbol{\beta}_1,\boldsymbol{\beta}_2,\boldsymbol{\beta}_3)=3$．因此，向量组 $\boldsymbol{\beta}_1,\boldsymbol{\beta}_2,\boldsymbol{\beta}_3$ 线性无关.

推论 5.3　设 m 个 m 维的向量构成的向量组为 $A:\boldsymbol{\alpha}_1,\boldsymbol{\alpha}_2,\cdots,\boldsymbol{\alpha}_m$，向量组 A 线性相关的充分必要条件是矩阵 $\boldsymbol{A}=(\boldsymbol{\alpha}_1,\boldsymbol{\alpha}_2,\cdots,\boldsymbol{\alpha}_m)$ 的行列式的值等于零；向量组 A 线性无关的充分必要条件是矩阵 $\boldsymbol{A}=(\boldsymbol{\alpha}_1,\boldsymbol{\alpha}_2,\cdots,\boldsymbol{\alpha}_m)$ 的行列式值不等于零.

推论 5.4　如果一个向量组中向量个数 n 大于向量维数 m，则此向量组线性相关.

特别地，m+1 个 m 维向量构成的向量组线性相关.

5.2.3　向量组线性相关性的性质定理

定理 5.4　向量组 $A:\boldsymbol{\alpha}_1,\boldsymbol{\alpha}_2,\cdots,\boldsymbol{\alpha}_n\,(n\geqslant 2)$ 线性相关的充分必要条件是向量组 A 中至少有一个向量能由其余向量线性表示.

证　必要性. 设向量组 $A:\boldsymbol{\alpha}_1,\boldsymbol{\alpha}_2,\cdots,\boldsymbol{\alpha}_n\,(n\geqslant 2)$ 线性相关，根据定义 5.6，存在 n 个不全为零的数 $\lambda_1,\lambda_2,\cdots,\lambda_n$，使

$$\lambda_1\boldsymbol{\alpha}_1+\lambda_2\boldsymbol{\alpha}_2+\cdots+\lambda_n\boldsymbol{\alpha}_n=\boldsymbol{0}.$$

不妨假定 $\lambda_i\neq 0\,(1\leqslant i\leqslant n)$，则

$$\boldsymbol{\alpha}_i=-\frac{\lambda_1}{\lambda_i}\boldsymbol{\alpha}_1-\frac{\lambda_2}{\lambda_i}\boldsymbol{\alpha}_2-\cdots-\frac{\lambda_{i-1}}{\lambda_i}\boldsymbol{\alpha}_{i-1}-\frac{\lambda_{i+1}}{\lambda_i}\boldsymbol{\alpha}_{i+1}-\cdots-\frac{\lambda_n}{\lambda_i}\boldsymbol{\alpha}_n,$$

即向量组 A 中至少有一个向量能由其余向量线性表示.

充分性. 不妨假定$\boldsymbol{\alpha}_1$能由$\boldsymbol{\alpha}_2,\boldsymbol{\alpha}_3,\cdots,\boldsymbol{\alpha}_n$线性表示，且

$$\boldsymbol{\alpha}_1=\lambda_2\boldsymbol{\alpha}_2+\lambda_3\boldsymbol{\alpha}_3+\cdots+\lambda_n\boldsymbol{\alpha}_n,$$

即

$$-\boldsymbol{\alpha}_1+\lambda_2\boldsymbol{\alpha}_2+\lambda_3\boldsymbol{\alpha}_3+\cdots+\lambda_n\boldsymbol{\alpha}_n=\mathbf{0},$$

因此，向量组$A:\boldsymbol{\alpha}_1,\boldsymbol{\alpha}_2,\cdots,\boldsymbol{\alpha}_n(n\geqslant 2)$线性相关.

根据定理 5.4，向量组的线性相关对应到线性方程组上，即线性方程组中某个方程可以由其余方程线性表示，该方程称为**多余的方程**；向量组的线性无关对应到线性方程组上，即线性方程组中没有多余的方程.

定理 5.5　如果向量组中存在一部分向量组成的向量组(简称为**部分组**)线性相关，则该向量组线性相关；如果向量组线性无关，则该向量组的任何部分组都线性无关.

证　设向量组$A:\boldsymbol{\alpha}_1,\boldsymbol{\alpha}_2,\cdots,\boldsymbol{\alpha}_n$中前$r$个$(1\leqslant r\leqslant n)$向量线性相关，则由定义 5.6，存在$r$个不全为零的数$\lambda_1,\lambda_2,\cdots,\lambda_r$，使

$$\lambda_1\boldsymbol{\alpha}_1+\lambda_2\boldsymbol{\alpha}_2+\cdots+\lambda_r\boldsymbol{\alpha}_r=\mathbf{0},$$

从而

$$\lambda_1\boldsymbol{\alpha}_1+\lambda_2\boldsymbol{\alpha}_2+\cdots+\lambda_r\boldsymbol{\alpha}_r+0\boldsymbol{\alpha}_{r+1}+\cdots+0\boldsymbol{\alpha}_n=\mathbf{0}$$

成立，且前r个组合系数$\lambda_1,\lambda_2,\cdots,\lambda_r$不全为零. 因此，向量组$A:\boldsymbol{\alpha}_1,\boldsymbol{\alpha}_2,\cdots,\boldsymbol{\alpha}_n$线性相关.

显然，如果一个向量组线性无关，则该向量组的任何部分组都线性无关.

特别地，含有零向量的向量组都线性相关.

定理 5.6　如果向量组$A:\boldsymbol{\alpha}_1,\boldsymbol{\alpha}_2,\cdots,\boldsymbol{\alpha}_n$线性无关，而向量组$B:\boldsymbol{\alpha}_1,\boldsymbol{\alpha}_2,\cdots,\boldsymbol{\alpha}_n,\boldsymbol{\beta}$线性相关，则向量$\boldsymbol{\beta}$能由向量组$A:\boldsymbol{\alpha}_1,\boldsymbol{\alpha}_2,\cdots,\boldsymbol{\alpha}_n$线性表示，并且表示式是唯一的.

证　由于向量组$B:\boldsymbol{\alpha}_1,\boldsymbol{\alpha}_2,\cdots,\boldsymbol{\alpha}_n,\boldsymbol{\beta}$线性相关，所以存在不全为零的数$\lambda_1,\lambda_2,\cdots,\lambda_n,\lambda$，使

$$\lambda_1\boldsymbol{\alpha}_1+\lambda_2\boldsymbol{\alpha}_2+\cdots+\lambda_n\boldsymbol{\alpha}_n+\lambda\boldsymbol{\beta}=\mathbf{0}.$$

由于向量组$A:\boldsymbol{\alpha}_1,\boldsymbol{\alpha}_2,\cdots,\boldsymbol{\alpha}_n$线性无关，则$\lambda\neq 0$，于是

$$\boldsymbol{\beta}=-\frac{\lambda_1}{\lambda}\boldsymbol{\alpha}_1-\frac{\lambda_2}{\lambda}\boldsymbol{\alpha}_2-\cdots-\frac{\lambda_n}{\lambda}\boldsymbol{\alpha}_n.$$

因此，向量$\boldsymbol{\beta}$可以由向量组$A:\boldsymbol{\alpha}_1,\boldsymbol{\alpha}_2,\cdots,\boldsymbol{\alpha}_n$线性表示.

设$\boldsymbol{\beta}$由向量组$A:\boldsymbol{\alpha}_1,\boldsymbol{\alpha}_2,\cdots,\boldsymbol{\alpha}_n$线性表示，且表达式为

$$\boldsymbol{\beta}=c_1\boldsymbol{\alpha}_1+c_2\boldsymbol{\alpha}_2+\cdots+c_n\boldsymbol{\alpha}_n \quad 和 \quad \boldsymbol{\beta}=d_1\boldsymbol{\alpha}_1+d_2\boldsymbol{\alpha}_2+\cdots+d_n\boldsymbol{\alpha}_n,$$

两式相减，得

$$(c_1-d_1)\boldsymbol{\alpha}_1+(c_2-d_2)\boldsymbol{\alpha}_2+\cdots+(c_n-d_n)\boldsymbol{\alpha}_n=\mathbf{0}.$$

由于向量组 $A:\boldsymbol{\alpha}_1,\boldsymbol{\alpha}_2,\cdots,\boldsymbol{\alpha}_s$ 线性无关，必有

$$c_1-d_1=c_2-d_2=\cdots=c_n-d_n=0\ ,$$

从而 $c_i=d_i\,(i=1,2,\cdots,n)$，因此表示式是唯一的.

利用矩阵的秩，同样可以证明定理 5.6 的正确性.

例 5.7 设向量组 $\boldsymbol{\alpha}_1,\boldsymbol{\alpha}_2,\boldsymbol{\alpha}_3$ 线性相关，向量组 $\boldsymbol{\alpha}_2,\boldsymbol{\alpha}_3,\boldsymbol{\alpha}_4$ 线性无关，证明向量 $\boldsymbol{\alpha}_1$ 能由向量组 $\boldsymbol{\alpha}_2,\boldsymbol{\alpha}_3$ 唯一地线性表示，且向量 $\boldsymbol{\alpha}_4$ 不能由向量组 $\boldsymbol{\alpha}_1,\boldsymbol{\alpha}_2,\boldsymbol{\alpha}_3$ 线性表示.

证 由于向量组 $\boldsymbol{\alpha}_2,\boldsymbol{\alpha}_3,\boldsymbol{\alpha}_4$ 线性无关，根据定理 5.5，则向量组 $\boldsymbol{\alpha}_2,\boldsymbol{\alpha}_3$ 线性无关. 而向量组 $\boldsymbol{\alpha}_1,\boldsymbol{\alpha}_2,\boldsymbol{\alpha}_3$ 线性相关，由定理 5.5 可知，向量 $\boldsymbol{\alpha}_1$ 能由向量组 $\boldsymbol{\alpha}_2,\boldsymbol{\alpha}_3$ 唯一地线性表示.

由向量组 $\boldsymbol{\alpha}_1,\boldsymbol{\alpha}_2,\boldsymbol{\alpha}_3$ 线性相关，向量组 $\boldsymbol{\alpha}_2,\boldsymbol{\alpha}_3,\boldsymbol{\alpha}_4$ 线性无关，得 $R(\boldsymbol{\alpha}_1,\boldsymbol{\alpha}_2,\boldsymbol{\alpha}_3)=2$，且 $R(\boldsymbol{\alpha}_1,\boldsymbol{\alpha}_2,\boldsymbol{\alpha}_3,\boldsymbol{\alpha}_4)\geqslant R(\boldsymbol{\alpha}_2,\boldsymbol{\alpha}_3,\boldsymbol{\alpha}_4)=3$. 因此，根据定理 5.1 可知，向量 $\boldsymbol{\alpha}_4$ 不能由向量组 $\boldsymbol{\alpha}_1,\boldsymbol{\alpha}_2,\boldsymbol{\alpha}_3$ 线性表示.

5.3 向量组的最大线性无关组和秩

由矩阵和有限个向量构成的向量组之间存在一一对应的关系，显然定义 4.5 中矩阵的最高阶非零子式和秩的概念可以对应到向量组上. 本节介绍向量组的最大线性无关组和秩的概念及向量组的秩与矩阵的秩之间的关系等.

5.3.1 向量组的最大线性无关组和秩的概念

定义 5.7 如果向量组 A 中存在 r 个向量 $\boldsymbol{\alpha}_1,\boldsymbol{\alpha}_2,\cdots,\boldsymbol{\alpha}_r$ 满足条件

(1) 向量组 $\boldsymbol{\alpha}_1,\boldsymbol{\alpha}_2,\cdots,\boldsymbol{\alpha}_r$ 线性无关；

(2) 向量组 A 中任意 $r+1$ 个向量(如果向量组 A 中存在 $r+1$ 个向量的话)都线性相关，称 $\boldsymbol{\alpha}_1,\boldsymbol{\alpha}_2,\cdots,\boldsymbol{\alpha}_r$ 为向量组 A 的一个**最(极)大线性无关向量组**，简称**最(极)大无关组**，最大无关组中所含向量的个数 r 称为向量组 A 的**秩**，记作 $R(A)$.

只含零向量的向量组没有最大线性无关组，规定它的秩为 0.

由于非零向量是线性无关的，而且 $m+1$ 个 m 维向量线性相关，所以对于含非零向量的向量组而言，其最大线性无关组总是存在的. 事实上，可以从它的任何一个非零向量开始，用逐个增添的方法找到它的最大无关组.

例如，已知向量组 $A:\boldsymbol{\alpha}_1=\begin{pmatrix}1\\0\end{pmatrix},\boldsymbol{\alpha}_2=\begin{pmatrix}0\\1\end{pmatrix},\boldsymbol{\alpha}_3=\begin{pmatrix}1\\1\end{pmatrix}$，由于 $\boldsymbol{\alpha}_1,\boldsymbol{\alpha}_2$ 线性无关，但 $\boldsymbol{\alpha}_1,\boldsymbol{\alpha}_2,\boldsymbol{\alpha}_3$ 线性相关，因此 $\boldsymbol{\alpha}_1,\boldsymbol{\alpha}_2$ 是该向量组 A 的一个最大无关组. 容易验证，$\boldsymbol{\alpha}_1,\boldsymbol{\alpha}_3$ 和 $\boldsymbol{\alpha}_2,\boldsymbol{\alpha}_3$ 都是向量组 A 的最大无关组.

由上可知，向量组的最大无关组并不是唯一的.

定义 5.7 中的向量组 A 可以是有限个向量构成的向量组，也可以是无限个向量构成的向量组.

例 5.8　设全体 m 维向量构成的向量组记作 $\mathbf{R}^m$，求向量组 $\mathbf{R}^m$ 的一个最大线性无关组和秩.

解　由于 m 个 m 维的单位坐标向量组

$$E: \boldsymbol{e}_1 = \begin{pmatrix} 1 \\ 0 \\ \vdots \\ 0 \end{pmatrix}, \ \boldsymbol{e}_2 = \begin{pmatrix} 0 \\ 1 \\ \vdots \\ 0 \end{pmatrix}, \ \cdots, \ \boldsymbol{e}_m = \begin{pmatrix} 0 \\ 0 \\ \vdots \\ 1 \end{pmatrix}$$

线性无关，而 $\mathbf{R}^m$ 中任意 $m+1$ 个向量都线性相关，因此，根据定义 5.7 可知，向量组 E 是 $\mathbf{R}^m$ 的一个最大线性无关组，且向量组 $\mathbf{R}^m$ 的秩为 m.

$\mathbf{R}^m$ 中的最大线性无关组并不是唯一的. 任意 m 个 m 维的线性无关的向量组都是 $\mathbf{R}^m$ 的最大线性无关组.

由定义 5.7 可知，如果向量组 A 线性无关，则向量组 A 的最大线性无关组是它本身. 因此，线性无关的向量组 A 的秩是它所含向量的个数；反之，如果向量组 A 的秩是它所含向量的个数，则向量组 A 线性无关.

例如，向量组 $A: \boldsymbol{\alpha}_1 = \begin{pmatrix} 2 \\ 0 \\ 0 \end{pmatrix}$，$\boldsymbol{\alpha}_2 = \begin{pmatrix} 2 \\ 3 \\ 0 \end{pmatrix}$，$\boldsymbol{\alpha}_3 = \begin{pmatrix} 2 \\ 3 \\ 6 \end{pmatrix}$ 是线性无关的，则向量组 A 的最大线性无关组是它本身，向量组 A 的秩是 3.

5.3.2　向量组的秩和矩阵的秩之间的关系

由于 $m \times n$ 矩阵是由 n 个 m 维列向量或 m 个 n 维的行向量构成的，因此矩阵的秩和它的列向量组的秩、行向量组的秩之间具有如下关系.

定理 5.7　矩阵 $\boldsymbol{A}$ 的秩等于它的列向量组的秩，也等于它的行向量组的秩.

证　设 $m \times n$ 矩阵 $\boldsymbol{A} = (\boldsymbol{\alpha}_1, \boldsymbol{\alpha}_2, \cdots, \boldsymbol{\alpha}_n)$，$R(\boldsymbol{A}) = r$，且矩阵 $\boldsymbol{A}$ 的一个最高阶非零子式 D_r 所在的列为 $\bar{\boldsymbol{\alpha}}_1, \bar{\boldsymbol{\alpha}}_2, \cdots, \bar{\boldsymbol{\alpha}}_r$.

记矩阵 $\bar{\boldsymbol{A}} = (\bar{\boldsymbol{\alpha}}_1, \bar{\boldsymbol{\alpha}}_2, \cdots, \bar{\boldsymbol{\alpha}}_r)$，则 $\bar{\boldsymbol{A}} = (\bar{\boldsymbol{\alpha}}_1, \bar{\boldsymbol{\alpha}}_2, \cdots, \bar{\boldsymbol{\alpha}}_r)$ 是 $m \times r$ 矩阵，且 D_r 是它的一个最高阶非零子式，即矩阵 $R(\bar{\boldsymbol{A}}) = r$，因此向量组 $\bar{\boldsymbol{\alpha}}_1, \bar{\boldsymbol{\alpha}}_2, \cdots, \bar{\boldsymbol{\alpha}}_r$ 线性无关；又因为矩阵 $\boldsymbol{A}$ 的所有 $r+1$ 阶子式均为零，则矩阵 $\boldsymbol{A}$ 的任意 $r+1$ 个列向量构成的 $m \times (r+1)$ 矩阵的秩小于 $r+1$，即矩阵 $\boldsymbol{A}$ 的任意 $r+1$ 个列向量都线性相关，从而 D_r 所在的列 $\bar{\boldsymbol{\alpha}}_1, \bar{\boldsymbol{\alpha}}_2, \cdots, \bar{\boldsymbol{\alpha}}_r$ 是矩阵 $\boldsymbol{A}$ 的列向量组的一个最大无关组，因此矩阵 $\boldsymbol{A}$ 的列向量组的秩为 r.

同理，可证矩阵 $\boldsymbol{A}$ 的行向量组的秩为 r.

向量组 $A:\boldsymbol{\alpha}_1,\boldsymbol{\alpha}_2,\cdots,\boldsymbol{\alpha}_n$ 的秩也可以记作 $R(\boldsymbol{\alpha}_1,\boldsymbol{\alpha}_2,\cdots,\boldsymbol{\alpha}_n)$，以后向量组的秩和由向量组构成矩阵的秩不加区别地混用.

根据定理 5.7 的证明过程可知，**矩阵 $\boldsymbol{A}$ 的最高阶非零子式 D_r 所在的列是矩阵 $\boldsymbol{A}$ 的列向量组的一个最大无关组；D_r 所在的行是矩阵 $\boldsymbol{A}$ 的行向量组的一个最大无关组**. 由于矩阵的最高阶非零子式不唯一，而矩阵的秩是唯一的，从而说明向量组的最大线性无关组并不是唯一的，但是向量组的秩是唯一的.

例 5.9 已知向量组 $A:\boldsymbol{\alpha}_1=\begin{pmatrix}2\\1\\3\\2\end{pmatrix},\boldsymbol{\alpha}_2=\begin{pmatrix}3\\2\\-2\\-3\end{pmatrix},\boldsymbol{\alpha}_3=\begin{pmatrix}1\\0\\8\\7\end{pmatrix},\boldsymbol{\alpha}_4=\begin{pmatrix}-3\\-2\\3\\4\end{pmatrix},\boldsymbol{\alpha}_5=\begin{pmatrix}-7\\-4\\0\\3\end{pmatrix}$，求向量组 A 的一个最大无关组，并用该最大线性无关组线性表示其余向量.

解 由于矩阵

$$\boldsymbol{A}=(\boldsymbol{\alpha}_1,\boldsymbol{\alpha}_2,\boldsymbol{\alpha}_3,\boldsymbol{\alpha}_4,\boldsymbol{\alpha}_5)=\begin{pmatrix}2&3&1&-3&-7\\1&2&0&-2&-4\\3&-2&8&3&0\\2&-3&7&4&3\end{pmatrix}$$

$$\xrightarrow[\substack{r_3-3r_1\\r_4-2r_1}]{\substack{r_1\leftrightarrow r_2\\r_2-2r_1}}\begin{pmatrix}1&2&0&-2&-4\\0&-1&1&1&1\\0&-8&8&9&12\\0&-7&7&8&11\end{pmatrix}\xrightarrow[r_4-7r_2]{r_3-8r_2}\begin{pmatrix}1&2&0&-2&-4\\0&-1&1&1&1\\0&0&0&1&4\\0&0&0&1&4\end{pmatrix}$$

$$\xrightarrow[\substack{r_2+r_3\\r_4-r_3}]{\substack{r_1+2r_2\\-1\times r_2}}\begin{pmatrix}1&0&2&0&-2\\0&1&-1&0&3\\0&0&0&1&4\\0&0&0&0&0\end{pmatrix},$$

从而矩阵 $\boldsymbol{A}$ 的一个最高阶非零子式所在的列为 $\boldsymbol{\alpha}_1,\boldsymbol{\alpha}_2,\boldsymbol{\alpha}_4$. 因此，向量组 A 的一个最大无关组为 $\boldsymbol{\alpha}_1,\boldsymbol{\alpha}_2,\boldsymbol{\alpha}_4$.

记矩阵 $\boldsymbol{B}=(\boldsymbol{\beta}_1,\boldsymbol{\beta}_2,\boldsymbol{\beta}_3,\boldsymbol{\beta}_4,\boldsymbol{\beta}_5)=\begin{pmatrix}1&0&2&0&-2\\0&1&-1&0&3\\0&0&0&1&4\\0&0&0&0&0\end{pmatrix}$，则线性方程组 $\boldsymbol{Ax}=\mathbf{0}$ 与 $\boldsymbol{Bx}=\mathbf{0}$ 同解，即线性方程组

$$x_1\boldsymbol{\alpha}_1+x_2\boldsymbol{\alpha}_2+x_3\boldsymbol{\alpha}_3+x_4\boldsymbol{\alpha}_4+x_5\boldsymbol{\alpha}_5=\mathbf{0} \quad 与 \quad x_1\boldsymbol{\beta}_1+x_2\boldsymbol{\beta}_2+x_3\boldsymbol{\beta}_3+x_4\boldsymbol{\beta}_4+x_5\boldsymbol{\beta}_5=\mathbf{0}$$

同解. 因此，向量组 $\boldsymbol{\alpha}_1,\boldsymbol{\alpha}_2,\boldsymbol{\alpha}_3,\boldsymbol{\alpha}_4,\boldsymbol{\alpha}_5$ 与 $\boldsymbol{\beta}_1,\boldsymbol{\beta}_2,\boldsymbol{\beta}_3,\boldsymbol{\beta}_4,\boldsymbol{\beta}_5$ 具有相同的线性关系.

因为 $\boldsymbol{\beta}_3 = 2\boldsymbol{\beta}_1 - \boldsymbol{\beta}_2$，$\boldsymbol{\beta}_5 = -2\boldsymbol{\beta}_1 + 3\boldsymbol{\beta}_2 + 4\boldsymbol{\beta}_4$，所以

$$\boldsymbol{\alpha}_3 = 2\boldsymbol{\alpha}_1 - \boldsymbol{\alpha}_2, \quad \boldsymbol{\alpha}_5 = -2\boldsymbol{\alpha}_1 + 3\boldsymbol{\alpha}_2 + 4\boldsymbol{\alpha}_4 .$$

根据定理 5.7 可知，定理 5.1～定理 5.3 和推论 5.1 与推论 5.2 中矩阵的秩都可以叙述为向量组的秩，为便于直接使用，这里重复叙述如下.

定理 5.1′　向量 $\boldsymbol{\beta}$ 能由向量组 $A: \boldsymbol{\alpha}_1, \boldsymbol{\alpha}_2, \cdots, \boldsymbol{\alpha}_n$ 线性表示的充分必要条件是

$$R(\boldsymbol{\alpha}_1, \boldsymbol{\alpha}_2, \cdots, \boldsymbol{\alpha}_n) = R(\boldsymbol{\alpha}_1, \boldsymbol{\alpha}_2, \cdots, \boldsymbol{\alpha}_n, \boldsymbol{\beta}) .$$

定理 5.2′　向量组 $B: \boldsymbol{\beta}_1, \boldsymbol{\beta}_2, \cdots, \boldsymbol{\beta}_l$ 能由向量组 $A: \boldsymbol{\alpha}_1, \boldsymbol{\alpha}_2, \cdots, \boldsymbol{\alpha}_k$ 线性表示的充分必要条件是

$$R(\boldsymbol{\alpha}_1, \boldsymbol{\alpha}_2, \cdots, \boldsymbol{\alpha}_k) = R(\boldsymbol{\alpha}_1, \boldsymbol{\alpha}_2, \cdots, \boldsymbol{\alpha}_k, \boldsymbol{\beta}_1, \boldsymbol{\beta}_2, \cdots, \boldsymbol{\beta}_l) .$$

推论 5.1′　向量组 $B: \boldsymbol{\beta}_1, \boldsymbol{\beta}_2, \cdots, \boldsymbol{\beta}_l$ 与向量组 $A: \boldsymbol{\alpha}_1, \boldsymbol{\alpha}_2, \cdots, \boldsymbol{\alpha}_k$ 等价的充分必要条件是

$$R(\boldsymbol{\alpha}_1, \boldsymbol{\alpha}_2, \cdots, \boldsymbol{\alpha}_k) = R(\boldsymbol{\beta}_1, \boldsymbol{\beta}_2, \cdots, \boldsymbol{\beta}_l) = R(\boldsymbol{\alpha}_1, \boldsymbol{\alpha}_2, \cdots, \boldsymbol{\alpha}_k, \boldsymbol{\beta}_1, \boldsymbol{\beta}_2, \cdots, \boldsymbol{\beta}_l) .$$

推论 5.2′　如果向量组 $B: \boldsymbol{\beta}_1, \boldsymbol{\beta}_2, \cdots, \boldsymbol{\beta}_l$ 能由向量组 $A: \boldsymbol{\alpha}_1, \boldsymbol{\alpha}_2, \cdots, \boldsymbol{\alpha}_k$ 线性表示，则

$$R(\boldsymbol{\beta}_1, \boldsymbol{\beta}_2, \cdots, \boldsymbol{\beta}_l) \leqslant R(\boldsymbol{\alpha}_1, \boldsymbol{\alpha}_2, \cdots, \boldsymbol{\alpha}_k) .$$

定理 5.3′　向量组 $A: \boldsymbol{\alpha}_1, \boldsymbol{\alpha}_2, \cdots, \boldsymbol{\alpha}_n$ 线性相关的充分必要条件是

$$R(\boldsymbol{\alpha}_1, \boldsymbol{\alpha}_2, \cdots, \boldsymbol{\alpha}_n) < n ;$$

向量组 $A: \boldsymbol{\alpha}_1, \boldsymbol{\alpha}_2, \cdots, \boldsymbol{\alpha}_n$ 线性无关的充分必要条件是

$$R(\boldsymbol{\alpha}_1, \boldsymbol{\alpha}_2, \cdots, \boldsymbol{\alpha}_n) = n .$$

推论 5.1′表明，如果向量组 A 与向量组 B 等价，则向量组 A 和向量组 B 的秩相等；反之，未必成立.

定理 5.8　向量组与它的最大线性无关组等价.

证　设向量组 A_0 是向量组 A 的最大无关组，由于向量组 A_0 是向量组 A 的部分组，则向量组 A_0 中的每个向量都能由向量组 A 线性表示，即向量组 A_0 能由向量组 A 线性表示.

设向量 $\boldsymbol{\beta}$ 是向量组 A 中任意的向量，因为向量组 A_0 是向量组 A 的最大无关组，所以向量组 $A_0, \boldsymbol{\beta}$ 线性相关. 根据定理 5.6，向量 $\boldsymbol{\beta}$ 能由向量组 A_0 线性表示，即向量组 A 能由向量组 A_0 线性表示.

综上所述，向量组与它的最大线性无关组等价.

根据推论 5.1′、定理 5.3′和定理 5.8，也可以说明向量组 A 的秩是它的最大无关组中所含向量的个数，同时表明向量组 A 中任意的向量可以由其最大线性无关组线性表示，并且得到如下推论.

推论 5.5　向量组 A 的任意两个最大线性无关组之间等价.

推论 5.1′和推论 5.5 表明向量组 A 的秩是唯一的，并且向量组 A 中的向量都

可以由它的任意的最大线性无关组线性表示.

向量组 A 中向量的个数可能是无限个，但是向量组 A 的最大线性无关组 A_0 中所含向量个数是有限的，研究向量组 A 的问题，可以转化为研究向量组 A 的最大线性无关组 A_0. 为研究问题方便起见，引入如下定理.

定理 5.9 设向量组 $A_0: \boldsymbol{\alpha}_1, \boldsymbol{\alpha}_2, \cdots, \boldsymbol{\alpha}_r$ 是向量组 A 的部分组，则向量组 A_0 是向量组 A 的最大线性无关组的充分必要条件是向量组 A_0 满足条件

(1) 向量组 $A_0: \boldsymbol{\alpha}_1, \boldsymbol{\alpha}_2, \cdots, \boldsymbol{\alpha}_r$ 线性无关；

(2) 向量组 A 中任意的向量 $\boldsymbol{\beta}$ 可以由向量组 A_0 线性表示.

证 必要性. 如果向量组 A_0 是向量组 A 的最大无关组，根据定义 5.7，向量组 $A_0: \boldsymbol{\alpha}_1, \boldsymbol{\alpha}_2, \cdots, \boldsymbol{\alpha}_r$ 线性无关；另外，根据定理 5.8，向量组 A 中任意的向量 $\boldsymbol{\beta}$ 可以由向量组 A_0 线性表示.

充分性. 假设 $\boldsymbol{\beta}_1, \boldsymbol{\beta}_2, \cdots, \boldsymbol{\beta}_{r+1}$ 是向量组 A 中任意 $r+1$ 个向量，如果向量组 A_0 满足定理 5.9 中条件(1)和(2)，则向量组 $\boldsymbol{\beta}_1, \boldsymbol{\beta}_2, \cdots, \boldsymbol{\beta}_{r+1}$ 可以由向量组 A_0 线性表示，根据推论 5.2′，得

$$R(\boldsymbol{\beta}_1, \boldsymbol{\beta}_2, \cdots, \boldsymbol{\beta}_{r+1}) \leqslant R(A_0) = r.$$

因此，向量组 A 中任意 $r+1$ 个向量都线性相关. 根据定义 5.7，向量组 A_0 是向量组 A 的最大线性无关组.

例 5.10 设齐次线性方程组为

$$\begin{cases} x_1 + 2x_2 + x_3 - 2x_4 = 0, \\ 2x_1 + 3x_2 - x_4 = 0, \\ x_1 - x_2 - 5x_3 + 7x_4 = 0, \end{cases}$$

且该方程组的全体解向量构成的向量组为 S，求向量组 S 的一个最大线性无关组和秩.

解 本题应先求向量组 S，即求该齐次线性方程组的所有解. 由于

$$\boldsymbol{A} = \begin{pmatrix} 1 & 2 & 1 & -2 \\ 2 & 3 & 0 & -1 \\ 1 & -1 & -5 & 7 \end{pmatrix} \to \begin{pmatrix} 1 & 2 & 1 & -2 \\ 0 & -1 & -2 & 3 \\ 0 & -3 & -6 & 9 \end{pmatrix} \to \begin{pmatrix} 1 & 0 & -3 & 4 \\ 0 & 1 & 2 & -3 \\ 0 & 0 & 0 & 0 \end{pmatrix},$$

相应的线性方程组为

$$\begin{cases} x_1 - 3x_3 + 4x_4 = 0, \\ x_2 + 2x_3 - 3x_4 = 0, \end{cases}$$

即

$$\begin{cases} x_1 = 3x_3 - 4x_4, \\ x_2 = -2x_3 + 3x_4. \end{cases}$$

令自由未知量 $x_3 = c_1$，$x_4 = c_2$，得该齐次线性方程组的通解为

$$\begin{cases} x_1 = 3c_1 - 4c_2, \\ x_2 = -2c_1 + 3c_2, \\ x_3 = c_1, \\ x_4 = c_2, \end{cases}$$

用列向量表示为

$$\begin{pmatrix} x_1 \\ x_2 \\ x_3 \\ x_4 \end{pmatrix} = c_1 \begin{pmatrix} 3 \\ -2 \\ 1 \\ 0 \end{pmatrix} + c_2 \begin{pmatrix} -4 \\ 3 \\ 0 \\ 1 \end{pmatrix},$$

其中 c_1, c_2 为任意常数.

记 $\boldsymbol{\xi}_1 = \begin{pmatrix} 3 \\ -2 \\ 1 \\ 0 \end{pmatrix}$，$\boldsymbol{\xi}_2 = \begin{pmatrix} -4 \\ 3 \\ 0 \\ 1 \end{pmatrix}$，显然，$\boldsymbol{\xi}_1, \boldsymbol{\xi}_2$ 线性无关，且齐次线性方程组的任意的解可表示为 $\boldsymbol{x} = (x_1, x_2, x_3, x_4)^{\mathrm{T}} = c_1\boldsymbol{\xi}_1 + c_2\boldsymbol{\xi}_2$. 因此，向量组 S 的最大线性无关组为 $\boldsymbol{\xi}_1, \boldsymbol{\xi}_2$，且 S 的秩为 2.

5.4　线性方程组的解的结构

第 4 章讨论了线性方程组的解的判定方法，同时介绍了如何用初等行变换求解线性方程组. 本节讨论线性方程组的解的性质和结构.

5.4.1　齐次线性方程组的解的结构

设 n 元齐次线性方程组为

$$\begin{cases} a_{11}x_1 + a_{12}x_2 + \cdots + a_{1n}x_n = 0, \\ a_{21}x_1 + a_{22}x_2 + \cdots + a_{2n}x_n = 0, \\ \qquad\qquad \cdots\cdots \\ a_{m1}x_1 + a_{m2}x_2 + \cdots + a_{mn}x_n = 0, \end{cases} \tag{5.8}$$

则线性方程组(5.8)的矩阵形式为

$$Ax = \mathbf{0}, \tag{5.9}$$

其中系数矩阵 $A = \begin{pmatrix} a_{11} & a_{12} & \cdots & a_{1n} \\ a_{21} & a_{22} & \cdots & a_{2n} \\ \vdots & \vdots & & \vdots \\ a_{m1} & a_{m2} & \cdots & a_{mn} \end{pmatrix}$，$x = \begin{pmatrix} x_1 \\ x_2 \\ \vdots \\ x_n \end{pmatrix}$.

矩阵方程(5.9)的解 $x = (x_1, x_2, \cdots, x_n)^{\mathrm{T}}$ 称为齐次线性方程组(5.8)的**解向量**. 为简单起见，利用矩阵方程(5.9)，讨论齐次线性方程组(5.8)的解的性质.

性质 5.1 如果 ξ_1 和 ξ_2 是齐次线性方程组(5.9)的解，则 $\xi_1 + \xi_2$ 也是齐次线性方程组(5.9)的解.

证 由于 ξ_1 和 ξ_2 是齐次线性方程组(5.9)的解，则 $A\xi_1 = \mathbf{0}$，$A\xi_2 = \mathbf{0}$，从而

$$A(\xi_1 + \xi_2) = A\xi_1 + A\xi_2 = \mathbf{0}.$$

因此，$\xi_1 + \xi_2$ 也是齐次线性方程组(5.9)的解.

性质 5.2 如果 ξ_1 是齐次线性方程组(5.9)的解，c 是任意常数，则 $c\xi_1$ 也是齐次线性方程组(5.9)的解.

证 由于 ξ_1 是齐次线性方程组(5.9)的解，则 $A\xi_1 = \mathbf{0}$，从而

$$A(c\xi_1) = c(A\xi_1) = \mathbf{0}.$$

因此，$c\xi_1$ 也是齐次线性方程组(5.9)的解.

根据性质 5.1 和性质 5.2 可知，齐次线性方程组的有限个解的线性组合仍是该齐次线性方程组的解.

齐次线性方程组(5.8)的全体解向量构成的集合记作 S，称 S 为齐次线性方程组(5.8)或(5.9)的**解集**. 如果解集 S 的最大线性无关组为 $\xi_1, \xi_2, \cdots, \xi_t$，则齐次线性方程组(5.8)或(5.9)的通解为

$$x = c_1\xi_1 + c_2\xi_2 + \cdots + c_t\xi_t,$$

其中 $c_1, c_2, \cdots, c_t$ 是任意常数.

齐次线性方程组(5.8)的解集的最大线性无关组称为该齐次线性方程组(5.8)的**基础解系**. 求齐次线性方程组(5.8)的通解，可以先求齐次线性方程组(5.8)的基础解系，再写出其基础解系的线性组合即可. 下面介绍如何求齐次线性方程组的基础解系.

设齐次线性方程组(5.8)的系数矩阵 A 的秩为 r，不失一般性，假定矩阵 A 的行最简形矩阵为

$$
\boldsymbol{A} \to \begin{pmatrix} 1 & 0 & \cdots & 0 & b_{11} & \cdots & b_{1,n-r} \\ 0 & 1 & \cdots & 0 & b_{21} & \cdots & b_{2,n-r} \\ \vdots & \vdots & & \vdots & \vdots & & \vdots \\ 0 & 0 & \cdots & 1 & b_{r1} & \cdots & b_{r,n-r} \\ 0 & 0 & \cdots & 0 & 0 & \cdots & 0 \\ \vdots & \vdots & & \vdots & \vdots & & \vdots \\ 0 & 0 & \cdots & 0 & 0 & \cdots & 0 \end{pmatrix},
$$

相应的齐次方程组为

$$
\begin{cases} x_1 + b_{11}x_{r+1} + \cdots + b_{1,n-r}x_n = 0, \\ x_2 + b_{21}x_{r+1} + \cdots + b_{2,n-r}x_n = 0, \\ \qquad \cdots\cdots \\ x_r + b_{r1}x_{r+1} + \cdots + b_{r,n-r}x_n = 0, \end{cases}
$$

即

$$
\begin{cases} x_1 = -b_{11}x_{r+1} - \cdots - b_{1,n-r}x_n, \\ x_2 = -b_{21}x_{r+1} - \cdots - b_{2,n-r}x_n, \\ \qquad \cdots\cdots \\ x_r = -b_{r1}x_{r+1} - \cdots - b_{r,n-r}x_n, \end{cases} \tag{5.10}
$$

其中 $x_{r+1}, x_{r+2}, \cdots, x_n$ 是自由未知量.

令 $\begin{pmatrix} x_{r+1} \\ x_{r+2} \\ \vdots \\ x_n \end{pmatrix} = \begin{pmatrix} 1 \\ 0 \\ \vdots \\ 0 \end{pmatrix}, \begin{pmatrix} 0 \\ 1 \\ \vdots \\ 0 \end{pmatrix}, \cdots, \begin{pmatrix} 0 \\ 0 \\ \vdots \\ 1 \end{pmatrix}$，将它们代入式(5.10)，得

$$
\begin{pmatrix} x_1 \\ x_2 \\ \vdots \\ x_r \end{pmatrix} = \begin{pmatrix} -b_{11} \\ -b_{21} \\ \vdots \\ -b_{r1} \end{pmatrix}, \begin{pmatrix} -b_{12} \\ -b_{22} \\ \vdots \\ -b_{r2} \end{pmatrix}, \quad \cdots, \begin{pmatrix} -b_{1,n-r} \\ -b_{2,n-r} \\ \vdots \\ -b_{r,n-r} \end{pmatrix},
$$

从而得齐次线性方程组(5.8)的 $n-r$ 个解向量为

$$
\boldsymbol{\xi}_1 = \begin{pmatrix} -b_{11} \\ \vdots \\ -b_{r1} \\ 1 \\ 0 \\ \vdots \\ 0 \end{pmatrix}, \quad \boldsymbol{\xi}_2 = \begin{pmatrix} -b_{12} \\ \vdots \\ -b_{r2} \\ 0 \\ 1 \\ \vdots \\ 0 \end{pmatrix}, \quad \cdots, \quad \boldsymbol{\xi}_{n-r} = \begin{pmatrix} -b_{1,n-r} \\ \vdots \\ -b_{r,n-r} \\ 0 \\ 0 \\ \vdots \\ 1 \end{pmatrix}. \tag{5.11}
$$

可以验证，向量组$\xi_1,\xi_2,\cdots,\xi_{n-r}$是线性无关的.

另外，在式(5.10)中，令自由未知量 $x_{r+1}=c_1$，$\cdots$，$x_n=c_{n-r}$，得齐次线性方程组(5.8)的通解为

$$\begin{cases} x_1=-b_{11}c_1-\cdots-b_{1,n-r}c_{n-r}, \\ x_2=-b_{21}c_1-\cdots-b_{2,n-r}c_{n-r}, \\ \qquad\cdots\cdots \\ x_r=-b_{r1}c_1-\cdots-b_{r,n-r}c_{n-r}, \\ x_{r+1}=c_1, \\ \qquad\cdots\cdots \\ x_n=c_{n-r}, \end{cases}$$

用向量的形式表示为

$$\begin{pmatrix} x_1 \\ \vdots \\ x_r \\ x_{r+1} \\ x_{r+2} \\ \vdots \\ x_n \end{pmatrix}=c_1\begin{pmatrix} -b_{11} \\ \vdots \\ -b_{r1} \\ 1 \\ 0 \\ \vdots \\ 0 \end{pmatrix}+c_2\begin{pmatrix} -b_{12} \\ \vdots \\ -b_{r2} \\ 0 \\ 1 \\ \vdots \\ 0 \end{pmatrix}+\cdots+c_{n-r}\begin{pmatrix} -b_{1,n-r} \\ \vdots \\ -b_{r,n-r} \\ 0 \\ 0 \\ \vdots \\ 1 \end{pmatrix},$$

即

$$\boldsymbol{x}=c_1\boldsymbol{\xi}_1+c_2\boldsymbol{\xi}_2+\cdots+c_{n-r}\boldsymbol{\xi}_{n-r},$$

其中$c_1,c_2,\cdots,c_{n-r}$是任意常数.

从而齐次线性方程组(5.8)的任意的解是向量组$\xi_1,\xi_2,\cdots,\xi_{n-r}$的线性组合，即解集$S$中的任意向量$\boldsymbol{x}$可以由向量组$\xi_1,\xi_2,\cdots,\xi_{n-r}$线性表示.

综上所述，式(5.11)中向量组$\xi_1,\xi_2,\cdots,\xi_{n-r}$是齐次线性方程组(5.8)的基础解系.

根据以上讨论，得如下结论.

定理 5.10 如果n元齐次线性方程组(5.8)的系数矩阵$\boldsymbol{A}$的秩为r，则该方程组的基础解系中解向量的个数为$n-r$，即n元齐次线性方程组(5.8)的解集S的秩为$n-r$.

当$R(\boldsymbol{A})=n$时，n元齐次线性方程组(5.8)的解集S的秩为0，即解集S中没有最大无关组，从而解集S中只有零向量，因此齐次线性方程组(5.8)只有零解；当$R(\boldsymbol{A})=r<n$时，齐次线性方程组(5.8)的解集S的秩为$n-r$，设解集S的最大无关组为$\xi_1,\xi_2,\cdots,\xi_{n-r}$，则$n$元齐次线性方程组(5.8)的通解为

$$\boldsymbol{x}=c_1\boldsymbol{\xi}_1+c_2\boldsymbol{\xi}_2+\cdots+c_{n-r}\boldsymbol{\xi}_{n-r},$$

其中 $c_1,c_2,\cdots,c_{n-r}$ 是任意常数.

事实上，n 元齐次线性方程组(5.8)的任意 $n-r$ 个线性无关的解都是它的基础解系. 由此可知，齐次线性方程组的基础解系并不是唯一的，从而它的通解表达形式不是唯一的.

例 5.11 求齐次线性方程组 $\begin{cases} x_1+x_2+x_3+4x_4=0, \\ x_1-x_2+3x_3-2x_4=0, \\ 2x_1+x_2+3x_3+5x_4=0, \\ 3x_1+x_2+5x_3+6x_4=0 \end{cases}$ 的基础解系和通解.

解 由于 $\begin{pmatrix} 1 & 1 & 1 & 4 \\ 1 & -1 & 3 & -2 \\ 2 & 1 & 3 & 5 \\ 3 & 1 & 5 & 6 \end{pmatrix} \to \begin{pmatrix} 1 & 1 & 1 & 4 \\ 0 & -2 & 2 & -6 \\ 0 & -1 & 1 & -3 \\ 0 & -2 & 2 & -6 \end{pmatrix} \to \begin{pmatrix} 1 & 0 & 2 & 1 \\ 0 & 1 & -1 & 3 \\ 0 & 0 & 0 & 0 \\ 0 & 0 & 0 & 0 \end{pmatrix}$，相应的方程组为

$$\begin{cases} x_1+2x_3+x_4=0, \\ x_2-x_3+3x_4=0, \end{cases}$$

即

$$\begin{cases} x_1=-2x_3-x_4, \\ x_2=x_3-3x_4, \end{cases}$$

令 $\begin{pmatrix} x_3 \\ x_4 \end{pmatrix}=\begin{pmatrix} 1 \\ 0 \end{pmatrix}$，$\begin{pmatrix} 0 \\ 1 \end{pmatrix}$，得 $\begin{pmatrix} x_1 \\ x_2 \end{pmatrix}=\begin{pmatrix} -2 \\ 1 \end{pmatrix}$，$\begin{pmatrix} -1 \\ -3 \end{pmatrix}$，从而该方程组的基础解系为

$$\boldsymbol{\xi}_1=\begin{pmatrix} -2 \\ 1 \\ 1 \\ 0 \end{pmatrix},\quad \boldsymbol{\xi}_2=\begin{pmatrix} -1 \\ -3 \\ 0 \\ 1 \end{pmatrix}.$$

因此，该线性方程组的通解为 $(x_1,x_2,x_3,x_4)^{\mathrm{T}}=c_1\boldsymbol{\xi}_1+c_2\boldsymbol{\xi}_2$，其中 c_1,c_2 是任意常数.

例 5.12 如果 $\boldsymbol{A}_{m\times n}\boldsymbol{B}_{n\times l}=\boldsymbol{O}$，则 $R(\boldsymbol{A})+R(\boldsymbol{B})\leqslant n$.

证 记矩阵 $\boldsymbol{B}=(\boldsymbol{b}_1,\boldsymbol{b}_2,\cdots,\boldsymbol{b}_l)$，则

$$\boldsymbol{A}(\boldsymbol{b}_1,\boldsymbol{b}_2,\cdots,\boldsymbol{b}_l)=(\mathbf{0},\mathbf{0},\cdots,\mathbf{0}),$$

即

$$\boldsymbol{A}\boldsymbol{b}_i=\mathbf{0}\quad (i=1,2,\cdots,l).$$

由此可知，矩阵 $\boldsymbol{B}$ 的列向量都是齐次方程组 $\boldsymbol{Ax}=\mathbf{0}$ 的解. 根据定理 5.10，矩阵 $\boldsymbol{B}$ 的秩不超过齐次线性方程组 $\boldsymbol{Ax}=\mathbf{0}$ 的解集的秩 $n-R(\boldsymbol{A})$，即 $R(\boldsymbol{B})\leqslant n-R(\boldsymbol{A})$. 因此

$$R(\boldsymbol{A})+R(\boldsymbol{B})\leqslant n.$$

5.4.2 非齐次线性方程组的解的结构

设 n 元非齐次线性方程组为

$$\begin{cases} a_{11}x_1 + a_{12}x_2 + \cdots + a_{1n}x_n = b_1, \\ a_{21}x_1 + a_{22}x_2 + \cdots + a_{2n}x_n = b_2, \\ \qquad \cdots\cdots \\ a_{m1}x_1 + a_{m2}x_2 + \cdots + a_{mn}x_n = b_m, \end{cases} \tag{5.12}$$

则线性方程组(5.12)的矩阵形式为

$$\boldsymbol{Ax} = \boldsymbol{b}\ , \tag{5.13}$$

相应的齐次线性方程组为

$$\boldsymbol{Ax} = \boldsymbol{0}\ , \tag{5.14}$$

其中系数矩阵 $\boldsymbol{A} = \begin{pmatrix} a_{11} & a_{12} & \cdots & a_{1n} \\ a_{21} & a_{22} & \cdots & a_{2n} \\ \vdots & \vdots & & \vdots \\ a_{m1} & a_{m2} & \cdots & a_{mn} \end{pmatrix}$，$\boldsymbol{x} = \begin{pmatrix} x_1 \\ x_2 \\ \vdots \\ x_n \end{pmatrix}$，$\boldsymbol{b} = \begin{pmatrix} b_1 \\ b_2 \\ \vdots \\ b_m \end{pmatrix}$.

非齐次线性方程组(5.13)的解称为 n 元非齐次线性方程组(5.12)的**解向量**. 线性方程组(5.13)的解或线性方程组(5.12)的解向量具有如下性质.

性质 5.3 如果 $\boldsymbol{\eta}_1$ 和 $\boldsymbol{\eta}_2$ 是非齐次线性方程组(5.13)的解，则 $\boldsymbol{\eta}_1 - \boldsymbol{\eta}_2$ 是相应的齐次线性方程组(5.14)的解.

证 由于 $\boldsymbol{\eta}_1$ 和 $\boldsymbol{\eta}_2$ 是非齐次线性方程组(5.13)的解，则 $\boldsymbol{A\eta}_1 = \boldsymbol{b}$，$\boldsymbol{A\eta}_2 = \boldsymbol{b}$，从而

$$\boldsymbol{A}(\boldsymbol{\eta}_1 - \boldsymbol{\eta}_2) = \boldsymbol{A\eta}_1 - \boldsymbol{A\eta}_2 = \boldsymbol{0}\ .$$

因此，$\boldsymbol{\eta}_1 - \boldsymbol{\eta}_2$ 是齐次线性方程组(5.14)的解.

性质 5.4 如果 $\boldsymbol{\eta}^*$ 是非齐次线性方程组(5.13)的解，$\boldsymbol{\xi}$ 是齐次线性方程组(5.14)的解，则 $\boldsymbol{\eta}^* + \boldsymbol{\xi}$ 仍是非齐次线性方程组(5.13)的解.

证 由于 $\boldsymbol{\eta}^*$ 是非齐次线性方程组(5.13)的解，$\boldsymbol{\xi}$ 是齐次线性方程组(5.14)的解，则

$$\boldsymbol{A\eta}^* = \boldsymbol{b}, \quad \boldsymbol{A\xi} = \boldsymbol{0},$$

从而

$$\boldsymbol{A}(\boldsymbol{\eta}^* + \boldsymbol{\xi}) = \boldsymbol{b}\ .$$

因此，$\boldsymbol{\eta}^* + \boldsymbol{\xi}$ 仍是非齐次方程组(5.13)的解.

根据性质 5.3 和性质 5.4 可知，如果 $\boldsymbol{\eta}^*$ 是 n 元非齐次线性方程组(5.13)的一个已知的解(称为**特解**)，齐次线性方程组(5.14)的基础解系为 $\boldsymbol{\xi}_1, \boldsymbol{\xi}_2, \cdots, \boldsymbol{\xi}_{n-r}$ $(R(\boldsymbol{A}) = r)$，

则 n 元非齐次线性方程组(5.13)或(5.12)的通解为

$$\boldsymbol{x}=\boldsymbol{\eta}^{*}+c_{1}\boldsymbol{\xi}_{1}+c_{2}\boldsymbol{\xi}_{2}+\cdots+c_{n-r}\boldsymbol{\xi}_{n-r} ,$$

其中 $c_1,c_2,\cdots,c_{n-r}$ 是任意常数.

例 5.13　求解非齐次线性方程组 $\begin{cases}x_1+x_2+x_3+4x_4=1,\\ x_1-x_2+3x_3-2x_4=3,\\ 2x_1+x_2+3x_3+5x_4=3.\end{cases}$

解　由于该线性方程组的增广矩阵

$$\begin{pmatrix}1&1&1&4&1\\1&-1&3&-2&3\\2&1&3&5&3\end{pmatrix}\to\begin{pmatrix}1&1&1&4&1\\0&-2&2&-6&2\\0&-1&1&-3&1\end{pmatrix}\to\begin{pmatrix}1&0&2&1&2\\0&1&-1&3&-1\\0&0&0&0&0\end{pmatrix},$$

则相应的方程组为

$$\begin{cases}x_1+2x_3+x_4=2,\\ x_2-x_3+3x_4=-1,\end{cases}$$

即

$$\begin{cases}x_1=-2x_3-x_4+2,\\ x_2=x_3-3x_4-1.\end{cases}$$

令自由未知量 $x_3=x_4=0$，得原方程组的一个特解为 $\boldsymbol{\eta}^{*}=(2,-1,0,0)^{\mathrm{T}}$.

相应的齐次线性方程组为 $\begin{cases}x_1+2x_3+x_4=0,\\ x_2-x_3+3x_4=0,\end{cases}$ 即

$$\begin{cases}x_1=-2x_3-x_4,\\ x_2=x_3-3x_4,\end{cases}$$

令 $\begin{pmatrix}x_3\\x_4\end{pmatrix}=\begin{pmatrix}1\\0\end{pmatrix}$，$\begin{pmatrix}0\\1\end{pmatrix}$，得 $\begin{pmatrix}x_1\\x_2\end{pmatrix}=\begin{pmatrix}-2\\1\end{pmatrix}$，$\begin{pmatrix}-1\\-3\end{pmatrix}$，则该齐次线性方程组的基础解系为

$$\boldsymbol{\xi}_1=\begin{pmatrix}-2\\1\\1\\0\end{pmatrix},\quad \boldsymbol{\xi}_2=\begin{pmatrix}-1\\-3\\0\\1\end{pmatrix}.$$

因此，原线性方程组的通解为 $(x_1,x_2,x_3,x_4)^{\mathrm{T}}=\boldsymbol{\eta}^{*}+c_1\boldsymbol{\xi}_1+c_2\boldsymbol{\xi}_2$，其中 c_1,c_2 是任意常数.

由于非齐次线性方程组的自由未知量的取值不同，决定线性方程组的特解的

形式不唯一，另外，与非齐次线性方程组相应的齐次线性方程组的基础解系并不是唯一的，因此，和齐次线性方程组类似，非齐次线性方程组的通解的表达形式也不是唯一的.

例 5.14 已知$\boldsymbol{\eta}_1$，$\boldsymbol{\eta}_2$和$\boldsymbol{\eta}_3$都是3元非齐次线性方程组$\boldsymbol{Ax}=\boldsymbol{b}$的解，$R(\boldsymbol{A})=1$，且

$$\boldsymbol{\eta}_1+\boldsymbol{\eta}_2=\begin{pmatrix}1\\0\\0\end{pmatrix},\quad \boldsymbol{\eta}_2+\boldsymbol{\eta}_3=\begin{pmatrix}1\\1\\0\end{pmatrix},\quad \boldsymbol{\eta}_3+\boldsymbol{\eta}_1=\begin{pmatrix}1\\1\\1\end{pmatrix},$$

求线性方程组$\boldsymbol{Ax}=\boldsymbol{b}$的通解.

解 取线性方程组$\boldsymbol{Ax}=\boldsymbol{b}$的特解为

$$\boldsymbol{\eta}^*=\frac{1}{2}(\boldsymbol{\eta}_1+\boldsymbol{\eta}_2)=\frac{1}{2}\begin{pmatrix}1\\0\\0\end{pmatrix}.$$

由于$R(\boldsymbol{A})=1$，且

$$\boldsymbol{\xi}_1=(\boldsymbol{\eta}_1+\boldsymbol{\eta}_2)-(\boldsymbol{\eta}_2+\boldsymbol{\eta}_3)=\begin{pmatrix}0\\-1\\0\end{pmatrix},\quad \boldsymbol{\xi}_2=(\boldsymbol{\eta}_1+\boldsymbol{\eta}_2)-(\boldsymbol{\eta}_3+\boldsymbol{\eta}_1)=\begin{pmatrix}0\\-1\\-1\end{pmatrix}$$

是齐次方程组$\boldsymbol{Ax}=\boldsymbol{0}$的两个线性无关的解. 因此，非齐次方程组$\boldsymbol{Ax}=\boldsymbol{b}$的通解为

$$\boldsymbol{x}=\boldsymbol{\eta}^*+c_1\boldsymbol{\xi}_1+c_2\boldsymbol{\xi}_2=\frac{1}{2}\begin{pmatrix}1\\0\\0\end{pmatrix}+c_1\begin{pmatrix}0\\-1\\0\end{pmatrix}+c_2\begin{pmatrix}0\\-1\\-1\end{pmatrix},$$

其中c_1,c_2是任意常数.

在例 5.14 中，当线性方程组$\boldsymbol{Ax}=\boldsymbol{b}$的特解为$\boldsymbol{\eta}^*=\frac{1}{2}(\boldsymbol{\eta}_2+\boldsymbol{\eta}_3)=\frac{1}{2}\begin{pmatrix}1\\1\\0\end{pmatrix}$时，其通解为

$$\boldsymbol{x}=\boldsymbol{\eta}^*+c_1\boldsymbol{\xi}_1+c_2\boldsymbol{\xi}_2=\frac{1}{2}\begin{pmatrix}1\\1\\0\end{pmatrix}+c_1\begin{pmatrix}0\\-1\\0\end{pmatrix}+c_2\begin{pmatrix}0\\-1\\-1\end{pmatrix},$$

其中c_1,c_2是任意常数.

5.5 向量空间

本节首先介绍特殊的向量组，即向量空间；然后学习向量空间的基、维数和向量的坐标等.

5.5.1 向量空间的概念

定义 5.8 设 V 是个非空集合(向量组)，如果

(1) V 对于向量的加法封闭，即任意向量 $\boldsymbol{\alpha},\boldsymbol{\beta}\in V$, 则 $\boldsymbol{\alpha}+\boldsymbol{\beta}\in V$；

(2) V 对于向量的数乘封闭，即任意常数 λ 和 $\boldsymbol{\alpha}\in V$, 则 $\lambda\boldsymbol{\alpha}\in V$,

称 V 是向量空间.

特别地，全体 m 维向量构成的集合 $\mathbf{R}^m$ 是向量空间. 因为任意两个 m 维向量的和仍是 m 维向量，任意常数 λ 乘 m 维向量仍是 m 维向量，它们都在集合 $\mathbf{R}^m$ 中. 全体 2 维向量(假设考虑的都是自由向量)构成的集合 $\mathbf{R}^2$ 是向量空间，$\mathbf{R}^2$ 是平面直角坐标系下以坐标原点为起点的所有有向线段的集合. 全体 3 维向量(假设考虑的都是自由向量)构成的集合 $\mathbf{R}^3$ 是向量空间，$\mathbf{R}^3$ 即是空间直角坐标系下以坐标原点为起点的所有有向线段的集合.

只有零向量的集合是向量空间. 例如，$V=\{\mathbf{0}\}$，显然，$\mathbf{0}+\mathbf{0}=\mathbf{0}\in V$, $\lambda\mathbf{0}=\mathbf{0}\in V$, 因此 $V=\{\mathbf{0}\}$ 是一个向量空间，称为**零空间**.

一般地，由向量空间 $\mathbf{R}^m$ 中部分向量构成的向量空间，称为 $\mathbf{R}^m$ 的**子向量空间**，简称**子空间**.

例 5.15 证明 $V=\left\{(a,b,0)^{\mathrm{T}}\middle|a,b\in\mathbf{R}\right\}$ 是一个向量空间.

证 由 $\mathbf{0}=(0,0,0)^{\mathrm{T}}\in V$ 可知，V 是非空集合，且

(1) 任意向量 $\boldsymbol{\alpha},\boldsymbol{\beta}\in V$, 不妨假定 $\boldsymbol{\alpha}=(a_1,b_1,0)^{\mathrm{T}}$，$\boldsymbol{\beta}=(a_2,b_2,0)^{\mathrm{T}}$，则 $\boldsymbol{\alpha}+\boldsymbol{\beta}=(a_1+a_2,b_1+b_2,0)^{\mathrm{T}}\in V$；

(2) 任意常数 λ 和 $\boldsymbol{\alpha}=(a_1,b_1,0)^{\mathrm{T}}\in V$，则 $\lambda\boldsymbol{\alpha}=(\lambda a_1,\lambda b_1,0)^{\mathrm{T}}\in V$.

由定义 5.8 可知，V 是一个向量空间.

显然，$V=\left\{(a,b,0)^{\mathrm{T}}\middle|a,b\in\mathbf{R}\right\}$ 是向量空间 $\mathbf{R}^3$ 的一个子空间.

例 5.16 证明齐次线性方程组(5.8)的解集 $S=\left\{\boldsymbol{x}\middle|\boldsymbol{A}\boldsymbol{x}=\mathbf{0}\right\}$ 是一个向量空间.

证 由于齐次线性方程组(5.8)的解集 S 非空，而根据性质 5.1 和性质 5.2 可知，解集 S 满足定义 5.8 的(1)和(2). 因此，齐次线性方程组(5.8)的解集

$$S=\left\{\boldsymbol{x}\middle|\boldsymbol{A}\boldsymbol{x}=\mathbf{0}\right\}$$

是向量空间.

齐次线性方程组的全体解向量构成的向量空间，称为该齐次线性方程组的**解空间**.

由性质 5.3 和性质 5.4 可知，非齐次线性方程组(5.12)的解集

$$\overline{S}=\{\boldsymbol{x}|\boldsymbol{A}\boldsymbol{x}=\boldsymbol{b}\}$$

不是向量空间.

可以证明，向量组$\boldsymbol{\alpha}_1,\boldsymbol{\alpha}_2,\cdots,\boldsymbol{\alpha}_l$的所有线性组合构成的集合

$$L=\{\boldsymbol{x}=\lambda_1\boldsymbol{\alpha}_1+\lambda_2\boldsymbol{\alpha}_2+\cdots+\lambda_l\boldsymbol{\alpha}_l|\lambda_1,\lambda_2,\cdots,\lambda_l\in\mathbf{R}\}$$

是向量空间，称 L 是由**向量组$\boldsymbol{\alpha}_1,\boldsymbol{\alpha}_2,\cdots,\boldsymbol{\alpha}_l$生成的向量空间**. 显然，**等价向量组所生成的向量空间相等**.

5.5.2 向量空间的基、维数和向量的坐标

定义 5.9 设 V 为向量空间，如果 V 中存在 r 个向量$\boldsymbol{\alpha}_1,\boldsymbol{\alpha}_2,\cdots,\boldsymbol{\alpha}_r$满足条件

(1) 向量组$\boldsymbol{\alpha}_1,\boldsymbol{\alpha}_2,\cdots,\boldsymbol{\alpha}_r$线性无关；

(2) 向量组 V 中任意向量$\boldsymbol{\beta}$可以由向量组$\boldsymbol{\alpha}_1,\boldsymbol{\alpha}_2,\cdots,\boldsymbol{\alpha}_r$线性表示，

称向量组$\boldsymbol{\alpha}_1,\boldsymbol{\alpha}_2,\cdots,\boldsymbol{\alpha}_r$是向量空间 V 的一个基，r 称为向量空间 V 的**维数**，并称 V 为 r **维向量空间**.

如果向量空间 V 没有基，则 V 的维数为 0. 0 维向量空间中只包含一个零向量.

由定义 5.9 可知，**向量空间 V 的基就是向量组 V 的最大无关组，V 的维数是向量组 V 的秩**.

全体 m 维向量构成的集合 $\mathbf{R}^m$ 是向量空间，由于任意 m 个 m 维的线性无关的向量组都是向量空间 $\mathbf{R}^m$ 的基，因此向量空间 $\mathbf{R}^m$ 称为 $\boldsymbol{m}$ **维的向量空间**.

例如，如果$\boldsymbol{\alpha}_1,\boldsymbol{\alpha}_2,\cdots,\boldsymbol{\alpha}_r$是向量空间 V 的任意一个基，则向量空间 V 可表示为

$$V=\{\boldsymbol{x}=\lambda_1\boldsymbol{\alpha}_1+\lambda_2\boldsymbol{\alpha}_2+\cdots+\lambda_r\boldsymbol{\alpha}_r|\lambda_1,\lambda_2,\cdots,\lambda_r\in\mathbf{R}\}.$$

上式清晰表明了向量空间 V 中每个元素的结构.

例如，由向量组$\boldsymbol{\alpha}_1,\boldsymbol{\alpha}_2,\cdots,\boldsymbol{\alpha}_l$生成的向量空间记作

$$L=\{\boldsymbol{x}=\lambda_1\boldsymbol{\alpha}_1+\lambda_2\boldsymbol{\alpha}_2+\cdots+\lambda_l\boldsymbol{\alpha}_l|\lambda_1,\lambda_2,\cdots,\lambda_l\in\mathbf{R}\},$$

根据定义 5.9 可知，向量空间 L 的基和维数分别是向量组$\boldsymbol{\alpha}_1,\boldsymbol{\alpha}_2,\cdots,\boldsymbol{\alpha}_l$的最大线性无关组和秩.

例如,如果$\boldsymbol{\xi}_1,\boldsymbol{\xi}_2,\cdots,\boldsymbol{\xi}_{n-r}$是$n$元齐次线性方程组 $\boldsymbol{A}\boldsymbol{x}=\mathbf{0}$ 的解空间 $S=\{\boldsymbol{x}|\boldsymbol{A}\boldsymbol{x}=\mathbf{0}\}$ 的任意的一个基(即 $\boldsymbol{A}\boldsymbol{x}=\mathbf{0}$ 的基础解系)，则 n 元齐次线性方程组 $\boldsymbol{A}\boldsymbol{x}=\mathbf{0}$ 的解空间 S 可表示为

$$S=\left\{\boldsymbol{x}=c_1\boldsymbol{\xi}_1+c_2\boldsymbol{\xi}_2+\cdots+c_{n-r}\boldsymbol{\xi}_{n-r}\,\middle|\,c_1,c_2,\cdots,c_{n-r}\in\mathbf{R}\right\}.$$

定义 5.10　如果向量组 $\boldsymbol{\alpha}_1,\boldsymbol{\alpha}_2,\cdots,\boldsymbol{\alpha}_r$ 是向量空间 V 的一个基，则对于 V 中任意向量 $\boldsymbol{\beta}$，存在常数 $\lambda_1,\lambda_2,\cdots,\lambda_r$，使

$$\boldsymbol{\beta}=\lambda_1\boldsymbol{\alpha}_1+\lambda_2\boldsymbol{\alpha}_2+\cdots+\lambda_r\boldsymbol{\alpha}_r,$$

称数组 $\lambda_1,\lambda_2,\cdots,\lambda_r$ 为向量 $\boldsymbol{\beta}$ 在基 $\boldsymbol{\alpha}_1,\boldsymbol{\alpha}_2,\cdots,\boldsymbol{\alpha}_r$ 下的**坐标**.

例如，如果取 m 维向量空间 $\mathbf{R}^m$ 中单位坐标向量组

$$\boldsymbol{e}_1=\begin{pmatrix}1\\0\\\vdots\\0\end{pmatrix},\quad \boldsymbol{e}_2=\begin{pmatrix}0\\1\\\vdots\\0\end{pmatrix},\quad \cdots,\quad \boldsymbol{e}_m=\begin{pmatrix}0\\0\\\vdots\\1\end{pmatrix}$$

为基，则 $\mathbf{R}^m$ 中任意向量 $\boldsymbol{\beta}=(b_1,b_2,\cdots,b_m)^{\mathrm{T}}$ 可以唯一地线性表示为

$$\boldsymbol{\beta}=b_1\boldsymbol{e}_1+b_2\boldsymbol{e}_2+\cdots+b_m\boldsymbol{e}_m,$$

因此，向量 $\boldsymbol{\beta}$ 在基 $\boldsymbol{e}_1,\boldsymbol{e}_2,\cdots,\boldsymbol{e}_m$ 下的坐标是该向量的 m 个分量. 称 $\boldsymbol{e}_1,\boldsymbol{e}_2,\cdots,\boldsymbol{e}_m$ 为 m 维向量空间 $\mathbf{R}^m$ 的**自然基**或**标准基**.

向量空间 V 中任意向量在指定基下的坐标是唯一的. 但是向量空间的基不是唯一的，同一个向量在向量空间 V 的不同基下的坐标未必相同.

例 5.17　确定向量空间 $V=\left\{(a,b,0)^{\mathrm{T}}\,\middle|\,a,b\in\mathbf{R}\right\}$ 的一个基、维数和 V 中任意向量 $\boldsymbol{\beta}=(a_1,b_1,0)^{\mathrm{T}}$ 在该基下的坐标.

解　显然，$\boldsymbol{\alpha}_1=(1,0,0)^{\mathrm{T}}\in V$, $\boldsymbol{\alpha}_2=(0,1,0)^{\mathrm{T}}\in V$, 且 $\boldsymbol{\alpha}_1,\boldsymbol{\alpha}_2$ 线性无关，对于任意向量 $\boldsymbol{\beta}=(a_1,b_1,0)^{\mathrm{T}}\in V$, 有 $\boldsymbol{\beta}=a_1\boldsymbol{\alpha}_1+b_1\boldsymbol{\alpha}_2$，因此 $\boldsymbol{\alpha}_1,\boldsymbol{\alpha}_2$ 是 V 的一个基，V 的维数是 2，向量 $\boldsymbol{\beta}=(a_1,b_1,0)^{\mathrm{T}}$ 在基 $\boldsymbol{\alpha}_1,\boldsymbol{\alpha}_2$ 下的坐标是 a_1,b_1.

例 5.18　设矩阵 $\boldsymbol{A}=(\boldsymbol{\alpha}_1,\boldsymbol{\alpha}_2,\boldsymbol{\alpha}_3)=\begin{pmatrix}2&1&-3\\1&2&-2\\-1&3&2\end{pmatrix}$，$\boldsymbol{B}=(\boldsymbol{\beta}_1,\boldsymbol{\beta}_2)=\begin{pmatrix}1&4\\0&3\\-5&2\end{pmatrix}$，证明向量组 $\boldsymbol{\alpha}_1,\boldsymbol{\alpha}_2,\boldsymbol{\alpha}_3$ 是 $\mathbf{R}^3$ 中的一个基，并求向量 $\boldsymbol{\beta}_1,\boldsymbol{\beta}_2$ 在该基下的坐标.

解　如果矩阵 $\boldsymbol{A}$ 和单位矩阵 $\boldsymbol{E}$ 等价，则向量组 $\boldsymbol{\alpha}_1,\boldsymbol{\alpha}_2,\boldsymbol{\alpha}_3$ 线性无关，即向量组 $\boldsymbol{\alpha}_1,\boldsymbol{\alpha}_2,\boldsymbol{\alpha}_3$ 是 $\mathbf{R}^3$ 中的一个基. 下面仅证明矩阵 $\boldsymbol{A}$ 和单位矩阵 $\boldsymbol{E}$ 等价即可.

设向量 $\boldsymbol{\beta}_1,\boldsymbol{\beta}_2$ 在该基下的坐标分别为 x_1,x_2,x_3 和 y_1,y_2,y_3，则

$$\boldsymbol{\beta}_1=x_1\boldsymbol{\alpha}_1+x_2\boldsymbol{\alpha}_2+x_3\boldsymbol{\alpha}_3,\quad \boldsymbol{\beta}_2=y_1\boldsymbol{\alpha}_1+y_2\boldsymbol{\alpha}_2+y_3\boldsymbol{\alpha}_3,$$

即

$$(\boldsymbol{\beta}_1,\boldsymbol{\beta}_2)=(\boldsymbol{\alpha}_1,\boldsymbol{\alpha}_2,\boldsymbol{\alpha}_3)\begin{pmatrix} x_1 & y_1 \\ x_2 & y_2 \\ x_3 & y_3 \end{pmatrix}.$$

由上可知，对矩阵 $(\boldsymbol{A},\boldsymbol{B})$ 做初等行变换，当矩阵 $\boldsymbol{A}$ 化成单位矩阵时，矩阵 $\boldsymbol{B}$ 化成的第 1 列和第 2 列的元素分别是向量 $\boldsymbol{\beta}_1,\boldsymbol{\beta}_2$ 在 $\boldsymbol{\alpha}_1,\boldsymbol{\alpha}_2,\boldsymbol{\alpha}_3$ 下的坐标. 由于

$$(\boldsymbol{A},\boldsymbol{B})=\begin{pmatrix} 2 & 1 & -3 & 1 & 4 \\ 1 & 2 & -2 & 0 & 3 \\ -1 & 3 & 2 & -5 & 2 \end{pmatrix}\xrightarrow[r_3+r_1]{\substack{r_1\leftrightarrow r_2\\ r_2-2r_1}}\begin{pmatrix} 1 & 2 & -2 & 0 & 3 \\ 0 & -3 & 1 & 1 & -2 \\ 0 & 5 & 0 & -5 & 5 \end{pmatrix}$$

$$\xrightarrow[\substack{r_1-2r_2\\ r_3+3r_2}]{\substack{\frac{1}{5}r_3\\ r_2\leftrightarrow r_3}}\begin{pmatrix} 1 & 0 & -2 & 2 & 1 \\ 0 & 1 & 0 & -1 & 1 \\ 0 & 0 & 1 & -2 & 1 \end{pmatrix}\xrightarrow{r_1+2r_3}\begin{pmatrix} 1 & 0 & 0 & -2 & 3 \\ 0 & 1 & 0 & -1 & 1 \\ 0 & 0 & 1 & -2 & 1 \end{pmatrix},$$

因此向量组 $\boldsymbol{\alpha}_1,\boldsymbol{\alpha}_2,\boldsymbol{\alpha}_3$ 是 $\mathbf{R}^3$ 中的一个基，且向量 $\boldsymbol{\beta}_1,\boldsymbol{\beta}_2$ 在该基下的坐标分别为–2, –1, –2 和 3, 1, 1.

5.5.3 向量空间的基变换和坐标变换

下面介绍向量空间 V 的不同的基之间的关系和向量空间 V 中同一向量在不同基下坐标之间的关系.

设 $\boldsymbol{\alpha}_1,\boldsymbol{\alpha}_2,\cdots,\boldsymbol{\alpha}_n$ 和 $\boldsymbol{\beta}_1,\boldsymbol{\beta}_2,\cdots,\boldsymbol{\beta}_n$ 是 n 维向量空间 V 的两个基，记

$$\boldsymbol{A}=(\boldsymbol{\alpha}_1,\boldsymbol{\alpha}_2,\cdots,\boldsymbol{\alpha}_n),\quad \boldsymbol{B}=(\boldsymbol{\beta}_1,\boldsymbol{\beta}_2,\cdots,\boldsymbol{\beta}_n),$$

则

$(\boldsymbol{\alpha}_1,\boldsymbol{\alpha}_2,\cdots,\boldsymbol{\alpha}_n)=(\boldsymbol{e}_1,\boldsymbol{e}_2,\cdots,\boldsymbol{e}_n)\boldsymbol{A}$，其中 $\boldsymbol{e}_1,\boldsymbol{e}_2,\cdots,\boldsymbol{e}_n$ 为 n 维的单位坐标向量组.

从而

$$(\boldsymbol{e}_1,\boldsymbol{e}_2,\cdots,\boldsymbol{e}_n)=(\boldsymbol{\alpha}_1,\boldsymbol{\alpha}_2,\cdots,\boldsymbol{\alpha}_n)\boldsymbol{A}^{-1}.$$

因此

$$(\boldsymbol{\beta}_1,\boldsymbol{\beta}_2,\cdots,\boldsymbol{\beta}_n)=(\boldsymbol{e}_1,\boldsymbol{e}_2,\cdots,\boldsymbol{e}_n)\boldsymbol{B}=(\boldsymbol{\alpha}_1,\boldsymbol{\alpha}_2,\cdots,\boldsymbol{\alpha}_n)\boldsymbol{A}^{-1}\boldsymbol{B}. \tag{5.15}$$

式(5.15)称为由基 $\boldsymbol{\alpha}_1,\boldsymbol{\alpha}_2,\cdots,\boldsymbol{\alpha}_n$ 到基 $\boldsymbol{\beta}_1,\boldsymbol{\beta}_2,\cdots,\boldsymbol{\beta}_n$ 的**基变换公式**，矩阵 $\boldsymbol{P}=\boldsymbol{A}^{-1}\boldsymbol{B}$ 称为由基 $\boldsymbol{\alpha}_1,\boldsymbol{\alpha}_2,\cdots,\boldsymbol{\alpha}_n$ 到基 $\boldsymbol{\beta}_1,\boldsymbol{\beta}_2,\cdots,\boldsymbol{\beta}_n$ 的**过渡矩阵**.

根据式(5.15)可知，利用初等行变换求过渡矩阵 $\boldsymbol{P}=\boldsymbol{A}^{-1}\boldsymbol{B}$，即对矩阵 $(\boldsymbol{A},\boldsymbol{B})$ 只做初等行变换，当矩阵 $\boldsymbol{A}$ 化成单位矩阵时，矩阵 $\boldsymbol{B}$ 化成的是过渡矩阵 $\boldsymbol{P}=\boldsymbol{A}^{-1}\boldsymbol{B}$.

设向量 $\boldsymbol{\gamma}$ 在基 $\boldsymbol{\alpha}_1,\boldsymbol{\alpha}_2,\cdots,\boldsymbol{\alpha}_n$ 和 $\boldsymbol{\beta}_1,\boldsymbol{\beta}_2,\cdots,\boldsymbol{\beta}_n$ 下的坐标分别为 $x_1,x_2,\cdots,x_n$ 和 $y_1,y_2,\cdots,y_n$，则

$$\boldsymbol{\gamma}=(\boldsymbol{\alpha}_1,\boldsymbol{\alpha}_2,\cdots,\boldsymbol{\alpha}_n)\boldsymbol{x},\quad \boldsymbol{\gamma}=(\boldsymbol{\beta}_1,\boldsymbol{\beta}_2,\cdots,\boldsymbol{\beta}_n)\boldsymbol{y},$$

其中 $\boldsymbol{x}=\begin{pmatrix}x_1\\x_2\\\vdots\\x_n\end{pmatrix}$，$\boldsymbol{y}=\begin{pmatrix}y_1\\y_2\\\vdots\\y_n\end{pmatrix}$.

从而

$$\boldsymbol{y}=\boldsymbol{B}^{-1}\boldsymbol{A}\boldsymbol{x}. \tag{5.16}$$

式(5.16)称为由坐标 $x_1,x_2,\cdots,x_n$ 到坐标 $y_1,y_2,\cdots,y_n$ 的**坐标变换公式**.

根据式(5.16)，如果已知向量 $\boldsymbol{\gamma}$ 在基 $\boldsymbol{\alpha}_1,\boldsymbol{\alpha}_2,\cdots,\boldsymbol{\alpha}_n$ 下的坐标为 $x_1,x_2,\cdots,x_n$，同样可以利用初等行变换求向量 $\boldsymbol{\gamma}$ 在基 $\boldsymbol{\beta}_1,\boldsymbol{\beta}_2,\cdots,\boldsymbol{\beta}_n$ 下的坐标 $y_1,y_2,\cdots,y_n$，即对矩阵 $(\boldsymbol{P},\boldsymbol{x})$ 只做初等行变换，当矩阵 $\boldsymbol{P}$ 化成单位矩阵时，向量 $\boldsymbol{x}$ 化成的向量即为 $\boldsymbol{y}$.

例 5.19 设 3 维向量空间 $\mathbf{R}^3$ 的两个基为

$$\boldsymbol{\alpha}_1=\begin{pmatrix}1\\0\\0\end{pmatrix},\quad \boldsymbol{\alpha}_2=\begin{pmatrix}1\\1\\0\end{pmatrix},\quad \boldsymbol{\alpha}_3=\begin{pmatrix}1\\1\\1\end{pmatrix}\quad 和\quad \boldsymbol{\beta}_1=\begin{pmatrix}1\\2\\1\end{pmatrix},\quad \boldsymbol{\beta}_2=\begin{pmatrix}2\\3\\3\end{pmatrix},\quad \boldsymbol{\beta}_3=\begin{pmatrix}3\\7\\1\end{pmatrix}.$$

(1) 求由基 $\boldsymbol{\alpha}_1,\boldsymbol{\alpha}_2,\boldsymbol{\alpha}_3$ 到基 $\boldsymbol{\beta}_1,\boldsymbol{\beta}_2,\boldsymbol{\beta}_3$ 的过渡矩阵；

(2) 设向量 $\boldsymbol{\gamma}$ 在基 $\boldsymbol{\alpha}_1,\boldsymbol{\alpha}_2,\boldsymbol{\alpha}_3$ 下的坐标为−2,1,2，求向量 $\boldsymbol{\gamma}$ 在基 $\boldsymbol{\beta}_1,\boldsymbol{\beta}_2,\boldsymbol{\beta}_3$ 下的坐标.

解 (1) 由于

$$(\boldsymbol{\alpha}_1,\boldsymbol{\alpha}_2,\boldsymbol{\alpha}_3,\boldsymbol{\beta}_1,\boldsymbol{\beta}_2,\boldsymbol{\beta}_3)=\begin{pmatrix}1&1&1&1&2&3\\0&1&1&2&3&7\\0&0&1&1&3&1\end{pmatrix}$$

$$\xrightarrow[r_2-r_3]{r_1-r_2}\begin{pmatrix}1&0&0&-1&-1&-4\\0&1&0&1&0&6\\0&0&1&1&3&1\end{pmatrix},$$

因此，由基 $\boldsymbol{\alpha}_1,\boldsymbol{\alpha}_2,\boldsymbol{\alpha}_3$ 到基 $\boldsymbol{\beta}_1,\boldsymbol{\beta}_2,\boldsymbol{\beta}_3$ 的过渡矩阵为

$$\boldsymbol{P}=\begin{pmatrix}-1&-1&-4\\1&0&6\\1&3&1\end{pmatrix}.$$

(2) 因为

$$\begin{pmatrix}-1&-1&-4&-2\\1&0&6&1\\1&3&1&2\end{pmatrix}\xrightarrow[r_3-r_1]{\substack{r_1\leftrightarrow r_2\\r_2+r_1}}\begin{pmatrix}1&0&6&1\\0&-1&2&-1\\0&3&-5&1\end{pmatrix}$$

$$\xrightarrow{r_3+3r_2}\begin{pmatrix}1&0&6&1\\0&-1&2&-1\\0&0&1&-2\end{pmatrix}\xrightarrow[r_2+2r_3]{\substack{r_1-6r_3\\-1\times r_2}}\begin{pmatrix}1&0&0&13\\0&1&0&-3\\0&0&1&-2\end{pmatrix},$$

所以，向量γ在基$\boldsymbol{\beta}_1,\boldsymbol{\beta}_2,\boldsymbol{\beta}_3$下的坐标为 13，−3，−2.

*5.6 MATLAB 实验

实验 5.1 (1) 利用 MATLAB 软件，求矩阵

$$\boldsymbol{A}=(\boldsymbol{\alpha}_1,\boldsymbol{\alpha}_2,\boldsymbol{\alpha}_3,\boldsymbol{\alpha}_4,\boldsymbol{\alpha}_5)=\begin{pmatrix}2&1&-5&1&8\\1&3&0&-6&9\\0&2&-1&2&-5\\1&4&-7&6&0\end{pmatrix}$$

的列向量组的一个最大无关组，并用该最大线性无关组线性表示其余向量.

(2) 利用 MATLAB 软件，求齐次线性方程组$\begin{cases}x_1+x_2+x_3+x_4+x_5=0,\\3x_1+2x_2+x_3-x_4-3x_5=0,\\6x_1+4x_2+2x_3+2x_4-6x_5=0,\\5x_1+4x_2+3x_3+3x_4-x_5=0\end{cases}$的基础解系.

(1) 实验过程

```
format rat
A=[2,1,-5,1,8;1,3,0,-6,9;0,2,-1,2,-5;1,4,-7,6,0];
rref(A)
```

运行结果

```
        1        0        0        0        -75/23
        0        1        0        0        -36/23
        0        0        1        0        -87/23
        0        0        0        1        -65/23
```

因此，矩阵$\boldsymbol{A}$的列向量组的一个最大无关组为$\boldsymbol{\alpha}_1,\boldsymbol{\alpha}_2,\boldsymbol{\alpha}_3,\boldsymbol{\alpha}_4$，且

$$\boldsymbol{\alpha}_5=-\frac{75}{23}\boldsymbol{\alpha}_1-\frac{36}{23}\boldsymbol{\alpha}_2-\frac{87}{23}\boldsymbol{\alpha}_3-\frac{65}{23}\boldsymbol{\alpha}_4.$$

(2) 实验过程

```
A=[1,1,1,1,1;3,2,1,-1,-3;6,4,2,2,-6;5,4,3,3,-1];
```

```
z=null(A,'r')
```

运行结果

```
z=
     1      5
    -2     -6
     1      0
     0      0
     0      1
```

因此，该齐次线性方程组的基础解系为 $\xi_1=\begin{pmatrix}1\\-2\\1\\0\\0\end{pmatrix}$，$\xi_2=\begin{pmatrix}5\\-6\\0\\0\\1\end{pmatrix}$.

实验 5.2　假设某种动物每日的食物有三种：脱脂牛奶、大豆面粉和乳清，每种食物中的营养(蛋白质、碳水化合物和脂肪)量和减肥需要的营养量如表 5.1 所示.

表 5.1　每 100g 食物中的营养量和减肥需要的营养量

	脱脂牛奶/g	大豆面粉/g	乳清/g	减肥需要的营养量/g
蛋白质	36	51	13	33
碳水化合物	52	34	74	45
脂肪	0	7	11	3

建立数学模型(用向量形式表示)，利用 MATLAB 软件，确定该动物减肥需要的每日的食物脱脂牛奶、大豆面粉和乳清的用量.

实验过程

1. 模型假设和符号说明

设每日脱脂牛奶、大豆面粉和乳清的用量分别为 x_1，x_2 和 x_3.

2. 建立数学模型和求解

每种食物中三种营养成分蛋白质、碳水化合物和脂肪的量及减肥每日需要的三种营养成分的量分别用列向量表示为

$$\boldsymbol{\alpha}_1=\begin{pmatrix}36\\52\\0\end{pmatrix},\quad \boldsymbol{\alpha}_2=\begin{pmatrix}51\\34\\7\end{pmatrix},\quad \boldsymbol{\alpha}_3=\begin{pmatrix}13\\74\\11\end{pmatrix},\quad \boldsymbol{\beta}=\begin{pmatrix}33\\45\\3\end{pmatrix},$$

则每日脱脂牛奶、大豆面粉和乳清的用量所满足的数学模型为

$$\boldsymbol{\beta} = x_1\boldsymbol{\alpha}_1 + x_2\boldsymbol{\alpha}_2 + x_3\boldsymbol{\alpha}_3 .$$

求解得脱脂牛奶的用量为 53.69g,大豆面粉的用量为 23.70g,乳清的用量为 12.19g.

3. MATLAB 程序

```
A=[36,51,13;52,34,74;0,7,11];
 b=[33;45;3];
 x=inv(A)*b;
```

运行结果

```
x=
    0.5369
    0.2370
    0.1219
```

实验 5.3 混凝土的配料是水泥、水、沙、石和灰，各种配料的含量不同，得到不同型号的混凝土. 设有标号为 A，B，C 的混凝土，各种配料的含量见表 5.2. 如果工地需要混凝土的各种配料依次为 16，10，21，9，4，只能利用标号为 A，B，C 的混凝土配制. 建立标号为 A，B，C 的三种类型混凝土所占比例满足的数学模型(用向量形式表示)，利用 MATLAB 软件，计算所需要标号为 A，B，C 的混凝土的比例.

表 5.2 标号为 A，B，C 的混凝土配料含量

配料	A	B	C
水泥	20	18	12
水	10	10	10
沙	20	25	15
石	10	5	15
灰	0	2	8

实验过程

1. 模型假设和符号说明

设配制满足工地需要的混凝土,需要标号为 A,B,C 的混凝土比例为 x_1, x_2, x_3 .

2. 建立数学模型和求解

标号为 A，B，C 的混凝土和待配置的混凝土中配料(水泥、水、沙、石和灰)含量分别用向量表示为

$$\boldsymbol{\alpha}_1=\begin{pmatrix}20\\10\\20\\10\\0\end{pmatrix},\quad \boldsymbol{\alpha}_2=\begin{pmatrix}18\\10\\25\\5\\2\end{pmatrix},\quad \boldsymbol{\alpha}_3=\begin{pmatrix}12\\10\\15\\15\\8\end{pmatrix},\quad \boldsymbol{\beta}=\begin{pmatrix}16\\10\\21\\9\\4\end{pmatrix},$$

则标号为 A，B，C 的三种类型混凝土所占比例满足的数学模型为

$$\boldsymbol{\beta}=x_1\boldsymbol{\alpha}_1+x_2\boldsymbol{\alpha}_2+x_3\boldsymbol{\alpha}_3 .$$

3. MATLAB 程序

```
format rat
B=[20,18,12,16;10,10,10,10;20,25,15,21;10,5,15,9;0,2,8,
4];
rref(B)
```

运行结果

```
ans=
       1          0          0          2/25
       0          1          0          14/25
       0          0          1          9/25
       0          0          0          0
       0          0          0          0
```

4. 结论

配制满足工地需要的混凝土，需要标号为 A，B，C 的混凝土比例分别为 8%，56%，36%.

实验练习 5.1　(1) 利用 MATLAB 软件，求矩阵 $\boldsymbol{A}=\begin{pmatrix}1&1&1&1&4\\2&-3&1&5&6\\-3&1&2&-4&5\end{pmatrix}$ 的列向量组的一个最大线性无关组，并用该最大线性无关组线性表示其他向量；

(2) 利用 MATLAB 软件，求齐次线性方程组 $\begin{cases}x_1-2x_2+x_3-x_4+x_5=0,\\2x_1+x_2-x_3+2x_4-3x_5=0,\\3x_1-2x_2-x_3+x_4-2x_5=0,\\2x_1-5x_2+x_3-2x_4+2x_5=0\end{cases}$ 的基础解系.

实验练习 5.2　在实验 5.3 中，如果工地需要混凝土的各种配料依次为 19，12，

26，16，7，建立数学模型(用列向量表示)，利用 MATLAB 软件求解，说明能否利用标号为 A，B，C 的混凝土配制工地需要的混凝土.

实验练习 5.3 在合成氨生产的甲烷与水蒸气生成合成气的阶段，系统内不仅有惰性气体，还存在以下七种化学物质：CH_4，H_2，CO，CO_2，H_2O，C，C_2H_6. 这些化学物质涉及 3 种化学原子 C，H 和 O. 按照每种物质的原子构成，可以给出化学物质中所含原子个数的矩阵表格如下：

$$\begin{array}{c} \\ \mathrm{C} \\ \mathrm{H} \\ \mathrm{O} \end{array}\begin{array}{c} \begin{array}{ccccccc} \mathrm{CH_4} & \mathrm{H_2} & \mathrm{CO} & \mathrm{CO_2} & \mathrm{H_2O} & \mathrm{C} & \mathrm{C_2H_6} \end{array} \\ \begin{bmatrix} 1 & 0 & 1 & 1 & 0 & 1 & 2 \\ 4 & 2 & 0 & 0 & 2 & 0 & 6 \\ 0 & 0 & 1 & 2 & 1 & 0 & 0 \end{bmatrix} \end{array}.$$

假设经过化学反应后，该系统内 7 种化学物质的量发生变化的情况是由初始的 x_j 变为 x'_j $(j=1,2,\cdots,7)$，但是化学反应不改变化学物质中化学原子的个数. 建立系统内 7 种物质反应前后的改变量 $\Delta x_j = x'_j - x_j$ $(j=1,2,\cdots,7)$ 所满足的数学模型(用向量的形式表示)，利用 MATLAB 软件，求解该数学模型.

习　题　5

1. 已知向量组 $\boldsymbol{\alpha}_1=\begin{pmatrix}0\\1\\2\end{pmatrix}$，$\boldsymbol{\alpha}_2=\begin{pmatrix}3\\0\\1\end{pmatrix}$，$\boldsymbol{\alpha}_3=\begin{pmatrix}2\\3\\0\end{pmatrix}$ 和向量 $\boldsymbol{\beta}=\begin{pmatrix}2\\1\\1\end{pmatrix}$，判断向量 $\boldsymbol{\beta}$ 能否由向量组 $\boldsymbol{\alpha}_1,\boldsymbol{\alpha}_2,\boldsymbol{\alpha}_3$ 线性表示，如果能线性表示，写出线性表达式.

2. 已知向量组 $\boldsymbol{\alpha}_1=\begin{pmatrix}1\\0\\0\\3\end{pmatrix}$，$\boldsymbol{\alpha}_2=\begin{pmatrix}1\\1\\-1\\2\end{pmatrix}$，$\boldsymbol{\alpha}_3=\begin{pmatrix}1\\2\\a-3\\1\end{pmatrix}$ 和向量 $\boldsymbol{\beta}=\begin{pmatrix}0\\1\\b\\-1\end{pmatrix}$，当参数 a,b 满足什么条件时，向量 $\boldsymbol{\beta}$ 能由向量组 $\boldsymbol{\alpha}_1,\boldsymbol{\alpha}_2,\boldsymbol{\alpha}_3$ 唯一线性表示.

3. 已知向量组 $\boldsymbol{\alpha}_1=\begin{pmatrix}0\\1\\2\\3\end{pmatrix}$，$\boldsymbol{\alpha}_2=\begin{pmatrix}3\\0\\1\\2\end{pmatrix}$，$\boldsymbol{\alpha}_3=\begin{pmatrix}2\\3\\0\\1\end{pmatrix}$ 和 $\boldsymbol{\beta}_1=\begin{pmatrix}2\\1\\1\\2\end{pmatrix}$，$\boldsymbol{\beta}_2=\begin{pmatrix}0\\-2\\1\\1\end{pmatrix}$，证明向量组 $\boldsymbol{\beta}_1,\boldsymbol{\beta}_2$ 能由向量组 $\boldsymbol{\alpha}_1,\boldsymbol{\alpha}_2,\boldsymbol{\alpha}_3$ 线性表示.

4. 已知向量组 $\boldsymbol{\alpha}_1=\begin{pmatrix}1\\2\\2\\3\end{pmatrix}$，$\boldsymbol{\alpha}_2=\begin{pmatrix}1\\-1\\-1\\6\end{pmatrix}$，$\boldsymbol{\alpha}_3=\begin{pmatrix}-2\\-1\\-1\\-9\end{pmatrix}$ 和 $\boldsymbol{\beta}_1=\begin{pmatrix}1\\1\\1\\4\end{pmatrix}$，$\boldsymbol{\beta}_2=\begin{pmatrix}4\\2\\2\\18\end{pmatrix}$，证

明向量组 $\boldsymbol{\beta}_1,\boldsymbol{\beta}_2$ 和向量组 $\boldsymbol{\alpha}_1,\boldsymbol{\alpha}_2,\boldsymbol{\alpha}_3$ 等价.

5. 判定下列向量组是否线性相关：

(1) $\boldsymbol{\alpha}_1=\begin{pmatrix}1\\1\\0\end{pmatrix}$，$\boldsymbol{\alpha}_2=\begin{pmatrix}0\\2\\0\end{pmatrix}$，$\boldsymbol{\alpha}_3=\begin{pmatrix}0\\0\\3\end{pmatrix}$；

(2) $\boldsymbol{\alpha}_1=\begin{pmatrix}1\\-1\\2\\4\end{pmatrix}$，$\boldsymbol{\alpha}_2=\begin{pmatrix}3\\0\\7\\14\end{pmatrix}$，$\boldsymbol{\alpha}_3=\begin{pmatrix}0\\3\\1\\2\end{pmatrix}$，$\boldsymbol{\alpha}_4=\begin{pmatrix}1\\-1\\2\\0\end{pmatrix}$.

6. 设 $\boldsymbol{\alpha}_1,\boldsymbol{\alpha}_2,\cdots,\boldsymbol{\alpha}_k$ 是 k 个 m 维向量，由 $0\boldsymbol{\alpha}_1+0\boldsymbol{\alpha}_2+\cdots+0\boldsymbol{\alpha}_k=\mathbf{0}$ 能否断定向量组 $\boldsymbol{\alpha}_1,\boldsymbol{\alpha}_2,\cdots,\boldsymbol{\alpha}_k$ 线性无关？如果对于任意全不为零的数 $\lambda_1,\lambda_2,\cdots,\lambda_k$，总有

$$\lambda_1\boldsymbol{\alpha}_1+\lambda_2\boldsymbol{\alpha}_2+\cdots+\lambda_k\boldsymbol{\alpha}_k\neq\mathbf{0},$$

能否确定向量组 $\boldsymbol{\alpha}_1,\boldsymbol{\alpha}_2,\cdots,\boldsymbol{\alpha}_k$ 线性无关？

7. 举例说明下列命题是错误的：

(1) 如果向量组 $\boldsymbol{\alpha}_1,\boldsymbol{\alpha}_2,\cdots,\boldsymbol{\alpha}_k$ 线性相关，则 $\boldsymbol{\alpha}_1$ 能由其余向量 $\boldsymbol{\alpha}_2,\cdots,\boldsymbol{\alpha}_k$ 线性表出；

(2) 如果存在不全为零的数 $\lambda_1,\lambda_2,\cdots,\lambda_k$，使

$$\lambda_1\boldsymbol{\alpha}_1+\lambda_2\boldsymbol{\alpha}_2+\cdots+\lambda_k\boldsymbol{\alpha}_k+\lambda_1\boldsymbol{\beta}_1+\lambda_2\boldsymbol{\beta}_2+\cdots+\lambda_k\boldsymbol{\beta}_k=\mathbf{0},$$

则向量组 $\boldsymbol{\alpha}_1,\boldsymbol{\alpha}_2,\cdots,\boldsymbol{\alpha}_k$ 和 $\boldsymbol{\beta}_1,\boldsymbol{\beta}_2,\cdots,\boldsymbol{\beta}_k$ 都线性相关；

(3) 如果当且仅当 $\lambda_1=\lambda_2=\cdots=\lambda_k=0$ 时，等式

$$\lambda_1\boldsymbol{\alpha}_1+\lambda_2\boldsymbol{\alpha}_2+\cdots+\lambda_k\boldsymbol{\alpha}_k+\lambda_1\boldsymbol{\beta}_1+\lambda_2\boldsymbol{\beta}_2+\cdots+\lambda_k\boldsymbol{\beta}_k=\mathbf{0}$$

才能成立，则向量组 $\boldsymbol{\alpha}_1,\boldsymbol{\alpha}_2,\cdots,\boldsymbol{\alpha}_k$ 和向量组 $\boldsymbol{\beta}_1,\boldsymbol{\beta}_2,\cdots,\boldsymbol{\beta}_k$ 都是线性无关的.

8. 设向量组 $\alpha_1,\alpha_2,\alpha_3$ 线性无关，证明下列向量组是线性相关或无关：

(1) $\beta_1=\alpha_1+2\alpha_2$，$\beta_2=\alpha_2+2\alpha_3$，$\beta_3=\alpha_3+2\alpha_1$；

(2) $\beta_1=\alpha_1+\alpha_2$，$\beta_2=\alpha_2+3\alpha_3$，$\beta_3=\alpha_1+\alpha_2+6\alpha_3$；

(3) $\beta_1=2\alpha_1+\alpha_2$，$\beta_2=\alpha_2+5\alpha_3$，$\beta_3=4\alpha_3+3\alpha_1$；

(4) $\beta_1=2\alpha_1-\alpha_2$，$\beta_2=\alpha_2-2\alpha_3$，$\beta_3=3\alpha_3-3\alpha_1$.

9. 已知向量组 $\boldsymbol{\alpha}_1,\boldsymbol{\alpha}_2,\boldsymbol{\alpha}_3,\boldsymbol{\alpha}_4$，且向量 $\boldsymbol{\beta}_1=\boldsymbol{\alpha}_1-\boldsymbol{\alpha}_2,\boldsymbol{\beta}_2=\boldsymbol{\alpha}_2-\boldsymbol{\alpha}_3,\boldsymbol{\beta}_3=\boldsymbol{\alpha}_3-\boldsymbol{\alpha}_4,\boldsymbol{\beta}_4=\boldsymbol{\alpha}_4-\boldsymbol{\alpha}_1$，证明向量组 $\boldsymbol{\beta}_1,\boldsymbol{\beta}_2,\boldsymbol{\beta}_3,\boldsymbol{\beta}_4$ 线性相关.

10. 证明 n 维向量组 $\alpha_1,\alpha_2,\cdots,\alpha_n$ 线性无关的充分必要条件是任意 n 维向量 β 都可以由向量组 $\alpha_1,\alpha_2,\cdots,\alpha_n$ 线性表示.

11. 设矩阵 $\boldsymbol{A}=\boldsymbol{\alpha}\boldsymbol{\alpha}^{\mathrm{T}}+\boldsymbol{\beta}\boldsymbol{\beta}^{\mathrm{T}}$，其中 $\boldsymbol{\alpha},\boldsymbol{\beta}$ 是 m 维列向量. 证明：

(1) $R(\boldsymbol{A})\leqslant 2$；

(2) 当向量 $\boldsymbol{\alpha},\boldsymbol{\beta}$ 线性相关时，$R(\boldsymbol{A})\leqslant 1$.

12. 求下列向量组的一个最大线性无关组和秩，并用该最大无关组线性表示其余向量：

(1) $\boldsymbol{\alpha}_1=\begin{pmatrix}-2\\1\\0\\3\end{pmatrix}$，$\boldsymbol{\alpha}_2=\begin{pmatrix}1\\-3\\2\\4\end{pmatrix}$，$\boldsymbol{\alpha}_3=\begin{pmatrix}3\\0\\2\\-1\end{pmatrix}$，$\boldsymbol{\alpha}_4=\begin{pmatrix}2\\-2\\4\\6\end{pmatrix}$；

(2) $\boldsymbol{\alpha}_1=\begin{pmatrix}2\\-1\\2\end{pmatrix}$，$\boldsymbol{\alpha}_2=\begin{pmatrix}0\\3\\12\end{pmatrix}$，$\boldsymbol{\alpha}_3=\begin{pmatrix}6\\-13\\-34\end{pmatrix}$，$\boldsymbol{\alpha}_4=\begin{pmatrix}-2\\6\\18\end{pmatrix}$.

13. 如果向量组 B: $\boldsymbol{\beta}_1,\boldsymbol{\beta}_2,\cdots,\boldsymbol{\beta}_l$ 能由向量组 A: $\boldsymbol{\alpha}_1,\boldsymbol{\alpha}_2,\cdots,\boldsymbol{\alpha}_k$ 线性表示，且 $k<l$，则向量组 B: $\boldsymbol{\beta}_1,\boldsymbol{\beta}_2,\cdots,\boldsymbol{\beta}_l$ 线性相关.

14. 设 3 阶矩阵 $\boldsymbol{A}$ 与 3 维列向量 $\boldsymbol{\alpha}$ 满足 $\boldsymbol{A}^3\boldsymbol{\alpha}=3\boldsymbol{A}\boldsymbol{\alpha}-2\boldsymbol{A}^2\boldsymbol{\alpha}$, 且向量组 $\boldsymbol{\alpha},\boldsymbol{A}\boldsymbol{\alpha},\boldsymbol{A}^2\boldsymbol{\alpha}$ 线性无关.

(1) 记矩阵 $\boldsymbol{P}=(\boldsymbol{\alpha},\boldsymbol{A}\boldsymbol{\alpha},\boldsymbol{A}^2\boldsymbol{\alpha})$，求 3 阶矩阵 $\boldsymbol{B}$, 使 $\boldsymbol{A}=\boldsymbol{P}\boldsymbol{B}\boldsymbol{P}^{-1}$；

(2) 计算行列式 $|\boldsymbol{A}+\boldsymbol{E}|$.

15. 求下列齐次线性方程组的基础解系和通解:

(1) $\begin{cases}x_1+x_2-3x_4=0,\\x_1-x_2+2x_3-x_4=0,\\4x_1-2x_2+6x_3-6x_4=0,\\2x_1+4x_2-2x_3-8x_4=0;\end{cases}$　　(2) $\begin{cases}x_1-2x_2+x_3+x_4=0,\\2x_1-4x_2-x_3-2x_4=0,\\-x_1+2x_2-7x_3-9x_4=0,\\3x_1-6x_2-x_4=0.\end{cases}$

16. 求一个齐次线性方程组 $\boldsymbol{A}\boldsymbol{x}=\boldsymbol{0}$，使它的一个基础解系是

$$\boldsymbol{\xi}_1=(1,0,2,3)^{\mathrm{T}},\quad \boldsymbol{\xi}_2=(0,1,-1,2)^{\mathrm{T}}.$$

17. 设 4 元齐次线性方程组为

$$(\mathrm{I})\quad\begin{cases}2x_1+3x_2-x_3=0,\\x_1+2x_2+x_3-x_4=0.\end{cases}$$

另一齐次线性方程组(II)的基础解系为

$$\boldsymbol{\xi}_1=(2,-1,a+2,1)^{\mathrm{T}},\quad \boldsymbol{\xi}_2=(-1,2,4,a+8)^{\mathrm{T}}.$$

(1) 求线性方程组(I)的基础解系；

(2) a 为何值时，线性方程组(I)和(II)有公共的非零解，并求出线性方程组(I)和(II)的公共的非零解.

18. 设 $\boldsymbol{A}$ 为任意 $m\times n$ 矩阵，(1) 如果 n 元线性方程组 $\boldsymbol{A}\boldsymbol{x}=\boldsymbol{0}$ 与 $\boldsymbol{B}\boldsymbol{x}=\boldsymbol{0}$ 同解，则 $R(\boldsymbol{A})=R(\boldsymbol{B})$；(2) $R(\boldsymbol{A})=R(\boldsymbol{A}\boldsymbol{A}^{\mathrm{T}})$.

第 18 题的证明

19. 求下列线性方程组的一个特解、相应的齐次方程组的基础解

系和该线性方程组的通解：

(1) $\begin{cases}-x_1-2x_2+3x_3+x_4=11,\\2x_1-3x_2+x_3+5x_4=6,\\-3x_1+x_2+2x_3-4x_4=5;\end{cases}$ (2) $\begin{cases}x_1+2x_2-2x_3+3x_4=2,\\2x_1+4x_2-3x_3+4x_4=5,\\5x_1+10x_2-8x_3+11x_4=12;\end{cases}$

(3) $x_1-4x_2+2x_3-3x_4+6x_5=4$.

20. 设4元非齐次线性方程组为 $\boldsymbol{Ax}=\boldsymbol{b}$，且系数矩阵 $\boldsymbol{A}$ 的秩为3. 已知 $\boldsymbol{\eta}_1, \boldsymbol{\eta}_2, \boldsymbol{\eta}_3$ 是它的3个解向量，并且满足

$$\boldsymbol{\eta}_1=\begin{pmatrix}2\\3\\4\\5\end{pmatrix},\quad \boldsymbol{\eta}_2+\boldsymbol{\eta}_3=\begin{pmatrix}1\\3\\5\\7\end{pmatrix},$$

求线性方程组 $\boldsymbol{Ax}=\boldsymbol{b}$ 的通解.

21. 设矩阵 $\boldsymbol{A}=(\boldsymbol{\alpha}_1,\boldsymbol{\alpha}_2,\boldsymbol{\alpha}_3,\boldsymbol{\alpha}_4)$，其中 $\boldsymbol{\alpha}_1,\boldsymbol{\alpha}_2,\boldsymbol{\alpha}_3$ 线性无关，且 $\boldsymbol{\alpha}_4=2\boldsymbol{\alpha}_1-\boldsymbol{\alpha}_3$，$\boldsymbol{b}=\boldsymbol{\alpha}_1+2\boldsymbol{\alpha}_2+3\boldsymbol{\alpha}_3+4\boldsymbol{\alpha}_4$，求线性方程组 $\boldsymbol{Ax}=\boldsymbol{b}$ 的通解.

22. 设向量 $\boldsymbol{\alpha}_1=\begin{pmatrix}a_1\\b_1\\c_1\end{pmatrix}$，$\boldsymbol{\alpha}_2=\begin{pmatrix}a_2\\b_2\\c_2\end{pmatrix}$，$\boldsymbol{\alpha}_3=\begin{pmatrix}a_3\\b_3\\c_3\end{pmatrix}$，证明平面上的3条直线

$$a_1x+a_2y+a_3=0,\quad b_1x+b_2y+b_3=0,\quad c_1x+c_2y+c_3=0$$

相交于一点的充分必要条件是向量组 $\boldsymbol{\alpha}_1,\boldsymbol{\alpha}_2$ 线性无关，$\boldsymbol{\alpha}_1,\boldsymbol{\alpha}_2,\boldsymbol{\alpha}_3$ 相关.

23. 设 $\boldsymbol{\alpha}_1,\boldsymbol{\alpha}_2,\cdots,\boldsymbol{\alpha}_s$ 为线性方程组 $\boldsymbol{Ax}=\boldsymbol{0}$ 的一个基础解系，$\boldsymbol{\beta}_1=t_1\boldsymbol{\alpha}_1+t_2\boldsymbol{\alpha}_2$，$\boldsymbol{\beta}_2=t_1\boldsymbol{\alpha}_2+t_2\boldsymbol{\alpha}_3,\cdots$，$\boldsymbol{\beta}_s=t_1\boldsymbol{\alpha}_s+t_2\boldsymbol{\alpha}_1$，其中 t_1,t_2 为实常数. t_1,t_2 满足什么条件时，$\boldsymbol{\beta}_1,\boldsymbol{\beta}_2,\cdots,\boldsymbol{\beta}_s$ 也是线性方程组 $\boldsymbol{Ax}=\boldsymbol{0}$ 的一个基础解系.

24. 设 $\boldsymbol{\eta}^*$ 是 n 元非齐次线性方程组 $\boldsymbol{Ax}=\boldsymbol{b}$ 的解，且系数矩阵 $\boldsymbol{A}$ 的秩为 r，$\boldsymbol{\xi}_1,\boldsymbol{\xi}_2,\cdots,\boldsymbol{\xi}_{n-r}$ 是相应的齐次线性方程组 $\boldsymbol{Ax}=\boldsymbol{0}$ 的基础解系. 证明：

(1) $\boldsymbol{\eta}^*,\boldsymbol{\xi}_1,\boldsymbol{\xi}_2,\cdots,\boldsymbol{\xi}_{n-r}$ 线性无关；

(2) $\boldsymbol{\eta}^*,\boldsymbol{\eta}^*+\boldsymbol{\xi}_1,\boldsymbol{\eta}^*+\boldsymbol{\xi}_2,\cdots,\boldsymbol{\eta}^*+\boldsymbol{\xi}_{n-r}$ 线性无关.

第24题的证明

25. 如果 $\boldsymbol{\eta}_1,\boldsymbol{\eta}_2,\cdots,\boldsymbol{\eta}_s$ 是非齐次线性方程组 $\boldsymbol{Ax}=\boldsymbol{b}$ 的解，实数 $c_1,c_2,\cdots,c_s$ 满足

$$c_1+c_2+\cdots+c_s=1,$$

则向量 $\boldsymbol{x}=c_1\boldsymbol{\eta}_1+c_2\boldsymbol{\eta}_2+\cdots+c_s\boldsymbol{\eta}_s$ 也是 $\boldsymbol{Ax}=\boldsymbol{b}$ 的解.

26. 如果 $\boldsymbol{\eta}^*$ 是 n 元非齐次线性方程组 $\boldsymbol{Ax}=\boldsymbol{b}$ 的一个特解，且系数矩阵 $\boldsymbol{A}$ 的秩为 r，$\boldsymbol{\xi}_1,\boldsymbol{\xi}_2,\cdots,\boldsymbol{\xi}_{n-r}$ 是相应的齐次线性方程组的基础解系，令

$$\boldsymbol{\eta}_1=\boldsymbol{\eta}^*+\boldsymbol{\xi}_1,\boldsymbol{\eta}_2=\boldsymbol{\eta}^*+\boldsymbol{\xi}_2,\cdots,\boldsymbol{\eta}_{n-r}=\boldsymbol{\eta}^*+\boldsymbol{\xi}_{n-r},\quad \boldsymbol{\eta}_{n-r+1}=\boldsymbol{\eta}^*,$$

第26题的证明

证明线性方程组 $\boldsymbol{Ax}=\boldsymbol{b}$ 的任意的解可表示为

$$\boldsymbol{x}=c_1\boldsymbol{\eta}_1+c_2\boldsymbol{\eta}_2+\cdots+c_{n-r+1}\boldsymbol{\eta}_{n-r+1},$$

其中 $c_1+c_2+\cdots+c_{n-r+1}=1$.

27. 证明：

(1) $V_1=\left\{(x,y,z)^{\mathrm{T}}\middle|x+y+z=0\right\}$ 是向量空间；

(2) $V_2=\left\{(x,y,z)^{\mathrm{T}}\middle|x+y+z=1\right\}$ 不是向量空间.

28. 如果向量 $\boldsymbol{\alpha}_1,\boldsymbol{\alpha}_2$ 线性无关，证明集合 $V=\left\{\boldsymbol{x}\middle|\boldsymbol{x}=c_1\boldsymbol{\alpha}_1+c_2\boldsymbol{\alpha}_2\right\}$ 是向量空间，并写出向量空间 V 的一个基和维数.

29. 设矩阵 $\boldsymbol{A}=(\boldsymbol{\alpha}_1,\boldsymbol{\alpha}_2,\boldsymbol{\alpha}_3)=\begin{pmatrix}3&2&2\\3&1&3\\3&2&3\end{pmatrix}$，$\boldsymbol{B}=(\boldsymbol{\beta}_1,\boldsymbol{\beta}_2)=\begin{pmatrix}1&4\\0&3\\3&2\end{pmatrix}$，证明向量组 $\boldsymbol{\alpha}_1,\boldsymbol{\alpha}_2,\boldsymbol{\alpha}_3$ 是 3 维向量空间 $\mathbf{R}^3$ 中的一个基，并求向量 $\boldsymbol{\beta}_1,\boldsymbol{\beta}_2$ 在该基下的坐标.

30. 设 3 维向量空间 $\mathbf{R}^3$ 的 2 个基为

$$\boldsymbol{\alpha}_1=\begin{pmatrix}1\\0\\-1\end{pmatrix},\quad \boldsymbol{\alpha}_2=\begin{pmatrix}2\\1\\1\end{pmatrix},\quad \boldsymbol{\alpha}_3=\begin{pmatrix}1\\1\\1\end{pmatrix}\quad 和\quad \boldsymbol{\beta}_1=\begin{pmatrix}0\\1\\1\end{pmatrix},\quad \boldsymbol{\beta}_2=\begin{pmatrix}-1\\1\\0\end{pmatrix},\quad \boldsymbol{\beta}_3=\begin{pmatrix}1\\2\\1\end{pmatrix}.$$

(1) 求由基 $\boldsymbol{\alpha}_1,\boldsymbol{\alpha}_2,\boldsymbol{\alpha}_3$ 到基 $\boldsymbol{\beta}_1,\boldsymbol{\beta}_2,\boldsymbol{\beta}_3$ 的过渡矩阵 $\boldsymbol{P}$；

(2) 设向量 $\boldsymbol{\gamma}$ 在基 $\boldsymbol{\alpha}_1,\boldsymbol{\alpha}_2,\boldsymbol{\alpha}_3$ 下的坐标为 1, 2, 4，求向量 $\boldsymbol{\gamma}$ 在基 $\boldsymbol{\beta}_1,\boldsymbol{\beta}_2,\boldsymbol{\beta}_3$ 下的坐标；

(3) 求向量 $\boldsymbol{\delta}$，使它在这两组基下的坐标相同.

第 5 章测试题　　　　第 5 章测试题参考答案

第 6 章　方阵的特征值与特征向量、二次型

数学家魏尔斯特拉斯

魏尔斯特拉斯(Weierstrass，1815～1897)，德国数学家. 中学毕业时成绩优秀，共获 7 项奖，其中包括数学，但他的父亲却把他送到波恩大学学习法律和商业，在波恩大学他把相当一部分时间用在数学上，他常常独自钻研拉普拉斯的《天体力学》等著作. 1841 年，他正式通过了教师资格考试，并开始长达 15 年的中学教书生涯. 1856 年，他被任命为柏林工业大学数学教授，后来又到柏林大学任教授.

魏尔斯特拉斯在数学诸多领域中做出巨大贡献. 其中在代数领域，他对同时化两个二次型成平方和给出了一般方法，并证明了如果二次型之一是正定的，即使某些特征值相等，这个化简也是可能的，1868 年，他比较系统地完成二次型的理论体系，并将这些结果推广到了双线性型等.

基本概念

向量的内积、方阵的特征值和特征向量、相似矩阵、二次型及其标准形.

基本运算

方阵的特征值与特征向量、矩阵的对角化、化二次型为标准形.

基本要求

熟悉向量的正交、正交规范基、正交矩阵等概念，掌握向量组正交规范化的方法；掌握方阵的特征值和特征向量的概念、性质及计算；掌握相似矩阵的概念、性质、对角化的条件和方法；熟悉实对称矩阵的特征值和特征向量的性质，熟练掌握实对称矩阵对角化的方法；熟悉二次型的秩、标准形、规范形等概念，熟练掌握用正交变换化二次型为标准形的方法，熟悉用配平方法和初等变换的方法化二次型为标准形，了解正定二次型和正定矩阵的概念，掌握正定二次型和正定矩阵的判定方法.

方阵的特征值和特征向量不仅应用于离散的动力系统，对纯数学和应用数学也有很重要的作用，还经常出现在工程、化学和物理等领域. 本章首先引入矩阵特征值和特征向量的概念，然后介绍矩阵的对角化、二次型及二次型化为标准形等内容.

6.1 向量的内积

在解析几何课程中，介绍过 2 维和 3 维向量空间中向量的内积、向量的长度和向量间的夹角等内容. 本节将这些概念推广到 m 维向量空间，并讨论其基本性质.

6.1.1 向量内积的概念

定义 6.1 设 m 维的列向量 $\boldsymbol{\alpha}=\begin{pmatrix}a_1\\a_2\\\vdots\\a_m\end{pmatrix}$，$\boldsymbol{\beta}=\begin{pmatrix}b_1\\b_2\\\vdots\\b_m\end{pmatrix}$，称实数 $a_1b_1+a_2b_2+\cdots+a_mb_m$ 为向量 $\boldsymbol{\alpha}$ 与 $\boldsymbol{\beta}$ 的**内积**，记作 $[\boldsymbol{\alpha},\boldsymbol{\beta}]$ 或 $(\boldsymbol{\alpha},\boldsymbol{\beta})$.

向量的内积是两个向量之间的一种乘法运算，其结果是一个数，也称为向量的数量积. 两个列向量 $\boldsymbol{\alpha},\boldsymbol{\beta}$ 的内积用矩阵表示为

$$[\boldsymbol{\alpha},\boldsymbol{\beta}]=\boldsymbol{\alpha}^{\mathrm{T}}\boldsymbol{\beta} \quad \text{或} \quad [\boldsymbol{\alpha},\boldsymbol{\beta}]=\boldsymbol{\beta}^{\mathrm{T}}\boldsymbol{\alpha}.$$

当 $\boldsymbol{\alpha},\boldsymbol{\beta}$ 为行向量时，$[\boldsymbol{\alpha},\boldsymbol{\beta}]=\boldsymbol{\alpha}\boldsymbol{\beta}^{\mathrm{T}}=\boldsymbol{\beta}\boldsymbol{\alpha}^{\mathrm{T}}$.

向量的内积具有如下性质(设 $\boldsymbol{\alpha},\boldsymbol{\beta},\boldsymbol{\gamma}$ 是任意的 m 维列向量，λ 是任意常数)：

(1) $[\boldsymbol{\alpha},\boldsymbol{\beta}]=[\boldsymbol{\beta},\boldsymbol{\alpha}]$；

(2) $[\lambda\boldsymbol{\alpha},\boldsymbol{\beta}]=\lambda[\boldsymbol{\alpha},\boldsymbol{\beta}]$；

(3) $[\boldsymbol{\alpha}+\boldsymbol{\beta},\boldsymbol{\gamma}]=[\boldsymbol{\alpha},\boldsymbol{\gamma}]+[\boldsymbol{\beta},\boldsymbol{\gamma}]$；

(4) $[\boldsymbol{\alpha},\boldsymbol{\alpha}]\geqslant 0$，当且仅当 $\boldsymbol{\alpha}=\mathbf{0}$ 时等号成立.

由(4)可以证明著名的**柯西-施瓦茨**(Cauchy-Schwarz)不等式

$$[\boldsymbol{\alpha},\boldsymbol{\beta}]^2\leqslant[\boldsymbol{\alpha},\boldsymbol{\alpha}][\boldsymbol{\beta},\boldsymbol{\beta}].$$

定义 6.2 设 m 维向量 $\boldsymbol{\alpha}=\begin{pmatrix}a_1\\a_2\\\vdots\\a_m\end{pmatrix}$，称 $\sqrt{[\boldsymbol{\alpha},\boldsymbol{\alpha}]}=\sqrt{a_1^2+a_2^2+\cdots+a_m^2}$ 为向量 $\boldsymbol{\alpha}$ 的

长度(或范数)，记作$\|\boldsymbol{\alpha}\|$.

向量的长度具有如下性质(设$\boldsymbol{\alpha}$，$\boldsymbol{\beta}$是任意m维列向量，λ是任意常数)：

(1) **非负性**　$\|\boldsymbol{\alpha}\| \geqslant 0$；

(2) **齐次性**　$\|\lambda\boldsymbol{\alpha}\| = |\lambda|\|\boldsymbol{\alpha}\|$；

(3) **三角不等式性**　$\|\boldsymbol{\alpha}+\boldsymbol{\beta}\| \leqslant \|\boldsymbol{\alpha}\|+\|\boldsymbol{\beta}\|$.

特别地，长度为 1 的向量称为**单位向量**.

当向量$\boldsymbol{\alpha} \neq \mathbf{0}$时，$\boldsymbol{\alpha}/\|\boldsymbol{\alpha}\|$是单位向量. 通常把由$\boldsymbol{\alpha} \neq \mathbf{0}$，求$\boldsymbol{\alpha}/\|\boldsymbol{\alpha}\|$的过程称为将向量$\boldsymbol{\alpha}$**单位化**.

定义 6.3　设$\boldsymbol{\alpha}$和$\boldsymbol{\beta}$是同维的非零向量，称

$$\arccos\frac{[\boldsymbol{\alpha},\boldsymbol{\beta}]}{\|\boldsymbol{\alpha}\|\|\boldsymbol{\beta}\|}$$

为向量$\boldsymbol{\alpha}$和$\boldsymbol{\beta}$之间的**夹角**.

6.1.2　正交向量组

定义 6.4　设$\boldsymbol{\alpha}$和$\boldsymbol{\beta}$是同维的向量，如果$[\boldsymbol{\alpha},\boldsymbol{\beta}]=0$，称向量$\boldsymbol{\alpha}$与$\boldsymbol{\beta}$**正交**.

显然，零向量与任何向量正交. 根据定义 6.3 可知，两个非零向量正交，即它们之间的夹角为$\dfrac{\pi}{2}$.

定义 6.5　如果一个向量组中的向量两两正交，且每个向量都不等于零，称该向量组为**正交向量组**；如果正交向量组中每个向量都是单位向量，称该向量组为**单位正交向量组**.

下面讨论正交向量组和线性无关的向量组之间的关系.

定理 6.1　如果向量组$\boldsymbol{\alpha}_1,\boldsymbol{\alpha}_2,\cdots,\boldsymbol{\alpha}_n$是正交向量组，则$\boldsymbol{\alpha}_1,\boldsymbol{\alpha}_2,\cdots,\boldsymbol{\alpha}_n$一定是线性无关的向量组.

证　假设存在一组数$\lambda_1,\lambda_2,\cdots,\lambda_n$，使

$$\lambda_1\boldsymbol{\alpha}_1+\lambda_2\boldsymbol{\alpha}_2+\cdots+\lambda_n\boldsymbol{\alpha}_n=\mathbf{0}. \tag{6.1}$$

由于$\boldsymbol{\alpha}_1,\boldsymbol{\alpha}_2,\cdots,\boldsymbol{\alpha}_n$是正交向量组，用$\boldsymbol{\alpha}_j^{\mathrm{T}}$ $(j=1,2,\cdots,n)$左乘式(6.1)两端，得

$$\lambda_j\boldsymbol{\alpha}_j^{\mathrm{T}}\boldsymbol{\alpha}_j=0 \quad (j=1,2,\cdots,n).$$

从而

$$\lambda_j=0 \quad (j=1,2,\cdots,n).$$

因此，正交向量组$\boldsymbol{\alpha}_1,\boldsymbol{\alpha}_2,\cdots,\boldsymbol{\alpha}_n$是线性无关的向量组.

定理 6.1 的逆命题不成立. 例如，$\boldsymbol{\alpha}_1=\begin{pmatrix}1\\2\end{pmatrix}, \boldsymbol{\alpha}_2=\begin{pmatrix}1\\0\end{pmatrix}$是线性无关的向量组，但不是正交向量组.

对于任意一个线性无关的向量组$\boldsymbol{\alpha}_1,\boldsymbol{\alpha}_2,\cdots,\boldsymbol{\alpha}_s$，可以求出与其等价的正交向量组$\boldsymbol{\beta}_1,\boldsymbol{\beta}_2,\cdots,\boldsymbol{\beta}_s$.

下面用待定系数法，确定正交向量组$\boldsymbol{\beta}_1,\boldsymbol{\beta}_2,\cdots,\boldsymbol{\beta}_s$.

令$\boldsymbol{\beta}_1=\boldsymbol{\alpha}_1$，$\boldsymbol{\beta}_2=\boldsymbol{\alpha}_2+\lambda\boldsymbol{\beta}_1$，使

$$[\boldsymbol{\beta}_2,\boldsymbol{\beta}_1]=[\boldsymbol{\alpha}_2+\lambda\boldsymbol{\beta}_1,\boldsymbol{\beta}_1]=0\ , \tag{6.2}$$

其中λ是待定常数.

由式(6.2)，得$\lambda=-\dfrac{[\boldsymbol{\alpha}_2,\boldsymbol{\beta}_1]}{[\boldsymbol{\beta}_1,\boldsymbol{\beta}_1]}$，从而向量

$$\boldsymbol{\beta}_2=\boldsymbol{\alpha}_2-\frac{[\boldsymbol{\alpha}_2,\boldsymbol{\beta}_1]}{[\boldsymbol{\beta}_1,\boldsymbol{\beta}_1]}\boldsymbol{\beta}_1.$$

同理，令$\boldsymbol{\beta}_3=\boldsymbol{\alpha}_3+\lambda_1\boldsymbol{\beta}_1+\lambda_2\boldsymbol{\beta}_2$，使

$$[\boldsymbol{\beta}_3,\boldsymbol{\beta}_1]=[\boldsymbol{\alpha}_3+\lambda_1\boldsymbol{\beta}_1+\lambda_2\boldsymbol{\beta}_2,\boldsymbol{\beta}_1]=0, \tag{6.3}$$

$$[\boldsymbol{\beta}_3,\boldsymbol{\beta}_2]=[\boldsymbol{\alpha}_3+\lambda_1\boldsymbol{\beta}_1+\lambda_2\boldsymbol{\beta}_2,\boldsymbol{\beta}_2]=0, \tag{6.4}$$

由式(6.3)和式(6.4)，得

$$\lambda_1=-\frac{[\boldsymbol{\alpha}_3,\boldsymbol{\beta}_1]}{[\boldsymbol{\beta}_1,\boldsymbol{\beta}_1]},\quad \lambda_2=-\frac{[\boldsymbol{\alpha}_3,\boldsymbol{\beta}_2]}{[\boldsymbol{\beta}_2,\boldsymbol{\beta}_2]},$$

从而向量

$$\boldsymbol{\beta}_3=\boldsymbol{\alpha}_3-\frac{[\boldsymbol{\alpha}_3,\boldsymbol{\beta}_1]}{[\boldsymbol{\beta}_1,\boldsymbol{\beta}_1]}\boldsymbol{\beta}_1-\frac{[\boldsymbol{\alpha}_3,\boldsymbol{\beta}_2]}{[\boldsymbol{\beta}_2,\boldsymbol{\beta}_2]}\boldsymbol{\beta}_2.$$

依次类推，得正交向量组

$$\begin{aligned}
\boldsymbol{\beta}_1&=\boldsymbol{\alpha}_1,\\
\boldsymbol{\beta}_2&=\boldsymbol{\alpha}_2-\frac{[\boldsymbol{\alpha}_2,\boldsymbol{\beta}_1]}{[\boldsymbol{\beta}_1,\boldsymbol{\beta}_1]}\boldsymbol{\beta}_1,\cdots,\\
\boldsymbol{\beta}_s&=\boldsymbol{\alpha}_s-\frac{[\boldsymbol{\alpha}_s,\boldsymbol{\beta}_1]}{[\boldsymbol{\beta}_1,\boldsymbol{\beta}_1]}\boldsymbol{\beta}_1-\frac{[\boldsymbol{\alpha}_s,\boldsymbol{\beta}_2]}{[\boldsymbol{\beta}_2,\boldsymbol{\beta}_2]}\boldsymbol{\beta}_2-\cdots-\frac{[\boldsymbol{\alpha}_s,\boldsymbol{\beta}_{s-1}]}{[\boldsymbol{\beta}_{s-1},\boldsymbol{\beta}_{s-1}]}\boldsymbol{\beta}_{s-1}.
\end{aligned} \tag{6.5}$$

容易验证，式(6.5)中的向量组$\boldsymbol{\beta}_1,\boldsymbol{\beta}_2,\cdots,\boldsymbol{\beta}_s$与向量组$\boldsymbol{\alpha}_1,\boldsymbol{\alpha}_2,\cdots,\boldsymbol{\alpha}_s$等价.

从线性无关的向量组$\boldsymbol{\alpha}_1,\boldsymbol{\alpha}_2,\cdots,\boldsymbol{\alpha}_s$，求与之等价的正交向量组$\boldsymbol{\beta}_1,\boldsymbol{\beta}_2,\cdots,\boldsymbol{\beta}_s$的过程，称为**施密特(Schimidt)正交化过程**. 该过程也称为将向量组$\boldsymbol{\alpha}_1,\boldsymbol{\alpha}_2,\cdots,\boldsymbol{\alpha}_s$**正交化**.

再将式(6.5)中正交向量组 $\boldsymbol{\beta}_1, \boldsymbol{\beta}_2, \cdots, \boldsymbol{\beta}_s$ 单位化，得

$$\boldsymbol{\gamma}_i = \frac{\boldsymbol{\beta}_i}{\|\boldsymbol{\beta}_i\|} \quad (i = 1, 2, \cdots, s),$$

则 $\boldsymbol{\gamma}_1, \boldsymbol{\gamma}_2, \cdots, \boldsymbol{\gamma}_s$ 为单位正交向量组，且与向量组 $\boldsymbol{\alpha}_1, \boldsymbol{\alpha}_2, \cdots, \boldsymbol{\alpha}_s$ 等价.

例 6.1　已知向量组 $\boldsymbol{\alpha}_1 = (1,1,1)^{\mathrm{T}}$，$\boldsymbol{\alpha}_2 = (1,2,3)^{\mathrm{T}}$，$\boldsymbol{\alpha}_3 = (1,6,3)^{\mathrm{T}}$ 线性无关，求与其等价的正交向量组 $\boldsymbol{\beta}_1, \boldsymbol{\beta}_2, \boldsymbol{\beta}_3$.

解　令 $\boldsymbol{\beta}_1 = \boldsymbol{\alpha}_1$，则由 $[\boldsymbol{\alpha}_2, \boldsymbol{\beta}_1] = 6$，$[\boldsymbol{\beta}_1, \boldsymbol{\beta}_1] = 3$，得

$$\boldsymbol{\beta}_2 = \boldsymbol{\alpha}_2 - 2\boldsymbol{\beta}_1 = (-1,0,1)^{\mathrm{T}}.$$

再由 $[\boldsymbol{\alpha}_3, \boldsymbol{\beta}_1] = 10$，$[\boldsymbol{\alpha}_3, \boldsymbol{\beta}_2] = 2$，$[\boldsymbol{\beta}_2, \boldsymbol{\beta}_2] = 2$，得

$$\boldsymbol{\beta}_3 = \boldsymbol{\alpha}_3 - \frac{10}{3}\boldsymbol{\beta}_1 - \boldsymbol{\beta}_2 = \left(-\frac{4}{3}, \frac{8}{3}, -\frac{4}{3}\right)^{\mathrm{T}},$$

因此，$\boldsymbol{\beta}_1, \boldsymbol{\beta}_2, \boldsymbol{\beta}_3$ 为要求的正交向量组，且与向量组 $\boldsymbol{\alpha}_1, \boldsymbol{\alpha}_2, \boldsymbol{\alpha}_3$ 等价.

6.1.3　向量空间的规范正交基

定义 6.6　当向量空间 V 的基是正交向量组时，称它为 V 的**正交基**. 当向量空间 V 的基是单位正交向量组时，称它为 V 的**规范正交基**.

根据施密特正交化过程，从非零向量空间的任何一个基出发，都可以求与其等价的正交向量组；再将其单位化，得单位正交向量组，即得到规范正交基. 说明非零向量空间总存在规范正交基.

施密特正交化过程给出了从向量空间的任何一个基开始，求规范正交基的一种方法.

定理 6.2　设 n 维向量空间 V 中 r 个向量

$$\boldsymbol{\alpha}_1 = (a_{11}, a_{12}, \cdots, a_{1n})^{\mathrm{T}}, \quad \boldsymbol{\alpha}_2 = (a_{21}, a_{22}, \cdots, a_{2n})^{\mathrm{T}}, \quad \cdots, \quad \boldsymbol{\alpha}_r = (a_{r1}, a_{r2}, \cdots, a_{rn})^{\mathrm{T}}$$

两两正交，且 $r<n$，则存在 n 维的非零向量 $\boldsymbol{x}$ 与 $\boldsymbol{\alpha}_i (i = 1, 2, \cdots, r)$ 都正交.

证　记 n 维的非零向量 $\boldsymbol{x} = (x_1, x_2, \cdots, x_n)^{\mathrm{T}}$，设 $\boldsymbol{x}$ 满足 $[\boldsymbol{x}, \boldsymbol{\alpha}_i] = 0\ (i = 1, 2, \cdots, r)$，即

$$\begin{cases} a_{11}x_1 + a_{12}x_2 + \cdots + a_{1n}x_n = 0, \\ a_{21}x_1 + a_{22}x_2 + \cdots + a_{2n}x_n = 0, \\ \qquad\qquad \cdots\cdots \\ a_{r1}x_1 + a_{r2}x_2 + \cdots + a_{rn}x_n = 0. \end{cases}$$

该 n 元齐次线性方程组的系数矩阵的秩为 r，且 $r < n$，因此该方程组有非零

解，它的非零解向量即是要求的 n 维的非零向量 $\boldsymbol{x}$.

推论 6.1 对于任意给定的 n 维正交向量组 $\boldsymbol{\alpha}_1, \boldsymbol{\alpha}_2, \cdots, \boldsymbol{\alpha}_r$，存在 $n-r$ 个 n 维向量 $\boldsymbol{\alpha}_{r+1}, \boldsymbol{\alpha}_{r+2}, \cdots, \boldsymbol{\alpha}_n$，使 $\boldsymbol{\alpha}_1, \boldsymbol{\alpha}_2, \cdots, \boldsymbol{\alpha}_r, \boldsymbol{\alpha}_{r+1}, \cdots, \boldsymbol{\alpha}_n$ 为正交向量组.

由定理 6.1、定理 6.2 和推论 6.1 可知，从向量空间的任意一个非零向量开始，通过逐步扩充，可以求出该向量空间的一个规范正交基.

例 6.2 设 3 维向量空间 $\mathbf{R}^3$ 中 $\boldsymbol{\alpha}_1 = (1,1,1)^{\mathrm{T}}$，求 $\boldsymbol{\alpha}_2, \boldsymbol{\alpha}_3$ 使 $\boldsymbol{\alpha}_1, \boldsymbol{\alpha}_2, \boldsymbol{\alpha}_3$ 为正交向量组，并由此确定向量空间 $\mathbf{R}^3$ 中的一个规范正交基.

解 由于 $\boldsymbol{\alpha}_2, \boldsymbol{\alpha}_3$ 满足 $[\boldsymbol{\alpha}_1, \boldsymbol{\alpha}_3] = 0, [\boldsymbol{\alpha}_1, \boldsymbol{\alpha}_2] = 0$，即 $\boldsymbol{\alpha}_2, \boldsymbol{\alpha}_3$ 的分量是线性方程组

$$x_1 + x_2 + x_3 = 0$$

的非零解，且该方程组的基础解系为

$$\xi_1 = \begin{pmatrix} -1 \\ 1 \\ 0 \end{pmatrix}, \quad \xi_2 = \begin{pmatrix} -1 \\ 0 \\ 1 \end{pmatrix}.$$

将 ξ_1, ξ_2 正交化，得

$$\boldsymbol{\alpha}_2 = \xi_1 = \begin{pmatrix} -1 \\ 1 \\ 0 \end{pmatrix}, \quad \boldsymbol{\alpha}_3 = \xi_2 - \frac{[\xi_2, \xi_1]}{[\xi_1, \xi_1]}\xi_1 = \begin{pmatrix} -1 \\ 0 \\ 1 \end{pmatrix} - \frac{1}{2}\begin{pmatrix} -1 \\ 1 \\ 0 \end{pmatrix} = \frac{1}{2}\begin{pmatrix} -1 \\ -1 \\ 2 \end{pmatrix}.$$

再将 $\boldsymbol{\alpha}_1, \boldsymbol{\alpha}_2, \boldsymbol{\alpha}_3$ 单位化，得 $\mathbf{R}^3$ 的一个规范正交基为

$$\gamma_1 = \frac{\boldsymbol{\alpha}_1}{\|\boldsymbol{\alpha}_1\|} = \frac{1}{\sqrt{3}}\begin{pmatrix} 1 \\ 1 \\ 1 \end{pmatrix}, \quad \gamma_2 = \frac{\boldsymbol{\alpha}_2}{\|\boldsymbol{\alpha}_2\|} = \frac{1}{\sqrt{2}}\begin{pmatrix} -1 \\ 1 \\ 0 \end{pmatrix}, \quad \gamma_3 = \frac{\boldsymbol{\alpha}_3}{\|\boldsymbol{\alpha}_3\|} = \frac{1}{\sqrt{6}}\begin{pmatrix} -1 \\ -1 \\ 2 \end{pmatrix}.$$

6.1.4 正交矩阵和正交变换

定义 6.7 如果 n 阶矩阵 $\boldsymbol{A}$ 满足

$$\boldsymbol{A}\boldsymbol{A}^{\mathrm{T}} = \boldsymbol{E},$$

称 $\boldsymbol{A}$ 为**正交矩阵**，简称**正交阵**.

例如，可以验证，矩阵 $\begin{pmatrix} \cos\theta & -\sin\theta \\ \sin\theta & \cos\theta \end{pmatrix}$，$\begin{pmatrix} 0 & \frac{1}{\sqrt{2}} & -\frac{1}{\sqrt{2}} \\ -\frac{2}{\sqrt{6}} & \frac{1}{\sqrt{6}} & \frac{1}{\sqrt{6}} \\ \frac{1}{\sqrt{3}} & \frac{1}{\sqrt{3}} & \frac{1}{\sqrt{3}} \end{pmatrix}$ 都是正交矩阵.

正交矩阵具有如下性质:

(1) 如果 $\boldsymbol{A}$ 是正交阵，则 $|\boldsymbol{A}|=1$ 或-1；

(2) 如果 $\boldsymbol{A}$ 是正交阵，则 $\boldsymbol{A}$ 的转置矩阵 $\boldsymbol{A}^{\mathrm{T}}$ 也是正交阵；

(3) 如果 $\boldsymbol{A}$ 是正交阵，则 $\boldsymbol{A}$ 是可逆矩阵，且 $\boldsymbol{A}$ 的逆矩阵 $\boldsymbol{A}^{-1}$ 也是正交阵；

(4) 如果 $\boldsymbol{A}$ 和 $\boldsymbol{B}$ 是正交阵，则 $\boldsymbol{AB}$ 也是正交阵.

由正交矩阵的定义 6.7，可得如下定理.

定理 6.3　n 阶矩阵 $\boldsymbol{A}$ 为正交阵的充分必要条件是 $\boldsymbol{A}$ 的列(或行)向量组为 n 维向量空间的规范正交基.

证　首先将 n 阶矩阵 $\boldsymbol{A}$ 按行分块，并记为

$$\boldsymbol{A}=\begin{pmatrix}\boldsymbol{\alpha}_1\\ \boldsymbol{\alpha}_2\\ \vdots\\ \boldsymbol{\alpha}_n\end{pmatrix},$$

则　$\boldsymbol{A}^{\mathrm{T}}=\left(\boldsymbol{\alpha}_1^{\mathrm{T}},\boldsymbol{\alpha}_2^{\mathrm{T}},\cdots,\boldsymbol{\alpha}_n^{\mathrm{T}}\right)$. 从而

$$\boldsymbol{AA}^{\mathrm{T}}=\begin{pmatrix}\boldsymbol{\alpha}_1\\ \boldsymbol{\alpha}_2\\ \vdots\\ \boldsymbol{\alpha}_n\end{pmatrix}\left(\boldsymbol{\alpha}_1^{\mathrm{T}},\boldsymbol{\alpha}_2^{\mathrm{T}},\cdots,\boldsymbol{\alpha}_n^{\mathrm{T}}\right)=\begin{pmatrix}\boldsymbol{\alpha}_1\boldsymbol{\alpha}_1^{\mathrm{T}} & \boldsymbol{\alpha}_1\boldsymbol{\alpha}_2^{\mathrm{T}} & \cdots & \boldsymbol{\alpha}_1\boldsymbol{\alpha}_n^{\mathrm{T}}\\ \boldsymbol{\alpha}_2\boldsymbol{\alpha}_1^{\mathrm{T}} & \boldsymbol{\alpha}_2\boldsymbol{\alpha}_2^{\mathrm{T}} & \cdots & \boldsymbol{\alpha}_2\boldsymbol{\alpha}_n^{\mathrm{T}}\\ \vdots & \vdots & & \vdots\\ \boldsymbol{\alpha}_n\boldsymbol{\alpha}_1^{\mathrm{T}} & \boldsymbol{\alpha}_n\boldsymbol{\alpha}_2^{\mathrm{T}} & \cdots & \boldsymbol{\alpha}_n\boldsymbol{\alpha}_n^{\mathrm{T}}\end{pmatrix}.$$

由正交矩阵的定义 6.7 可知，n 阶矩阵 $\boldsymbol{A}$ 为正交阵的充分必要条件是

$$\boldsymbol{\alpha}_i\boldsymbol{\alpha}_j^{\mathrm{T}}=\begin{cases}0, & i\neq j,\\ 1, & i=j,\end{cases}\quad i,j=1,2,\cdots,n,$$

即 n 阶矩阵 $\boldsymbol{A}$ 的行向量组是 n 维向量空间的规范正交基.

同理，可证 n 阶矩阵 $\boldsymbol{A}$ 为正交矩阵的充分必要条件是 $\boldsymbol{A}$ 的列向量组也是 n 维向量空间的规范正交基.

定义 6.8　若 $\boldsymbol{P}$ 为正交矩阵，称线性变换 $\boldsymbol{y}=\boldsymbol{Px}$ 为**正交线性变换**，简称**正交变换**.

设 $\boldsymbol{y}=\boldsymbol{Px}$ 为正交变换，则

$$\|\boldsymbol{y}\|=\sqrt{\boldsymbol{y}^{\mathrm{T}}\boldsymbol{y}}=\sqrt{\boldsymbol{x}^{\mathrm{T}}\boldsymbol{P}^{\mathrm{T}}\boldsymbol{Px}}=\sqrt{\boldsymbol{x}^{\mathrm{T}}\boldsymbol{x}}=\|\boldsymbol{x}\|. \tag{6.6}$$

式(6.6)说明正交变换不改变向量的长度，从而不改变几何图形的形状，这正是正交变换的优点.

6.2 方阵的特征值和特征向量

在矩阵的乘法运算中，可以看到方阵与某类向量相乘，结果是原向量的倍数，即用一个方阵乘向量与数乘向量具有相同的效应.

例如，$\boldsymbol{A}=\begin{pmatrix}3&1\\5&-1\end{pmatrix}$，$\boldsymbol{\alpha}_1=\begin{pmatrix}1\\0\end{pmatrix}$，$\boldsymbol{\alpha}_2=\begin{pmatrix}1\\1\end{pmatrix}$，则

$$\boldsymbol{A}\boldsymbol{\alpha}_1=\begin{pmatrix}3&1\\5&-1\end{pmatrix}\begin{pmatrix}1\\0\end{pmatrix}=\begin{pmatrix}3\\5\end{pmatrix}，\quad 而\quad \boldsymbol{A}\boldsymbol{\alpha}_2=\begin{pmatrix}3&1\\5&-1\end{pmatrix}\begin{pmatrix}1\\1\end{pmatrix}=4\boldsymbol{\alpha}_2，$$

方阵 $\boldsymbol{A}$ 和向量$\boldsymbol{\alpha}_2$之间的这种关系，即是本节要学习的矩阵的特征值和特征向量问题.

6.2.1 方阵的特征值和特征向量的概念

定义 6.9 设$\boldsymbol{A}$是n阶方阵，如果存在数λ和n维非零的列向量$\boldsymbol{\alpha}$，使

$$\boldsymbol{A}\boldsymbol{\alpha}=\lambda\boldsymbol{\alpha}，\tag{6.7}$$

称λ是方阵$\boldsymbol{A}$的一个**特征值**，$\boldsymbol{\alpha}$是方阵$\boldsymbol{A}$的属于特征值λ的**特征向量**.

由于式(6.7)与$(\boldsymbol{A}-\lambda\boldsymbol{E})\boldsymbol{\alpha}=\boldsymbol{0}$等价，则非零的列向量$\boldsymbol{\alpha}$是齐次线性方程组$(\boldsymbol{A}-\lambda\boldsymbol{E})\boldsymbol{x}=\boldsymbol{0}$的解，从而其系数行列式

$$|\boldsymbol{A}-\lambda\boldsymbol{E}|=0，$$

即

$$\begin{vmatrix}a_{11}-\lambda&a_{12}&\cdots&a_{1n}\\a_{21}&a_{22}-\lambda&\cdots&a_{2n}\\\vdots&\vdots&&\vdots\\a_{n1}&a_{n2}&\cdots&a_{nn}-\lambda\end{vmatrix}=0.\tag{6.8}$$

于是有如下结论成立.

定理 6.4 λ是n阶方阵$\boldsymbol{A}$的特征值，且$\boldsymbol{\alpha}$是方阵$\boldsymbol{A}$的属于特征值λ的特征向量的充分必要条件是行列式$|\boldsymbol{A}-\lambda\boldsymbol{E}|=0$，并且$\boldsymbol{\alpha}$是齐次线性方程组$(\boldsymbol{A}-\lambda\boldsymbol{E})\boldsymbol{x}=\boldsymbol{0}$的非零解.

矩阵$\boldsymbol{A}-\lambda\boldsymbol{E}$称为$n$阶矩阵$\boldsymbol{A}$的**特征矩阵**；行列式$|\boldsymbol{A}-\lambda\boldsymbol{E}|$是关于数$\lambda$的一个$n$次多项式，记为$f(\lambda)$，称$f(\lambda)$为$n$阶矩阵$\boldsymbol{A}$的**特征多项式**；方程$f(\lambda)=0$或式(6.8)是关于数$\lambda$的一个$n$次代数方程，称之为$n$阶矩阵$\boldsymbol{A}$的**特征方程.**

显然，n阶矩阵$\boldsymbol{A}$的特征值是$\boldsymbol{A}$的特征方程的根. 在复数域内$|\boldsymbol{A}-\lambda\boldsymbol{E}|=0$有

n 个根(重根按重数计算)，从而 n 阶方阵 $\boldsymbol{A}$ 在复数域内有 n 个特征值. 基于以后几节的内容需要涉及 n 阶方阵 $\boldsymbol{A}$ 的全部特征值，本书中关于特征值问题都在复数域内讨论.

综上所述，求方阵 $\boldsymbol{A}$ 的特征值和特征向量的步骤如下:

(1) 计算方阵 $\boldsymbol{A}$ 的特征多项式 $|\boldsymbol{A}-\lambda\boldsymbol{E}|$；

(2) 求方阵 $\boldsymbol{A}$ 的特征方程 $|\boldsymbol{A}-\lambda\boldsymbol{E}|=0$ 的全部根，它们即是 $\boldsymbol{A}$ 的全部特征值；

(3) 对于方阵 $\boldsymbol{A}$ 的每一个特征值 λ，求出线性方程组 $(\boldsymbol{A}-\lambda\boldsymbol{E})\boldsymbol{x}=\boldsymbol{0}$ 的一个基础解系

$$\boldsymbol{\xi}_1,\boldsymbol{\xi}_2,\cdots,\boldsymbol{\xi}_t,$$

则方阵 $\boldsymbol{A}$ 的属于特征值 λ 的全部特征向量为

$$\boldsymbol{\alpha}=c_1\boldsymbol{\xi}_1+c_2\boldsymbol{\xi}_2+\cdots+c_t\boldsymbol{\xi}_t,$$

其中 $c_1,c_2,\cdots,c_t$ 是不全为零的任意常数.

由上可知，方阵 $\boldsymbol{A}$ 的每一个特征值 λ，对应无穷多个特征向量.

例 6.3　求矩阵 $\boldsymbol{A}=\begin{pmatrix}3&1\\5&-1\end{pmatrix}$ 的特征值和特征向量.

解　矩阵 $\boldsymbol{A}$ 的特征多项式为

$$|\boldsymbol{A}-\lambda\boldsymbol{E}|=\begin{vmatrix}3-\lambda&1\\5&-1-\lambda\end{vmatrix}=(\lambda-4)(\lambda+2),$$

因此，$\boldsymbol{A}$ 的特征值为 $\lambda_1=4$，$\lambda_2=-2$.

当 $\lambda_1=4$ 时，相应的齐次线性方程组为 $(\boldsymbol{A}-4\boldsymbol{E})\boldsymbol{x}=\boldsymbol{0}$，由

$$\boldsymbol{A}-4\boldsymbol{E}=\begin{pmatrix}-1&1\\5&-5\end{pmatrix}\to\begin{pmatrix}1&-1\\0&0\end{pmatrix},$$

得该方程组的基础解系为 $\boldsymbol{\xi}_1=\begin{pmatrix}1\\1\end{pmatrix}$，于是矩阵 $\boldsymbol{A}$ 的属于特征值 4 的全部特征向量为 $c_1\boldsymbol{\xi}_1$ (c_1 是非零的任意常数).

当 $\lambda_2=-2$ 时，相应的齐次线性方程组为 $(\boldsymbol{A}+2\boldsymbol{E})\boldsymbol{x}=\boldsymbol{0}$，由

$$\boldsymbol{A}+2\boldsymbol{E}=\begin{pmatrix}5&1\\5&1\end{pmatrix}\to\begin{pmatrix}5&1\\0&0\end{pmatrix},$$

得该方程组的基础解系为 $\boldsymbol{\xi}_2=\begin{pmatrix}1\\-5\end{pmatrix}$，于是矩阵 $\boldsymbol{A}$ 的属于特征值−2 的全部特征向量为 $c_2\boldsymbol{\xi}_2$ (c_2 是非零的任意常数).

例 6.4 求矩阵 $\boldsymbol{A}=\begin{pmatrix}-1 & 1 & 0\\ -4 & 3 & 0\\ 1 & 0 & 2\end{pmatrix}$ 的特征值和特征向量.

解 因为矩阵 $\boldsymbol{A}$ 的特征多项式为

$$|\boldsymbol{A}-\lambda\boldsymbol{E}|=\begin{vmatrix}-1-\lambda & 1 & 0\\ -4 & 3-\lambda & 0\\ 1 & 0 & 2-\lambda\end{vmatrix}=(2-\lambda)(\lambda-1)^2,$$

所以矩阵 $\boldsymbol{A}$ 的特征值为 $\lambda_1=2$，$\lambda_2=\lambda_3=1$.

当 $\lambda_1=2$ 时，相应的齐次线性方程组为 $(\boldsymbol{A}-2\boldsymbol{E})\boldsymbol{x}=\boldsymbol{0}$，由

$$\boldsymbol{A}-2\boldsymbol{E}=\begin{pmatrix}-3 & 1 & 0\\ -4 & 1 & 0\\ 1 & 0 & 0\end{pmatrix}\to\begin{pmatrix}1 & 0 & 0\\ 0 & 1 & 0\\ 0 & 0 & 0\end{pmatrix},$$

得该方程组的基础解系为 $\boldsymbol{\xi}_1=\begin{pmatrix}0\\ 0\\ 1\end{pmatrix}$. 因此, 矩阵 $\boldsymbol{A}$ 的属于特征值 2 的全部特征向量为 $c_1\boldsymbol{\xi}_1$（c_1 是任意常数，且 $c_1\neq 0$).

当 $\lambda_2=\lambda_3=1$ 时，相应的齐次线性方程组为 $(\boldsymbol{A}-\boldsymbol{E})\boldsymbol{x}=\boldsymbol{0}$，由

$$\boldsymbol{A}-\boldsymbol{E}=\begin{pmatrix}-2 & 1 & 0\\ -4 & 2 & 0\\ 1 & 0 & 1\end{pmatrix}\to\begin{pmatrix}1 & 0 & 1\\ 0 & 1 & 2\\ 0 & 0 & 0\end{pmatrix},$$

得该方程组的基础解系为 $\boldsymbol{\xi}_2=\begin{pmatrix}-1\\ -2\\ 1\end{pmatrix}$. 因此, 矩阵 $\boldsymbol{A}$ 的属于特征值 1 的全部特征向量为 $c_2\boldsymbol{\xi}_2$（c_2 是任意常数，且 $c_2\neq 0$).

例 6.5 求矩阵 $\boldsymbol{A}=\begin{pmatrix}3 & 2 & -1\\ -2 & -2 & 2\\ 3 & 6 & -1\end{pmatrix}$ 的特征值和特征向量.

解 由于矩阵 $\boldsymbol{A}$ 的特征多项式为

$$|\boldsymbol{A}-\lambda\boldsymbol{E}|=\begin{vmatrix}3-\lambda & 2 & -1\\ -2 & -2-\lambda & 2\\ 3 & 6 & -1-\lambda\end{vmatrix}\xlongequal{c_2+2c_3}\begin{vmatrix}3-\lambda & 0 & -1\\ -2 & 2-\lambda & 2\\ 3 & 4-2\lambda & -1-\lambda\end{vmatrix}=-(\lambda-2)^2(\lambda+4),$$

从而矩阵 $\boldsymbol{A}$ 的特征值为 $\lambda_1=\lambda_2=2$，$\lambda_3=-4$.

当 $\lambda_1=\lambda_2=2$ 时，相应的齐次线性方程组为 $(\boldsymbol{A}-2\boldsymbol{E})\boldsymbol{x}=\boldsymbol{0}$，由

$$\boldsymbol{A}-2\boldsymbol{E}=\begin{pmatrix}1&2&-1\\-2&-4&2\\3&6&-3\end{pmatrix}\to\begin{pmatrix}1&2&-1\\0&0&0\\0&0&0\end{pmatrix},$$

得该方程组的基础解系为 $\boldsymbol{\xi}_1=\begin{pmatrix}-2\\1\\0\end{pmatrix}$，$\boldsymbol{\xi}_2=\begin{pmatrix}1\\0\\1\end{pmatrix}$. 因此, 矩阵 $\boldsymbol{A}$ 的属于特征值 2 的全部特征向量为 $c_1\boldsymbol{\xi}_1+c_2\boldsymbol{\xi}_2$ (c_1,c_2 是不全为零的任意常数).

当 $\lambda_3=-4$ 时，相应的齐次线性方程组为 $(\boldsymbol{A}+4\boldsymbol{E})\boldsymbol{x}=\boldsymbol{0}$，由

$$\boldsymbol{A}+4\boldsymbol{E}=\begin{pmatrix}7&2&-1\\-2&2&2\\3&6&3\end{pmatrix}\to\begin{pmatrix}1&0&-\dfrac{1}{3}\\0&1&\dfrac{2}{3}\\0&0&0\end{pmatrix},$$

得该方程组的基础解系为 $\boldsymbol{\xi}_3=\begin{pmatrix}1\\-2\\3\end{pmatrix}$. 因此, 矩阵 $\boldsymbol{A}$ 的属于特征 -4 的全部特征向量为 $c_3\boldsymbol{\xi}_3$ (c_3 是非零的任意常数).

利用式(6.8), 可以计算出 n 阶对角矩阵 $\boldsymbol{\Lambda}=\mathrm{diag}(\lambda_1,\lambda_2,\cdots,\lambda_n)$ 的 n 个特征值是它的主对角线上的元素 $\lambda_1,\lambda_2,\cdots,\lambda_n$；$n$ 阶单位矩阵的特征值都是 1；n 阶零矩阵的特征值都是零.

6.2.2　方阵的特征值和特征向量的性质

性质 6.1　设 n 阶矩阵 $\boldsymbol{A}=(a_{ij})$ 的特征值为 $\lambda_1,\lambda_2,\cdots,\lambda_n$，则

(1) $\lambda_1+\lambda_2+\cdots+\lambda_n=a_{11}+a_{22}+\cdots+a_{nn}$，其中 $a_{11}+a_{22}+\cdots+a_{nn}$ 是 $\boldsymbol{A}$ 的主对角线上元素的和，称为矩阵 $\boldsymbol{A}$ 的**迹**，记作 $\mathrm{tr}(\boldsymbol{A})$;

(2) $\lambda_1\lambda_2\cdots\lambda_n=|\boldsymbol{A}|$.

证　根据式(6.8)的左端，矩阵 $\boldsymbol{A}$ 的特征多项式可以表示为

$$|\boldsymbol{A}-\lambda\boldsymbol{E}|=(-\lambda)^n+(a_{11}+a_{22}+\cdots+a_{nn})(-\lambda)^{n-1}+\cdots+|\boldsymbol{A}|. \tag{6.9}$$

另一方面，由于 $\lambda_1,\lambda_2,\cdots,\lambda_n$ 是 n 阶矩阵 $\boldsymbol{A}=(a_{ij})$ 的特征值，因此

$$\begin{aligned}|\boldsymbol{A}-\lambda\boldsymbol{E}|&=(\lambda_1-\lambda)(\lambda_2-\lambda)\cdots(\lambda_n-\lambda)\\&=(-\lambda)^n+(\lambda_1+\lambda_2+\cdots+\lambda_n)(-\lambda)^{n-1}+\cdots+\lambda_1\lambda_2\cdots\lambda_n.\end{aligned} \tag{6.10}$$

比较式(6.9)和式(6.10)可知，性质 6.1 中(1)和(2)成立.

性质 6.1 表明，n 阶方阵 $\boldsymbol{A}$ 为可逆矩阵的充分必要条件是矩阵 $\boldsymbol{A}$ 的 n 个特征值都不等于零.

性质 6.2 方阵 $\boldsymbol{A}^{\mathrm{T}}$ 和 $\boldsymbol{A}$ 具有相同的特征值.

证 由于

$$\left|\boldsymbol{A}^{\mathrm{T}}-\lambda\boldsymbol{E}\right|=\left|(\boldsymbol{A}-\lambda\boldsymbol{E})^{\mathrm{T}}\right|=\left|\boldsymbol{A}-\lambda\boldsymbol{E}\right|,$$

因此，矩阵 $\boldsymbol{A}^{\mathrm{T}}$ 与 $\boldsymbol{A}$ 有相同的特征多项式，从而它们具有相同的特征值.

性质 6.3 如果 λ 是方阵 $\boldsymbol{A}$ 的特征值，$\boldsymbol{\alpha}$ 是矩阵 $\boldsymbol{A}$ 的属于特征值 λ 的特征向量，则

性质 6.3 的证明

(1) λ^m 是方阵 $\boldsymbol{A}^m$ 的特征值，$\boldsymbol{\alpha}$ 是方阵 $\boldsymbol{A}^m$ 的属于特征值 λ^m 的特征向量；

(2) $\varphi(\lambda)$ 是方阵 $\varphi(\boldsymbol{A})$ 的特征值，$\boldsymbol{\alpha}$ 是方阵 $\varphi(\boldsymbol{A})$ 的属于特征值 $\varphi(\lambda)$ 的特征向量，其中 $\varphi(\boldsymbol{A})=a_0\boldsymbol{E}+a_1\boldsymbol{A}+\cdots+a_m\boldsymbol{A}^m$ 是矩阵 $\boldsymbol{A}$ 的多项式，$\varphi(\lambda)=a_0+a_1\lambda+\cdots+a_m\lambda^m$ 是 λ 的多项式；

(3) 当方阵 $\boldsymbol{A}$ 是可逆矩阵时，$\dfrac{1}{\lambda}$ 是 $\boldsymbol{A}$ 的逆矩阵 $\boldsymbol{A}^{-1}$ 的特征值，$\boldsymbol{\alpha}$ 是 $\boldsymbol{A}^{-1}$ 的属于特征值 $\dfrac{1}{\lambda}$ 的特征向量.

例 6.6 设 3 阶矩阵 $\boldsymbol{A}$ 的特征值为 1，-3，2，求 $|\boldsymbol{A}^*+3\boldsymbol{A}+2\boldsymbol{E}|$，其中 $\boldsymbol{A}^*$ 是 A 的伴随矩阵.

解 因为矩阵 $\boldsymbol{A}$ 的特征值全不为 0，所以 $\boldsymbol{A}$ 是可逆矩阵，且

$$|\boldsymbol{A}|=1\cdot(-3)\cdot 2=-6,\quad \boldsymbol{A}^*=|\boldsymbol{A}|\boldsymbol{A}^{-1}=-6\boldsymbol{A}^{-1},$$

从而

$$\boldsymbol{A}^*+3\boldsymbol{A}+2\boldsymbol{E}=-6\boldsymbol{A}^{-1}+3\boldsymbol{A}+2\boldsymbol{E}.$$

记 $\varphi(\boldsymbol{A})=-6\boldsymbol{A}^{-1}+3\boldsymbol{A}+2\boldsymbol{E}$，则 $\varphi(\lambda)=-6\lambda^{-1}+3\lambda+2$. 于是 $\varphi(\boldsymbol{A})$ 的特征值为

$$\varphi(1)=-1,\quad \varphi(-3)=-5,\quad \varphi(2)=5.$$

因此

$$|\boldsymbol{A}^*+3\boldsymbol{A}+2\boldsymbol{E}|=-1\cdot(-5)\cdot 5=25.$$

定理 6.5 如果 $\lambda_1,\lambda_2,\cdots,\lambda_m$ 是 n 阶矩阵 $\boldsymbol{A}$ 的互不相同的特征值，$\boldsymbol{\alpha}_i$ 是 $\boldsymbol{A}$ 的属于特征值 λ_i $(i=1,2,\cdots,m)$ 的特征向量，则向量组 $\boldsymbol{\alpha}_1,\boldsymbol{\alpha}_2,\cdots,\boldsymbol{\alpha}_m$ 线性无关.

证 由于 $\boldsymbol{A}$ 的 m 个不同特征值为 $\lambda_1,\lambda_2,\cdots,\lambda_m$，对应的特征向量为 $\boldsymbol{\alpha}_1,\boldsymbol{\alpha}_2,\cdots,\boldsymbol{\alpha}_m$，则

$$\boldsymbol{A}\boldsymbol{\alpha}_i=\lambda_i\boldsymbol{\alpha}_i,\quad \lambda_i\neq\lambda_j\ (i\neq j),\quad i,j=1,2,\cdots,m. \tag{6.11}$$

假设存在常数 $c_1,c_2,\cdots,c_m$，使

$$c_1\boldsymbol{\alpha}_1+c_2\boldsymbol{\alpha}_2+\cdots+c_m\boldsymbol{\alpha}_m=\mathbf{0}. \tag{6.12}$$

用矩阵 $\boldsymbol{A}^k\ (k=1,2,\cdots,m-1)$ 左乘式(6.12)两端，并利用式(6.11)，得

$$c_1\lambda_1^k\boldsymbol{\alpha}_1+c_2\lambda_2^k\boldsymbol{\alpha}_2+\cdots+c_m\lambda_m^k\boldsymbol{\alpha}_m=\mathbf{0},\quad k=1,2,\cdots,m-1. \tag{6.13}$$

式(6.12)和式(6.13)联立，并用矩阵表示为

$$(c_1\boldsymbol{\alpha}_1,c_2\boldsymbol{\alpha}_2,\cdots,c_m\boldsymbol{\alpha}_m)\boldsymbol{B}=\mathbf{0}, \tag{6.14}$$

其中矩阵

$$\boldsymbol{B}=\begin{pmatrix}1&\lambda_1&\cdots&\lambda_1^{m-1}\\1&\lambda_2&\cdots&\lambda_2^{m-1}\\\vdots&\vdots&&\vdots\\1&\lambda_m&\cdots&\lambda_m^{m-1}\end{pmatrix}.$$

根据式 (6.11) 可知，$|\boldsymbol{B}|=\prod\limits_{m\geqslant j>i\geqslant 1}(\lambda_j-\lambda_i)\neq 0$，即矩阵 $\boldsymbol{B}$ 是可逆矩阵.

由式(6.14)，得

$$(c_1\boldsymbol{\alpha}_1,c_2\boldsymbol{\alpha}_2,\cdots,c_m\boldsymbol{\alpha}_m)=\mathbf{0},$$

从而 $c_i\boldsymbol{\alpha}_i=\mathbf{0}\ (i=1,2,\cdots,m)$，于是 $c_i=0\ (i=1,2,\cdots,m)$.

因此，向量组 $\boldsymbol{\alpha}_1,\boldsymbol{\alpha}_2,\cdots,\boldsymbol{\alpha}_m$ 线性无关.

事实上，用数学归纳法同样可以证明定理 6.5 的正确性.

推论 6.2　设 λ_1 和 λ_2 是方阵 $\boldsymbol{A}$ 的两个不同的特征值，$\boldsymbol{\xi}_1,\boldsymbol{\xi}_2,\cdots,\boldsymbol{\xi}_s$ 和 $\boldsymbol{\eta}_1,\boldsymbol{\eta}_2,\cdots,\boldsymbol{\eta}_t$ 分别是矩阵 $\boldsymbol{A}$ 的属于特征值 λ_1 和 λ_2 的线性无关的特征向量，则向量组 $\boldsymbol{\xi}_1,\boldsymbol{\xi}_2,\cdots,\boldsymbol{\xi}_s$，$\boldsymbol{\eta}_1,\boldsymbol{\eta}_2,\cdots,\boldsymbol{\eta}_t$ 线性无关.

定理 6.6　如果 λ 是 n 阶矩阵 $\boldsymbol{A}$ 的 k 重特征值，则矩阵 $\boldsymbol{A}$ 的属于特征值 λ 的线性无关的特征向量的个数不超过 k.

定理 6.6
的证明

定理 6.6 说明 n 阶矩阵 $\boldsymbol{A}$ 的 k 重特征值 λ 对应的线性无关的特征向量的个数不超过它的重数 k. 当 n 阶矩阵 $\boldsymbol{A}$ 的 k 重特征值 λ 对应的线性无关的特征向量的个数等于它的重数 k 时，具有特殊的意义，6.3 节内容会涉及该情况. 定理 6.6 的正确性可以参阅其他的参考书.

例 6.7　设 λ_1,λ_2 是方阵 $\boldsymbol{A}$ 的两个不同的特征值，$\boldsymbol{\alpha}_1,\boldsymbol{\alpha}_2$ 分别为对应的特征向量，证明 $\boldsymbol{\alpha}_1+\boldsymbol{\alpha}_2$ 不是 $\boldsymbol{A}$ 的特征向量.

证　用反证法证明. 假设 $\boldsymbol{\alpha}_1+\boldsymbol{\alpha}_2$ 是 $\boldsymbol{A}$ 的特征向量，对应的特征值为 λ，则

$$\boldsymbol{A}(\boldsymbol{\alpha}_1+\boldsymbol{\alpha}_2)=\lambda(\boldsymbol{\alpha}_1+\boldsymbol{\alpha}_2).$$

由已知条件可知，$\boldsymbol{A}\boldsymbol{\alpha}_i=\lambda_i\boldsymbol{\alpha}_i\ (i=1,2)$，从而上式可化为

$$\lambda_1\boldsymbol{\alpha}_1+\lambda_2\boldsymbol{\alpha}_2=\lambda\boldsymbol{\alpha}_1+\lambda\boldsymbol{\alpha}_2,$$

即

$$(\lambda_1-\lambda)\boldsymbol{\alpha}_1+(\lambda_2-\lambda)\boldsymbol{\alpha}_2=\mathbf{0}.$$

由于λ_1,λ_2是方阵$\boldsymbol{A}$的两个不同的特征值，根据定理 6.5 可知，$\boldsymbol{\alpha}_1,\boldsymbol{\alpha}_2$线性无关，从而

$$\lambda-\lambda_1=0,\quad \lambda-\lambda_2=0,$$

于是$\lambda_1=\lambda_2$，与已知条件$\lambda_1\neq\lambda_2$矛盾，说明假设不成立. 因此，$\boldsymbol{\alpha}_1+\boldsymbol{\alpha}_2$不是矩阵$\boldsymbol{A}$的特征向量.

可以证明，方阵$\boldsymbol{A}$的属于同一特征值的不同特征向量的非零线性组合仍是矩阵$\boldsymbol{A}$的特征向量.

6.3 相似矩阵

一般情况下，矩阵的乘积或矩阵的高次幂运算比较烦琐. 当矩阵满足一定的条件，矩阵的乘积或矩阵的高次幂运算却比较简单. 比如，当$\boldsymbol{B}_1=\boldsymbol{P}^{-1}\boldsymbol{A}_1\boldsymbol{P}$，$\boldsymbol{B}_2=\boldsymbol{P}^{-1}\boldsymbol{A}_2\boldsymbol{P}$时，则$\boldsymbol{B}_1\boldsymbol{B}_2=\boldsymbol{P}^{-1}(\boldsymbol{A}_1\boldsymbol{A}_2)\boldsymbol{P}$，$\boldsymbol{B}_1^k=\boldsymbol{P}^{-1}\boldsymbol{A}_1^k\boldsymbol{P}$，其中$k$为任意的正整数. 如果$\boldsymbol{A}_1$和$\boldsymbol{A}_2$是对角矩阵，则$\boldsymbol{B}_1\boldsymbol{B}_2$和$\boldsymbol{B}_1^k$运算都很简单. 本节讨论矩阵的相似和矩阵的对角化等问题.

6.3.1 相似矩阵的概念

定义 6.10 设$\boldsymbol{A},\boldsymbol{B}$为$n$阶矩阵，如果存在$n$阶的可逆矩阵$\boldsymbol{P}$，使

$$\boldsymbol{P}^{-1}\boldsymbol{A}\boldsymbol{P}=\boldsymbol{B}, \tag{6.15}$$

称矩阵$\boldsymbol{A}$与$\boldsymbol{B}$**相似**，$\boldsymbol{B}$是$\boldsymbol{A}$的**相似矩阵**，$\boldsymbol{P}^{-1}\boldsymbol{A}\boldsymbol{P}$称为对矩阵$\boldsymbol{A}$进行的**相似变换**，可逆矩阵$\boldsymbol{P}$称为把矩阵$\boldsymbol{A}$变成$\boldsymbol{B}$的**相似变换矩阵**.

例如，已知矩阵$\boldsymbol{A}=\begin{pmatrix}3&1\\5&-1\end{pmatrix}$，$\boldsymbol{B}=\begin{pmatrix}4&0\\0&-2\end{pmatrix}$，$\boldsymbol{P}=\begin{pmatrix}1&1\\1&-5\end{pmatrix}$. 容易验证，$\boldsymbol{P}^{-1}\boldsymbol{A}\boldsymbol{P}=\boldsymbol{B}$成立. 因此，矩阵$\boldsymbol{A}$与$\boldsymbol{B}$相似.

矩阵的相似关系具有**反身性**、**对称性**和**传递性**.

(1) **反身性** 矩阵$\boldsymbol{A}$与$\boldsymbol{A}$相似；

(2) **对称性** 如果矩阵$\boldsymbol{A}$与$\boldsymbol{B}$相似，则矩阵$\boldsymbol{B}$与$\boldsymbol{A}$相似；

(3) **传递性** 如果矩阵$\boldsymbol{A}$与$\boldsymbol{B}$相似，$\boldsymbol{B}$与$\boldsymbol{C}$相似，则矩阵$\boldsymbol{A}$与$\boldsymbol{C}$相似.

6.3.2 相似矩阵的性质

性质 6.4 如果方阵$\boldsymbol{A}$与$\boldsymbol{B}$相似，则矩阵$\boldsymbol{A}$和$\boldsymbol{B}$具有相同的特征多项式，从而矩阵$\boldsymbol{A}$与$\boldsymbol{B}$具有相同的特征值.

证　由于方阵 $\boldsymbol{A}$ 与 $\boldsymbol{B}$ 相似，则存在可逆矩阵 $\boldsymbol{P}$，使 $\boldsymbol{P}^{-1}\boldsymbol{A}\boldsymbol{P}=\boldsymbol{B}$. 于是

$$|\boldsymbol{B}-\lambda\boldsymbol{E}|=|\boldsymbol{P}^{-1}\boldsymbol{A}\boldsymbol{P}-\lambda\boldsymbol{E}|=|\boldsymbol{P}^{-1}(\boldsymbol{A}-\lambda\boldsymbol{E})\boldsymbol{P}|=|\boldsymbol{P}^{-1}||\boldsymbol{A}-\lambda\boldsymbol{E}||\boldsymbol{P}|=|\boldsymbol{A}-\lambda\boldsymbol{E}|.$$

因此，矩阵 $\boldsymbol{A}$ 和 $\boldsymbol{B}$ 具有相同的特征多项式，从而具有相同的特征值.

此结论的逆命题不成立，即具有相同特征值的两个矩阵未必相似. 例如，矩阵

$$\boldsymbol{B}=\begin{pmatrix}1&1\\0&1\end{pmatrix}\quad 和 \quad \boldsymbol{E}=\begin{pmatrix}1&0\\0&1\end{pmatrix}$$

有相同的特征值但却不相似，因为单位矩阵 $\boldsymbol{E}$ 只能与它自己相似.

同理，利用定义 6.10，可以证明如下性质 6.5～性质 6.7 的正确性.

性质 6.5　如果方阵 $\boldsymbol{A}$ 与 $\boldsymbol{B}$ 相似，则 $|\boldsymbol{A}|=|\boldsymbol{B}|$.

性质 6.6　如果方阵 $\boldsymbol{A}$ 与 $\boldsymbol{B}$ 相似，则方阵 $\boldsymbol{A}^k$ 和 $\boldsymbol{B}^k$ 相似，其中 k 是正整数.

性质 6.7　如果方阵 $\boldsymbol{A}$ 与 $\boldsymbol{B}$ 相似，则方阵 $\boldsymbol{A}$ 和 $\boldsymbol{B}$ 等价，从而 $R(\boldsymbol{A})=R(\boldsymbol{B})$.

6.3.3　矩阵的对角化

当矩阵 $\boldsymbol{A}$ 与对角矩阵相似时，称矩阵 $\boldsymbol{A}$ 能**对角化**.

定理 6.7　如果 n 阶矩阵 $\boldsymbol{A}$ 与对角矩阵 $\boldsymbol{\Lambda}=\mathrm{diag}(\lambda_1,\lambda_2,\cdots,\lambda_n)$ 相似，则矩阵 $\boldsymbol{A}$ 的 n 个特征值为 $\lambda_i\,(i=1,2,\cdots,n)$.

下面讨论 n 阶矩阵 $\boldsymbol{A}$ 和对角矩阵 $\boldsymbol{\Lambda}$ 相似的条件.

定理 6.8　n 阶矩阵 $\boldsymbol{A}$ 与对角矩阵 $\boldsymbol{\Lambda}$ 相似的充分必要条件是 $\boldsymbol{A}$ 有 n 个线性无关的特征向量.

证　必要性. 假设 n 阶矩阵 $\boldsymbol{A}$ 与对角矩阵 $\boldsymbol{\Lambda}$ 相似，且 $\boldsymbol{\Lambda}=\mathrm{diag}(\lambda_1,\lambda_2,\cdots,\lambda_n)$，则存在可逆矩阵 $\boldsymbol{P}$, 使 $\boldsymbol{P}^{-1}\boldsymbol{A}\boldsymbol{P}=\boldsymbol{\Lambda}$，即 $\boldsymbol{A}\boldsymbol{P}=\boldsymbol{P}\boldsymbol{\Lambda}$.

将矩阵 $\boldsymbol{P}$ 按列分块，并记作 $\boldsymbol{P}=(\boldsymbol{p}_1,\boldsymbol{p}_2,\cdots,\boldsymbol{p}_n)$，则

$$\boldsymbol{A}(\boldsymbol{p}_1,\boldsymbol{p}_2,\cdots,\boldsymbol{p}_n)=(\boldsymbol{p}_1,\boldsymbol{p}_2,\cdots,\boldsymbol{p}_n)\begin{pmatrix}\lambda_1&&&\\&\lambda_2&&\\&&\ddots&\\&&&\lambda_n\end{pmatrix},$$

即

$$(\boldsymbol{A}\boldsymbol{p}_1,\boldsymbol{A}\boldsymbol{p}_2,\cdots,\boldsymbol{A}\boldsymbol{p}_n)=(\lambda_1\boldsymbol{p}_1,\lambda_2\boldsymbol{p}_2,\cdots,\lambda_n\boldsymbol{p}_n),$$

从而

$$\boldsymbol{A}\boldsymbol{p}_i=\lambda_i\boldsymbol{p}_i,\quad i=1,2,\cdots,n. \tag{6.16}$$

由式(6.16)可知，$\boldsymbol{P}=(\boldsymbol{p}_1,\boldsymbol{p}_2,\cdots,\boldsymbol{p}_n)$ 的列向量依次是 n 阶矩阵 $\boldsymbol{A}$ 的属于特征值

$\lambda_1,\lambda_2,\cdots,\lambda_n$ 的特征向量. 由于 $\boldsymbol{P}$ 可逆，所以 $\boldsymbol{p}_1,\boldsymbol{p}_2,\cdots,\boldsymbol{p}_n$ 线性无关. 因此，当 n 阶矩阵 $\boldsymbol{A}$ 与对角矩阵 $\boldsymbol{\Lambda}$ 相似时，$\boldsymbol{A}$ 有 n 个线性无关的特征向量.

充分性. 假设 n 阶矩阵 $\boldsymbol{A}$ 有 n 个线性无关的特征向量，不妨设为 $\boldsymbol{p}_1,\boldsymbol{p}_2,\cdots,\boldsymbol{p}_n$，它们对应的特征值依次为 $\lambda_1,\lambda_2,\cdots,\lambda_n$，则

$$\boldsymbol{A}\boldsymbol{p}_i=\lambda_i\boldsymbol{p}_i,\quad i=1,2,\cdots,n. \tag{6.17}$$

记矩阵 $\boldsymbol{P}=(\boldsymbol{p}_1,\boldsymbol{p}_2,\cdots,\boldsymbol{p}_n)$，则 $\boldsymbol{P}$ 是可逆矩阵. 根据式(6.17)可知，矩阵 $\boldsymbol{P}$ 满足

$$\boldsymbol{AP}=\boldsymbol{P\Lambda},$$

即

$$\boldsymbol{P}^{-1}\boldsymbol{AP}=\boldsymbol{\Lambda}, \tag{6.18}$$

其中 $\boldsymbol{\Lambda}=\operatorname{diag}(\lambda_1,\lambda_2,\cdots,\lambda_n)$.

因此，当 $\boldsymbol{A}$ 有 n 个线性无关的特征向量时，式(6.18)说明矩阵 $\boldsymbol{A}$ 与对角矩阵 $\boldsymbol{\Lambda}$ 相似.

推论 6.3 如果 n 阶矩阵 $\boldsymbol{A}$ 有 n 个不同的特征值，则矩阵 $\boldsymbol{A}$ 与对角矩阵相似.

推论 6.4 n 阶矩阵 $\boldsymbol{A}$ 能对角化的充分必要条件是矩阵 $\boldsymbol{A}$ 的每个 k 重特征值 λ 具有 k 个线性无关的特征向量.

证 必要性. 假设 n 阶矩阵 $\boldsymbol{A}$ 与对角矩阵相似，则存在可逆矩阵 $\boldsymbol{P}$，使

$$\boldsymbol{P}^{-1}\boldsymbol{AP}=\boldsymbol{\Lambda}, \tag{6.19}$$

其中 $\boldsymbol{\Lambda}=\operatorname{diag}(\underbrace{\lambda_1,\cdots,\lambda_1}_{n_1个},\underbrace{\lambda_2,\cdots,\lambda_2}_{n_2个},\cdots,\underbrace{\lambda_s,\cdots,\lambda_s}_{n_s个})$.

式(6.19)表明可逆矩阵 $\boldsymbol{P}$ 的列向量是 n 阶矩阵 $\boldsymbol{A}$ 的线性无关的特征向量，且 $n_i\ (i=1,2,\cdots,s)$ 不超过矩阵 $\boldsymbol{A}$ 的特征值 λ_i 所对应的线性无关的特征向量的个数. 根据定理 6.6 可知，矩阵 $\boldsymbol{A}$ 的每个 k 重特征值 λ 具有 k 个线性无关的特征向量.

充分性. 如果矩阵 $\boldsymbol{A}$ 的每个 k 重特征值 λ 对应 k 个线性无关的特征向量，则 n 阶矩阵 $\boldsymbol{A}$ 有 n 个线性无关的特征向量. 根据定理 6.7，n 阶矩阵 $\boldsymbol{A}$ 能对角化.

如果矩阵 $\boldsymbol{A}$ 可以对角化，与矩阵 $\boldsymbol{A}$ 相似的对角矩阵 $\boldsymbol{\Lambda}$ 和相似变换矩阵 $\boldsymbol{P}$ 都不是唯一的. 由于矩阵 $\boldsymbol{P}$ 的列向量是 $\boldsymbol{A}$ 的特征向量，其顺序应该与相应特征值在 $\boldsymbol{\Lambda}$ 中的顺序保持一致.

例 6.3 中的 2 阶方阵 $\boldsymbol{A}=\begin{pmatrix}3&1\\5&-1\end{pmatrix}$ 有 2 个不同的特征值为 $\lambda_1=4,\ \lambda_2=-2$，由推论 6.3 可知，矩阵 $\boldsymbol{A}$ 可以对角化. 令 $\boldsymbol{P}=(\xi_1,\xi_2)$，则 $\boldsymbol{P}^{-1}\boldsymbol{AP}=\boldsymbol{\Lambda}$，其中 $\boldsymbol{\Lambda}=\begin{pmatrix}4&0\\0&-2\end{pmatrix}$.

例 6.4 中的 3 阶方阵 A 有一个 2 重特征值 1，属于它的线性无关特征向量只有一个. 根据推论 6.4 可知，矩阵 $\boldsymbol{A}$ 不能与对角矩阵相似.

例 6.5 中的 3 阶方阵 $\boldsymbol{A}$ 有一个 2 重特征值 2，属于它的线性无关特征向量为 ξ_1,ξ_2，属于特征值–4 的特征向量为 ξ_3. 根据定理 6.7 可知，矩阵 $\boldsymbol{A}$ 可以对角化. 令 $\boldsymbol{P}=(\xi_1,\xi_2,\xi_3)$，则

$$\boldsymbol{P}^{-1}\boldsymbol{A}\boldsymbol{P}=\boldsymbol{\Lambda},$$

其中 $\boldsymbol{\Lambda}=\mathrm{diag}(2,2,-4)$.

假设 n 阶矩阵 $\boldsymbol{A}$ 能对角化，求可逆矩阵 $\boldsymbol{P}$，使 $\boldsymbol{P}^{-1}\boldsymbol{A}\boldsymbol{P}=\boldsymbol{\Lambda}$ 为对角矩阵的步骤如下:

(1) 计算 n 阶矩阵 $\boldsymbol{A}$ 的所有特征值. 设矩阵 $\boldsymbol{A}$ 有 s 个不同的特征值为 $\lambda_1,\lambda_2,\cdots,\lambda_s$，它们的重数分别为 $n_1,n_2,\cdots,n_s$，且 $n_1+n_2+\cdots+n_s=n$；

(2) 对于 $\boldsymbol{A}$ 的每一个特征值 λ_i，求线性方程组 $(\boldsymbol{A}-\lambda_i\boldsymbol{E})\boldsymbol{x}=\boldsymbol{0}$ 的一个基础解系，设为

$$\boldsymbol{p}_{i1},\boldsymbol{p}_{i2},\cdots,\boldsymbol{p}_{in_i}\quad(i=1,2,\cdots,s);$$

(3) 令矩阵

$$\boldsymbol{P}=(\boldsymbol{p}_{11},\boldsymbol{p}_{12},\cdots,\boldsymbol{p}_{1n_1},\boldsymbol{p}_{21},\cdots,\boldsymbol{p}_{2n_2},\cdots,\boldsymbol{p}_{s1},\cdots,\boldsymbol{p}_{sn_s}),$$

则 $\boldsymbol{P}$ 是可逆矩阵，且 $\boldsymbol{P}^{-1}\boldsymbol{A}\boldsymbol{P}=\boldsymbol{\Lambda}$，其中对角矩阵

$$\boldsymbol{\Lambda}=\mathrm{diag}(\underbrace{\lambda_1,\cdots,\lambda_1}_{n_1\text{个}},\underbrace{\lambda_2,\cdots,\lambda_2}_{n_2\text{个}},\cdots,\underbrace{\lambda_s,\cdots,\lambda_s}_{n_s\text{个}}).$$

例 6.8　证明矩阵 $\boldsymbol{A}$ 可以对角化，并求可逆矩阵 $\boldsymbol{P}$，使 $\boldsymbol{P}^{-1}\boldsymbol{A}\boldsymbol{P}=\boldsymbol{\Lambda}$ 为对角矩阵，其中矩阵

$$\boldsymbol{A}=\begin{pmatrix}4&6&0\\-3&-5&0\\-3&-6&1\end{pmatrix}.$$

证　由于矩阵 $\boldsymbol{A}$ 的特征多项式为

$$|\boldsymbol{A}-\lambda\boldsymbol{E}|=\begin{vmatrix}4-\lambda&6&0\\-3&-5-\lambda&0\\-3&-6&1-\lambda\end{vmatrix}=-(\lambda-1)^2(\lambda+2),$$

从而矩阵 $\boldsymbol{A}$ 的特征值为 $\lambda_1=\lambda_2=1$，$\lambda_3=-2$.

当 $\lambda_1=\lambda_2=1$ 时，相应的齐次线性方程组为 $(\boldsymbol{A}-\boldsymbol{E})\boldsymbol{x}=\boldsymbol{0}$，由

$$\boldsymbol{A}-\boldsymbol{E}=\begin{pmatrix}3&6&0\\-3&-6&0\\-3&-6&0\end{pmatrix}\to\begin{pmatrix}1&2&0\\0&0&0\\0&0&0\end{pmatrix},$$

得该方程组的基础解系为 $\boldsymbol{p}_1=\begin{pmatrix}-2\\1\\0\end{pmatrix}$， $\boldsymbol{p}_2=\begin{pmatrix}0\\0\\1\end{pmatrix}$.

当 $\lambda_3=-2$ 时，相应的齐次线性方程组为 $(\boldsymbol{A}+2\boldsymbol{E})\boldsymbol{x}=\boldsymbol{0}$，由

$$\boldsymbol{A}+2\boldsymbol{E}=\begin{pmatrix}6&6&0\\-3&-3&0\\-3&-6&3\end{pmatrix}\to\begin{pmatrix}1&0&1\\0&1&-1\\0&0&0\end{pmatrix},$$

得该方程组的基础解系为 $\boldsymbol{p}_3=\begin{pmatrix}-1\\1\\1\end{pmatrix}$.

$\boldsymbol{p}_1,\boldsymbol{p}_2,\boldsymbol{p}_3$ 分别是矩阵 $\boldsymbol{A}$ 的属于特征值 1 和 −2 的特征向量，且 $\boldsymbol{p}_1,\boldsymbol{p}_2,\boldsymbol{p}_3$ 线性无关，因此矩阵 $\boldsymbol{A}$ 可以对角化.

令矩阵

$$\boldsymbol{P}=(\boldsymbol{p}_1,\boldsymbol{p}_2,\boldsymbol{p}_3)=\begin{pmatrix}-2&0&-1\\1&0&1\\0&1&1\end{pmatrix},$$

则 $\boldsymbol{P}$ 是可逆矩阵，且

$$\boldsymbol{P}^{-1}\boldsymbol{A}\boldsymbol{P}=\boldsymbol{\Lambda}=\begin{pmatrix}1&0&0\\0&1&0\\0&0&-2\end{pmatrix}.$$

在例 6.8 中，如果取可逆矩阵 $\boldsymbol{P}=(\boldsymbol{p}_3,\boldsymbol{p}_2,\boldsymbol{p}_1)=\begin{pmatrix}-1&0&-2\\1&0&1\\1&1&0\end{pmatrix}$，则

$$\boldsymbol{P}^{-1}\boldsymbol{A}\boldsymbol{P}=\boldsymbol{\Lambda}=\begin{pmatrix}-2&&\\&1&\\&&1\end{pmatrix}.$$

例 6.9 参数 a 为何值时，矩阵 $\boldsymbol{A}=\begin{pmatrix}0&0&1\\6&1&a\\1&0&0\end{pmatrix}$ 能对角化?

解 由于矩阵 $\boldsymbol{A}$ 的特征多项式为

$$|\boldsymbol{A}-\lambda\boldsymbol{E}|=\begin{vmatrix}-\lambda&0&1\\6&1-\lambda&a\\1&0&-\lambda\end{vmatrix}=-(\lambda-1)^2(\lambda+1),$$

从而矩阵 $\boldsymbol{A}$ 的特征值为 $\lambda_1=\lambda_2=1$， $\lambda_3=-1$.

当 $\lambda_1=\lambda_2=1$ 时，相应的齐次线性方程组为 $(\boldsymbol{A}-\boldsymbol{E})\boldsymbol{X}=\boldsymbol{0}$，由于矩阵

$$\boldsymbol{A}-\boldsymbol{E}=\begin{pmatrix}-1&0&1\\6&0&a\\1&0&-1\end{pmatrix}\to\begin{pmatrix}1&0&-1\\0&0&a+6\\0&0&0\end{pmatrix},$$

则当 $a=-6$ 时，$R(\boldsymbol{A}-\boldsymbol{E})=1$，矩阵 $\boldsymbol{A}$ 的特征值 $\lambda_1=\lambda_2=1$ 有 2 个线性无关的特征向量. 因此，矩阵 $\boldsymbol{A}$ 能对角化.

例 6.10　已知矩阵 $\boldsymbol{A}=\begin{pmatrix}-2&0&0\\2&a&2\\3&1&1\end{pmatrix}$ 与 $\boldsymbol{B}=\begin{pmatrix}-1&0&0\\0&2&0\\0&0&b\end{pmatrix}$ 相似.

(1) 求参数 a 和 b;

(2) 求一个可逆矩阵 $\boldsymbol{P}$，使 $\boldsymbol{P}^{-1}\boldsymbol{A}\boldsymbol{P}=\boldsymbol{B}$；

(3) 计算 $\boldsymbol{A}^{100}$.

解　(1) 由于矩阵 $\boldsymbol{A}$ 和 $\boldsymbol{B}$ 相似，则 $|\boldsymbol{A}-\lambda\boldsymbol{E}|=|\boldsymbol{B}-\lambda\boldsymbol{E}|$，即

$$\begin{vmatrix}-2-\lambda&0&0\\2&a-\lambda&2\\3&1&1-\lambda\end{vmatrix}=\begin{vmatrix}-1-\lambda&0&0\\0&2-\lambda&0\\0&0&b-\lambda\end{vmatrix},$$

从而

$$(\lambda+2)[\lambda^2-(a+1)\lambda+a-2]=(\lambda+1)(\lambda-2)(\lambda-b),$$

当 $\lambda=-1$ 时，得 $a=0$；当 $\lambda=-2$ 时，得 $b=-2$.

因此，参数 $a=0$， $b=-2$.

(2) 矩阵 $\boldsymbol{A}$ 的特征值为 $\lambda_1=-1,\ \lambda_2=2,\ \lambda_3=-2$.

当 $\lambda_1=-1$ 时，相应的齐次线性方程组为 $(\boldsymbol{A}+\boldsymbol{E})\boldsymbol{x}=\boldsymbol{0}$，由

$$\boldsymbol{A}+\boldsymbol{E}=\begin{pmatrix}-1&0&0\\2&1&2\\3&1&2\end{pmatrix}\to\begin{pmatrix}1&0&0\\0&1&2\\0&0&0\end{pmatrix},$$

得该方程组的基础解系为 $\boldsymbol{p}_1=\begin{pmatrix}0\\-2\\1\end{pmatrix}$；

当 $\lambda_2=2$ 时，相应的齐次线性方程组为 $(\boldsymbol{A}-2\boldsymbol{E})\boldsymbol{x}=\boldsymbol{0}$，由

$$\boldsymbol{A}-2\boldsymbol{E}=\begin{pmatrix}-4&0&0\\2&-2&2\\3&1&-1\end{pmatrix}\to\begin{pmatrix}1&0&0\\0&1&-1\\0&0&0\end{pmatrix},$$

得该方程组的基础解系为 $\boldsymbol{p}_2=\begin{pmatrix}0\\1\\1\end{pmatrix}$；

当 $\lambda_3=-2$ 时，相应的齐次线性方程组为 $(\boldsymbol{A}+2\boldsymbol{E})\boldsymbol{x}=\boldsymbol{0}$，由

$$\boldsymbol{A}+2\boldsymbol{E}=\begin{pmatrix}0&0&0\\2&2&2\\3&1&3\end{pmatrix}\to\begin{pmatrix}1&0&1\\0&1&0\\0&0&0\end{pmatrix},$$

得该方程组的基础解系为 $\boldsymbol{p}_3=\begin{pmatrix}-1\\0\\1\end{pmatrix}$.

因此，所求可逆矩阵 $\boldsymbol{P}=(\boldsymbol{p}_1,\boldsymbol{p}_2,\boldsymbol{p}_3)=\begin{pmatrix}0&0&-1\\-2&1&0\\1&1&1\end{pmatrix}$，且 $\boldsymbol{P}^{-1}\boldsymbol{A}\boldsymbol{P}=\boldsymbol{B}$.

(3) 由 $\boldsymbol{P}^{-1}\boldsymbol{A}\boldsymbol{P}=\boldsymbol{B}$ 知，$\boldsymbol{A}=\boldsymbol{P}\boldsymbol{B}\boldsymbol{P}^{-1}$，而 $\boldsymbol{P}^{-1}=\dfrac{1}{3}\begin{pmatrix}1&-1&1\\2&1&2\\-3&0&0\end{pmatrix}$，因此

$$\boldsymbol{A}^{100}=\boldsymbol{P}\boldsymbol{B}^{100}\boldsymbol{P}^{-1}=\begin{pmatrix}0&0&-1\\-2&1&0\\1&1&1\end{pmatrix}\begin{pmatrix}(-1)^{100}&0&0\\0&2^{100}&0\\0&0&(-2)^{100}\end{pmatrix}\frac{1}{3}\begin{pmatrix}1&-1&1\\2&1&2\\-3&0&0\end{pmatrix}$$

$$=\frac{1}{3}\begin{pmatrix}3\cdot 2^{100}&0&0\\2^{101}-2&2^{100}+2&2^{101}-2\\1-2^{100}&2^{100}-1&2^{101}+1\end{pmatrix}.$$

6.4 实对称矩阵的对角化

根据 6.3 节内容可知，n 阶矩阵在一定条件下才能对角化. 而任意的实对称矩阵一定能对角化，且对称矩阵的对角化问题具有重要的应用价值. 本节仅讨论实对称矩阵的对角化问题.

6.4.1 实对称矩阵的特征值和特征向量的性质

性质 6.8 如果方阵 $\boldsymbol{A}$ 是实对称矩阵，则矩阵 $\boldsymbol{A}$ 的特征值都是实数.

证 设 λ 是实对称矩阵 $\boldsymbol{A}$ 的特征值，相应的特征向量为 $\boldsymbol{\alpha}$，则

$$A\alpha=\lambda\alpha.$$

两边取共轭转置，得

$$\overline{\alpha}^{\mathrm{T}}A=\overline{\lambda}\overline{\alpha}^{\mathrm{T}}.$$

从而

$$\overline{\lambda}\overline{\alpha}^{\mathrm{T}}\alpha=\overline{\alpha}^{\mathrm{T}}A\alpha=\overline{\alpha}^{\mathrm{T}}(A\alpha)=\lambda\overline{\alpha}^{\mathrm{T}}\alpha.$$

不妨设 $\alpha=(a_1,a_2,\cdots,a_n)^{\mathrm{T}}$，由于 $\alpha\neq 0$，则 $\overline{\alpha}^{\mathrm{T}}\alpha=\overline{a}_1a_1+\overline{a}_2a_2+\cdots+\overline{a}_na_n\neq 0$，于是 $\overline{\lambda}=\lambda$，即 λ 是实数. 因此，实对称矩阵 A 的特征值都是实数.

性质 6.9 如果方阵 A 是实对称矩阵，则矩阵 A 的不同特征值对应的特征向量是正交的.

证 设 λ_1,λ_2 是实对称矩阵 A 的两个不同的特征值，相应的特征向量分别为 α_1,α_2，则

$$\lambda_1\alpha_1=A\alpha_1,\quad \lambda_2\alpha_2=A\alpha_2.$$

由于 A 是实对称矩阵，于是

$$[\lambda_1\alpha_1,\alpha_2]=[A\alpha_1,\alpha_2]=(A\alpha_1)^{\mathrm{T}}\alpha_2=\alpha_1^{\mathrm{T}}A^{\mathrm{T}}\alpha_2=\alpha_1^{\mathrm{T}}A\alpha_2=[\alpha_1,A\alpha_2]=[\alpha_1,\lambda_2\alpha_2].$$

从而

$$\lambda_1[\alpha_1,\alpha_2]=\lambda_2[\alpha_1,\alpha_2].$$

由 $\lambda_1\neq\lambda_2$，得 $[\alpha_1,\alpha_2]=0$，即 α_1 和 α_2 正交. 因此，实对称矩阵 A 的不同特征值对应的特征向量是正交的.

6.4.2 实对称矩阵的对角化方法

定理 6.9 对于 n 阶实对称矩阵 A，必存在正交矩阵 P，使

$$P^{-1}AP=\Lambda,$$

其中 n 阶对角矩阵 Λ 的主对角线上的元素是 n 阶矩阵 A 的 n 个特征值.

推论 6.5 如果 λ 是 n 阶实对称矩阵 A 的 k 重特征值，则 $R(A-\lambda E)=n-k$，即矩阵 A 有 k 个属于特征值 λ 的线性无关的特征向量.

假设 A 是 n 阶实对称矩阵，求正交矩阵 P，使 $P^{-1}AP=\Lambda$ 为对角矩阵的步骤如下：

(1) 计算 n 阶矩阵 A 的所有特征值. 设矩阵 A 有 s 个不同的特征值 $\lambda_1,\lambda_2,\cdots,\lambda_s$，它们的重数分别为 $n_1,n_2,\cdots,n_s$，且 $n_1+n_2+\cdots+n_s=n$；

(2) 对于矩阵 A 的每个特征值 $\lambda_i(i=1,2,\cdots,s)$，求相应的齐次方程组 $(A-\lambda_iE)x=0$ 的一个基础解系，设为 $\xi_{i1},\xi_{i2},\cdots,\xi_{in_i}$，并将向量组 $\xi_{i1},\xi_{i2},\cdots,\xi_{in_i}$ 正交化、单位化，记为

$$\boldsymbol{p}_{i1},\boldsymbol{p}_{i2},\cdots,\boldsymbol{p}_{in_i}\quad(i=1,2,\cdots,s);$$

(3) 令矩阵

$$\boldsymbol{P}=(\boldsymbol{p}_{11},\boldsymbol{p}_{12},\cdots,\boldsymbol{p}_{1n_1},\boldsymbol{p}_{21},\cdots,\boldsymbol{p}_{2n_2},\cdots,\boldsymbol{p}_{s1},\cdots,\boldsymbol{p}_{sn_s}),$$

则 $\boldsymbol{P}$ 是正交矩阵，且 $\boldsymbol{P}^{-1}\boldsymbol{AP}=\boldsymbol{\Lambda}$，其中对角矩阵为

$$\boldsymbol{\Lambda}=\mathrm{diag}(\underbrace{\lambda_1,\cdots,\lambda_1}_{n_1\text{个}},\underbrace{\lambda_2,\cdots,\lambda_2}_{n_2\text{个}},\cdots,\underbrace{\lambda_s,\cdots,\lambda_s}_{n_s\text{个}}).$$

事实上，对于 n 阶矩阵 $\boldsymbol{A}$，如果存在正交矩阵 $\boldsymbol{P}$，使 $\boldsymbol{P}^{-1}\boldsymbol{AP}=\boldsymbol{\Lambda}$，其中 n 阶对角矩阵 $\boldsymbol{\Lambda}$ 的主对角线上的元素是矩阵 $\boldsymbol{A}$ 的 n 个特征值，则矩阵 $\boldsymbol{A}$ 必然是对称矩阵.

例 6.11 已知矩阵 $\boldsymbol{A}=\begin{pmatrix}0&1&1\\1&0&1\\1&1&0\end{pmatrix}$，求正交矩阵 $\boldsymbol{P}$ 和对角阵 $\boldsymbol{\Lambda}$，使 $\boldsymbol{P}^{-1}\boldsymbol{AP}$ 为对角矩阵.

解 $\boldsymbol{A}$ 的特征多项式为

$$|\boldsymbol{A}-\lambda\boldsymbol{E}|=\begin{vmatrix}-\lambda&1&1\\1&-\lambda&1\\1&1&-\lambda\end{vmatrix}=(2-\lambda)(1+\lambda)^2,$$

则矩阵 $\boldsymbol{A}$ 的特征值为 $\lambda_1=\lambda_2=-1,\lambda_3=2$.

当 $\lambda_1=\lambda_2=-1$ 时，相应的齐次线性方程组为 $(\boldsymbol{A}+\boldsymbol{E})\boldsymbol{x}=\boldsymbol{0}$，由

$$\boldsymbol{A}+\boldsymbol{E}=\begin{pmatrix}1&1&1\\1&1&1\\1&1&1\end{pmatrix}\to\begin{pmatrix}1&1&1\\0&0&0\\0&0&0\end{pmatrix},$$

得该方程组的基础解系为 $\boldsymbol{\xi}_1=\begin{pmatrix}-1\\1\\0\end{pmatrix}$，$\boldsymbol{\xi}_2=\begin{pmatrix}-1\\0\\1\end{pmatrix}$.

将 $\boldsymbol{\xi}_1,\boldsymbol{\xi}_2$ 正交化，得

$$\boldsymbol{\eta}_1=\boldsymbol{\xi}_1,\quad \boldsymbol{\eta}_2=\boldsymbol{\xi}_2-\frac{[\boldsymbol{\xi}_2,\boldsymbol{\xi}_1]}{[\boldsymbol{\xi}_1,\boldsymbol{\xi}_1]}\boldsymbol{\xi}_1=\begin{pmatrix}-1\\0\\1\end{pmatrix}-\frac{1}{2}\begin{pmatrix}-1\\1\\0\end{pmatrix}=\frac{1}{2}\begin{pmatrix}-1\\-1\\2\end{pmatrix}.$$

将 $\boldsymbol{\eta}_1,\boldsymbol{\eta}_2$ 单位化，得 $\boldsymbol{p}_1=\dfrac{1}{\sqrt{2}}\begin{pmatrix}-1\\1\\0\end{pmatrix}$，$\boldsymbol{p}_2=\dfrac{1}{\sqrt{6}}\begin{pmatrix}-1\\-1\\2\end{pmatrix}$.

当 $\lambda_3=2$ 时，相应的齐次线性方程组为 $(\boldsymbol{A}-2\boldsymbol{E})\boldsymbol{x}=\boldsymbol{0}$，由

$$\boldsymbol{A}-2\boldsymbol{E}=\begin{pmatrix}-2 & 1 & 1\\ 1 & -2 & 1\\ 1 & 1 & -2\end{pmatrix}\to\begin{pmatrix}1 & 0 & -1\\ 0 & 1 & -1\\ 0 & 0 & 0\end{pmatrix},$$

该方程组的基础解系为 $\boldsymbol{\xi}_3=\begin{pmatrix}1\\1\\1\end{pmatrix}$. 将它单位化，得 $\boldsymbol{p}_3=\frac{1}{\sqrt{3}}\begin{pmatrix}1\\1\\1\end{pmatrix}$.

令矩阵 $\boldsymbol{P}=(\boldsymbol{p}_1,\boldsymbol{p}_2,\boldsymbol{p}_3)=\begin{pmatrix}-\frac{1}{\sqrt{2}} & -\frac{1}{\sqrt{6}} & \frac{1}{\sqrt{3}}\\ \frac{1}{\sqrt{2}} & -\frac{1}{\sqrt{6}} & \frac{1}{\sqrt{3}}\\ 0 & \frac{2}{\sqrt{6}} & \frac{1}{\sqrt{3}}\end{pmatrix}$，则 $\boldsymbol{P}$ 是正交矩阵，且

$$\boldsymbol{P}^{-1}\boldsymbol{A}\boldsymbol{P}=\boldsymbol{\Lambda}=\begin{pmatrix}-1 & & \\ & -1 & \\ & & 2\end{pmatrix}.$$

在例 6.11 中，如果取正交矩阵 $\boldsymbol{P}=(\boldsymbol{p}_1,\boldsymbol{p}_3,\boldsymbol{p}_2)$，则 $\boldsymbol{P}^{-1}\boldsymbol{A}\boldsymbol{P}=\boldsymbol{\Lambda}=\begin{pmatrix}-1 & & \\ & 2 & \\ & & -1\end{pmatrix}$.

例 6.12 设 3 阶实对称矩阵 $\boldsymbol{A}$ 的特征值为 6, 3, 3，且特征值 6 对应的一个特征向量为 $\boldsymbol{\xi}_1=(1,1,1)^{\mathrm{T}}$，求矩阵 $\boldsymbol{A}$.

解 设特征值 3 对应的特征向量为 $\boldsymbol{x}=(x_1,x_2,x_3)^{\mathrm{T}}$，则 $\boldsymbol{\xi}_1^{\mathrm{T}}\boldsymbol{x}=0$，即

$$x_1+x_2+x_3=0. \tag{6.20}$$

解齐次线性方程组(6.20)，得该线性方程组的基础解系为 $\boldsymbol{\xi}_2=\begin{pmatrix}-1\\1\\0\end{pmatrix}$，$\boldsymbol{\xi}_3=\begin{pmatrix}-1\\0\\1\end{pmatrix}$.

令矩阵

$$\boldsymbol{P}=(\boldsymbol{\xi}_1,\boldsymbol{\xi}_2,\boldsymbol{\xi}_3)=\begin{pmatrix}1 & -1 & -1\\ 1 & 1 & 0\\ 1 & 0 & 1\end{pmatrix},$$

则 $\boldsymbol{P}$ 是可逆矩阵，且

$$P^{-1}=\frac{1}{3}\begin{pmatrix}1&1&1\\-1&2&-1\\-1&-1&2\end{pmatrix},\quad P^{-1}AP=\Lambda=\begin{pmatrix}6&&\\&3&\\&&3\end{pmatrix}.$$

因此

$$A=P\Lambda P^{-1}=\begin{pmatrix}1&-1&-1\\1&1&0\\1&0&1\end{pmatrix}\begin{pmatrix}6&&\\&3&\\&&3\end{pmatrix}\frac{1}{3}\begin{pmatrix}1&1&1\\-1&2&-1\\-1&-1&2\end{pmatrix}=\begin{pmatrix}4&1&1\\1&4&1\\1&1&4\end{pmatrix}.$$

在例 6.12 中，3 阶实对称矩阵 $\boldsymbol{A}$ 的属于特征值 3 的特征向量 $\boldsymbol{x}$ 都是齐次线性方程组(6.20)的解；反之，容易验证，式(6.20)的任意的非零解都是矩阵 $\boldsymbol{A}$ 的属于特征值 3 的特征向量.

6.5 二 次 型

从几何的角度分析，二次型理论起源于二次曲线或曲面的化简问题，其理论与方法在数学、工程和物理等领域中都有重要的应用. 本节介绍二次型及化二次型为标准形等问题.

6.5.1 二次型的基本概念

定义 6.11 关于 n 个未知量 $x_1, x_2, \cdots, x_n$ 的二次齐次多项式称为 n 元**二次型**，简称**二次型**，记作 $f(x_1, x_2, \cdots, x_n)$.

含有未知量 $x_1, x_2, \cdots, x_n$ 的 n 元二次型的一般形式为

$$\begin{aligned}f(x_1, x_2, \cdots, x_n) = &a_{11}x_1^2 + 2a_{12}x_1x_2 + \cdots + 2a_{1n}x_1x_n\\&+ a_{22}x_2^2 + 2a_{23}x_2x_3 + \cdots + 2a_{2n}x_2x_n + \cdots + a_{nn}x_n^2,\end{aligned}\tag{6.21}$$

其中 $a_{ij}(i, j = 1,2,\cdots,n)$ 称为二次型的**系数**.

如果二次型的系数都是实数，称为**实二次型**；否则，称为**复数二次型**. 本章只讨论实二次型.

如果二次型(6.21)中只含平方项，称该二次型为**标准形**；如果二次型是标准形，且平方项的系数只有 1，0 或−1，称该二次型为**规范形**.

令 $a_{ij} = a_{ji}(i, j = 1, 2, \cdots, n)$，则式(6.21)可表示为

$$\begin{aligned}f(x_1, x_2, \cdots, x_n) = &a_{11}x_1^2 + a_{12}x_1x_2 + \cdots + a_{1n}x_1x_n\\&+ a_{21}x_2x_1 + a_{22}x_2^2 + \cdots + a_{2n}x_2x_n\\&+\cdots\end{aligned}$$

$$+a_{n1}x_nx_1+a_{n2}x_nx_2+\cdots+a_{nn}x_n^2$$

$$=\sum_{i,j=1}^{n}a_{ij}x_ix_j.$$

记矩阵 $\boldsymbol{A}=\begin{pmatrix}a_{11}&a_{12}&\cdots&a_{1n}\\a_{21}&a_{22}&\cdots&a_{2n}\\\vdots&\vdots&&\vdots\\a_{n1}&a_{n2}&\cdots&a_{nn}\end{pmatrix}$，$\boldsymbol{x}=\begin{pmatrix}x_1\\x_2\\\vdots\\x_n\end{pmatrix}$，则式(6.21)可用矩阵表示为

$$f(x)=\boldsymbol{x}^{\mathrm{T}}\boldsymbol{A}\boldsymbol{x}\,,\tag{6.22}$$

其中 $\boldsymbol{A}$ 是对称矩阵.

根据上述内容可知，由任意的二次型可以唯一确定对称矩阵 $\boldsymbol{A}$；反之，由任意的对称矩阵 $\boldsymbol{A}$，利用式(6.22)可以唯一确定一个二次型. 因此，二次型与对称矩阵之间存在一一对应关系. 对称矩阵 $\boldsymbol{A}$ 称为关于二次型(6.22) 的对称矩阵，二次型(6.22) 称为关于对称矩阵 $\boldsymbol{A}$ 的二次型. 对称矩阵 $\boldsymbol{A}$ 的秩称为该**二次型的秩**.

由以上讨论可知，二次型为标准形的充分必要条件是它的对称矩阵为对角矩阵.

例如，二次型 $f(x_1,x_2,x_3)=2x_1^2+4x_1x_2+5x_2^2+6x_2x_3+7x_3^2$ 的对称矩阵为

$$\boldsymbol{A}=\begin{pmatrix}2&2&0\\2&5&3\\0&3&7\end{pmatrix}.$$

由于 $R(\boldsymbol{A})=3$，因此该二次型的秩是 3.

对角矩阵 $\boldsymbol{A}=\begin{pmatrix}2&0&0\\0&6&0\\0&0&9\end{pmatrix}$ 的二次型为 $f(x_1,x_2,x_3)=2x_1^2+6x_2^2+9x_3^2$，该二次型为标准形.

例 6.13　已知二次型 $f(x_1,x_2,x_3)=5x_1^2+5x_2^2+cx_3^2-2x_1x_2+6x_1x_3-6x_2x_3$ 的秩为 2，求参数 c.

解　该二次型的对称矩阵为

$$\boldsymbol{A}=\begin{pmatrix}5&-1&3\\-1&5&-3\\3&-3&c\end{pmatrix},$$

由于

$$A=\begin{pmatrix}5&-1&3\\-1&5&-3\\3&-3&c\end{pmatrix}\to\begin{pmatrix}1&-5&3\\0&2&-1\\0&0&c-3\end{pmatrix},$$

且 $R(A)=2$，则参数 $c=3$.

6.5.2 矩阵的合同

设变量 $y_1,y_2,\cdots,y_n$ 到变量 $x_1,x_2,\cdots,x_n$ 的线性变换为

$$\begin{cases}x_1=c_{11}y_1+c_{12}y_2+\cdots+c_{1n}y_n,\\x_2=c_{21}y_1+c_{22}y_2+\cdots+c_{2n}y_n,\\\quad\cdots\cdots\\x_n=c_{n1}y_1+c_{n2}y_2+\cdots+c_{nn}y_n,\end{cases}\tag{6.23}$$

式(6.23)的矩阵形式为

$$\boldsymbol{x}=\boldsymbol{C}\boldsymbol{y},\tag{6.24}$$

其中系数矩阵 $\boldsymbol{C}=\begin{pmatrix}c_{11}&c_{12}&\cdots&c_{1n}\\c_{21}&c_{22}&\cdots&c_{2n}\\\vdots&\vdots&&\vdots\\c_{n1}&c_{n2}&\cdots&c_{nn}\end{pmatrix}$，$\boldsymbol{x}=\begin{pmatrix}x_1\\x_2\\\vdots\\x_n\end{pmatrix}$，$\boldsymbol{y}=\begin{pmatrix}y_1\\y_2\\\vdots\\y_n\end{pmatrix}$.

当系数矩阵 $\boldsymbol{C}$ 为可逆矩阵时，称线性变换(6.23)或(6.24)为**非退化线性变换**或**可逆线性变换**；当 $\boldsymbol{C}$ 为正交矩阵时，称线性变换(6.23)或(6.24)为**正交线性变换**，简称**正交变换**.

如果将线性变换(6.24)代入式(6.22)，得

$$f(x)=\boldsymbol{x}^{\mathrm{T}}\boldsymbol{A}\boldsymbol{x}=\boldsymbol{y}^{\mathrm{T}}\boldsymbol{C}^{\mathrm{T}}\boldsymbol{A}\boldsymbol{C}\boldsymbol{y}=\boldsymbol{y}^{\mathrm{T}}\boldsymbol{B}\boldsymbol{y},\tag{6.25}$$

其中 $\boldsymbol{B}=\boldsymbol{C}^{\mathrm{T}}\boldsymbol{A}\boldsymbol{C}$ 是对称矩阵.

显然，式(6.25)的右端仍是二次型，即任何二次型经过线性变换后仍然是二次型.

定义 6.12 设 $\boldsymbol{A},\boldsymbol{B}$ 是 n 阶矩阵，如果存在 n 阶可逆矩阵 $\boldsymbol{C}$，使

$$\boldsymbol{C}^{\mathrm{T}}\boldsymbol{A}\boldsymbol{C}=\boldsymbol{B},\tag{6.26}$$

称矩阵 $\boldsymbol{A}$ 与矩阵 $\boldsymbol{B}$ **合同**，或者称矩阵 $\boldsymbol{A}$ **合同于**矩阵 $\boldsymbol{B}$.

矩阵的合同关系(6.26)具有**反身性**、**对称性和传递性**.

矩阵的合同具有如下性质.

性质 6.10 如果 n 阶矩阵 $\boldsymbol{A}$ 与 $\boldsymbol{B}$ 合同，则矩阵 $\boldsymbol{A}$ 和 $\boldsymbol{B}$ 等价，从而 $R(\boldsymbol{A})=R(\boldsymbol{B})$.

当二次型(6.22)经过可逆变换 $\boldsymbol{x}=\boldsymbol{C}\boldsymbol{y}$ 时，二次型(6.22)的对称矩阵由 $\boldsymbol{A}$ 变成矩阵 $\boldsymbol{B}=\boldsymbol{C}^{\mathrm{T}}\boldsymbol{A}\boldsymbol{C}$，根据性质 6.10 可知，二次型(6.22)的秩不变.

求可逆变换 $\boldsymbol{x}=\boldsymbol{C}\boldsymbol{y}$，化 n 元二次型 $f(\boldsymbol{x})=\boldsymbol{x}^{\mathrm{T}}\boldsymbol{A}\boldsymbol{x}$ 为标准形

$$f(\boldsymbol{x})=\boldsymbol{x}^{\mathrm{T}}\boldsymbol{A}\boldsymbol{x}=d_1y_1^2+d_2y_2^2+\cdots+d_ny_n^2,$$

即求可逆矩阵 $\boldsymbol{C}$，使矩阵 $\boldsymbol{C}^{\mathrm{T}}\boldsymbol{A}\boldsymbol{C}$ 为对角阵 $\boldsymbol{\Lambda}=\mathrm{diag}(d_1,d_2,\cdots,d_n)$.

6.5.3　化二次型为标准形

定理 6.10　任意 n 元二次型 $f(x)=\boldsymbol{x}^{\mathrm{T}}\boldsymbol{A}\boldsymbol{x}$，总存在正交变换 $\boldsymbol{x}=\boldsymbol{P}\boldsymbol{y}$，使该二次型化为标准形

$$f(x)=\lambda_1y_1^2+\lambda_2y_2^2+\cdots+\lambda_ny_n^2, \tag{6.27}$$

其中 $\lambda_1,\lambda_2,\cdots,\lambda_n$ 是实对称矩阵 $\boldsymbol{A}$ 的 n 个特征值.

推论 6.6　任意 n 元二次型 $f(x)=\boldsymbol{x}^{\mathrm{T}}\boldsymbol{A}\boldsymbol{x}$，总存在可逆线性变换 $\boldsymbol{x}=\boldsymbol{C}\boldsymbol{z}$，使该二次型化为规范形.

求正交变换 $\boldsymbol{x}=\boldsymbol{P}\boldsymbol{y}$, 化 n 元二次型 $f(\boldsymbol{x})=\boldsymbol{x}^{\mathrm{T}}\boldsymbol{A}\boldsymbol{x}$ 为标准形的步骤如下：

(1) 写出二次型 $f(\boldsymbol{x})=\boldsymbol{x}^{\mathrm{T}}\boldsymbol{A}\boldsymbol{x}$ 的对称矩阵 $\boldsymbol{A}$;

(2) 求正交矩阵 $\boldsymbol{P}$，使

$$\boldsymbol{P}^{-1}\boldsymbol{A}\boldsymbol{P}=\boldsymbol{P}^{\mathrm{T}}\boldsymbol{A}\boldsymbol{P}=\boldsymbol{\Lambda}=\mathrm{diag}(\lambda_1,\lambda_2,\cdots,\lambda_n),$$

其中 $\lambda_1,\lambda_2,\cdots,\lambda_n$ 是实对称矩阵 $\boldsymbol{A}$ 的 n 个特征值;

(3) 要求的正交变换为 $\boldsymbol{x}=\boldsymbol{P}\boldsymbol{y}$，二次型 $f(\boldsymbol{x})=\boldsymbol{x}^{\mathrm{T}}\boldsymbol{A}\boldsymbol{x}$ 化成的标准形为

$$f(x)=\lambda_1y_1^2+\lambda_2y_2^2+\cdots+\lambda_ny_n^2.$$

例 6.14　求正交变换 $\boldsymbol{x}=\boldsymbol{P}\boldsymbol{y}$，化二次型

$$f(x_1,x_2,x_3)=2x_1x_2+2x_1x_3+2x_2x_3$$

为标准形.

解　该二次型的对称矩阵 $\boldsymbol{A}=\begin{pmatrix}0&1&1\\1&0&1\\1&1&0\end{pmatrix}$. $\boldsymbol{A}$ 的特征多项式为

$$|\boldsymbol{A}-\lambda\boldsymbol{E}|=\begin{vmatrix}-\lambda&1&1\\1&-\lambda&1\\1&1&-\lambda\end{vmatrix}=(2-\lambda)(1+\lambda)^2,$$

则矩阵 $\boldsymbol{A}$ 的特征值为 $\lambda_1=\lambda_2=-1,\lambda_3=2$.

当 $\lambda_1=\lambda_2=-1$ 时，相应的齐次线性方程组为 $(\boldsymbol{A}+\boldsymbol{E})\boldsymbol{x}=\boldsymbol{0}$，由

$$\boldsymbol{A}+\boldsymbol{E}=\begin{pmatrix}1&1&1\\1&1&1\\1&1&1\end{pmatrix}\to\begin{pmatrix}1&1&1\\0&0&0\\0&0&0\end{pmatrix},$$

得该方程组的基础解系为

$$\boldsymbol{\xi}_1=\begin{pmatrix}1\\-1\\0\end{pmatrix},\quad \boldsymbol{\xi}_2=\begin{pmatrix}1\\1\\-2\end{pmatrix}.$$

显然，$\boldsymbol{\xi}_1,\boldsymbol{\xi}_2$ 是正交的向量组. 将它们单位化，得 $\boldsymbol{p}_1=\begin{pmatrix}\frac{1}{\sqrt{2}}\\-\frac{1}{\sqrt{2}}\\0\end{pmatrix}$，$\boldsymbol{p}_2=\begin{pmatrix}\frac{1}{\sqrt{6}}\\\frac{1}{\sqrt{6}}\\-\frac{2}{\sqrt{6}}\end{pmatrix}$.

当 $\lambda_3=2$ 时，相应的齐次线性方程组为 $(\boldsymbol{A}-2\boldsymbol{E})\boldsymbol{x}=\boldsymbol{0}$，由

$$\boldsymbol{A}-2\boldsymbol{E}=\begin{pmatrix}-2&1&1\\1&-2&1\\1&1&-2\end{pmatrix}\to\begin{pmatrix}1&0&-1\\0&1&-1\\0&0&0\end{pmatrix},$$

得该方程组的基础解系为 $\boldsymbol{\xi}_3=\begin{pmatrix}1\\1\\1\end{pmatrix}$. 将它单位化，得 $\boldsymbol{p}_3=\frac{1}{\sqrt{3}}\begin{pmatrix}1\\1\\1\end{pmatrix}$.

令矩阵 $\boldsymbol{P}=(\boldsymbol{p}_1,\boldsymbol{p}_2,\boldsymbol{p}_3)=\begin{pmatrix}\frac{1}{\sqrt{2}}&\frac{1}{\sqrt{6}}&\frac{1}{\sqrt{3}}\\-\frac{1}{\sqrt{2}}&\frac{1}{\sqrt{6}}&\frac{1}{\sqrt{3}}\\0&-\frac{2}{\sqrt{6}}&\frac{1}{\sqrt{3}}\end{pmatrix}$，则 $\boldsymbol{P}$ 是正交矩阵，且

$$\boldsymbol{P}^{-1}\boldsymbol{A}\boldsymbol{P}=\boldsymbol{P}^{\mathrm{T}}\boldsymbol{A}\boldsymbol{P}=\boldsymbol{\Lambda}=\begin{pmatrix}-1&&\\&-1&\\&&2\end{pmatrix}.$$

因此，要求的正交变换为 $\boldsymbol{x}=\boldsymbol{P}\boldsymbol{y}$，二次型化成的标准形为

$$f(x_1,x_2,x_3)=-y_1^2-y_2^2+2y_3^2.$$

如果令 $\begin{cases}y_1=z_1,\\y_2=z_2,\\y_3=\frac{1}{\sqrt{2}}z_3,\end{cases}$ 即 $\boldsymbol{y}=\boldsymbol{C}_1\boldsymbol{z}$，其中矩阵 $\boldsymbol{C}_1=\begin{pmatrix}1&0&0\\0&1&0\\0&0&\frac{1}{\sqrt{2}}\end{pmatrix}$ 是可逆矩阵，

$\boldsymbol{z}=\begin{pmatrix} z_1 \\ z_2 \\ z_3 \end{pmatrix}$，则例 6.14 中的二次型化成的规范形为 $f(x_1,x_2,x_3)=-z_1^2-z_2^2+z_3^2$.

例 6.14 中的正交变换 $\boldsymbol{x}=\boldsymbol{P}\boldsymbol{y}$ 不是唯一的，二次型化成的标准形也不是唯一的. 例如，令矩阵 $\boldsymbol{P}=(\boldsymbol{p}_1,\boldsymbol{p}_3,\boldsymbol{p}_2)$，则 $\boldsymbol{P}$ 是正交矩阵，且

$$\boldsymbol{P}^{-1}\boldsymbol{A}\boldsymbol{P}=\boldsymbol{P}^{\mathrm{T}}\boldsymbol{A}\boldsymbol{P}=\boldsymbol{\Lambda}=\begin{pmatrix} -1 & & \\ & 2 & \\ & & -1 \end{pmatrix}.$$

因此，要求的正交变换为 $\boldsymbol{x}=\boldsymbol{P}\boldsymbol{y}$，二次型化成的标准形为

$$f(x_1,x_2,x_3)=-y_1^2+2y_2^2-y_3^2.$$

例 6.15　确定二次曲面的方程

$$2x_1^2+2x_2^2+2x_3^2+2x_1x_2=6$$

的标准形式，并说明该二次方程表示什么曲面.

解　记 $f(x_1,x_2,x_3)=2x_1^2+2x_2^2+2x_3^2+2x_1x_2$，该二次型的对称矩阵为

$$\boldsymbol{A}=\begin{pmatrix} 2 & 1 & 0 \\ 1 & 2 & 0 \\ 0 & 0 & 2 \end{pmatrix}.$$

$\boldsymbol{A}$ 的特征多项式为

$$|\boldsymbol{A}-\lambda\boldsymbol{E}|=\begin{vmatrix} 2-\lambda & 1 & 0 \\ 1 & 2-\lambda & 0 \\ 0 & 0 & 2-\lambda \end{vmatrix}=(2-\lambda)(\lambda-1)(\lambda-3),$$

则矩阵 $\boldsymbol{A}$ 的特征值为 $\lambda_1=2,\lambda_2=1,\lambda_3=3$.

于是二次型 $f(x_1,x_2,x_3)=2x_1^2+2x_2^2+2x_3^2+2x_1x_2$ 的标准形为

$$f(x_1,x_2,x_3)=2y_1^2+y_2^2+3y_3^2.$$

因此，二次曲面的方程 $2x_1^2+2x_2^2+2x_3^2+2x_1x_2=6$ 的标准形式为

$$\frac{y_1^2}{3}+\frac{y_2^2}{6}+\frac{y_3^2}{2}=1,$$

它表示椭球面.

化二次型为标准形的方法并不是唯一的. 下面举例说明利用配平方法，求可逆线性变换 $\boldsymbol{x}=\boldsymbol{C}\boldsymbol{y}$，化 n 元二次型 $f(\boldsymbol{x})=\boldsymbol{x}^{\mathrm{T}}\boldsymbol{A}\boldsymbol{x}$ 为标准形.

例 6.16　用配平方法，求可逆线性变换 $\boldsymbol{x}=\boldsymbol{C}\boldsymbol{y}$，将二次型

$$f(x_1,x_2,x_3)=x_1^2+2x_1x_2+2x_1x_3+2x_2^2+6x_2x_3+5x_3^2$$

化为标准形.

解 $f(x_1,x_2,x_3)=x_1^2+2(x_2+x_3)x_1+(x_2+x_3)^2+x_2^2+4x_2x_3+4x_3^2$

$$=(x_1+x_2+x_3)^2+(x_2+2x_3)^2,$$

令

$$\begin{cases}y_1=x_1+x_2+x_3,\\ y_2=x_2+2x_3,\\ y_3=x_3,\end{cases}\quad\text{即}\quad\begin{cases}x_1=y_1-y_2+y_3,\\ x_2=y_2-2y_3,\\ x_3=y_3,\end{cases}$$

则该二次型化成的标准形为

$$f(x_1,x_2,x_3)=y_1^2+y_2^2.$$

所用线性变换的系数矩阵为 $C=\begin{pmatrix}1&-1&1\\0&1&-2\\0&0&1\end{pmatrix}$，且 $|C|=1\neq 0$. 因此，要求的可逆线性变换为 $x=Cy$，其中 $x=\begin{pmatrix}x_1\\x_2\\x_3\end{pmatrix}$，$y=\begin{pmatrix}y_1\\y_2\\y_3\end{pmatrix}$.

例 6.16 中的可逆线性变换 $x=Cy$ 不是唯一的. 比如，令

$$\begin{cases}y_1=x_1+x_2+x_3,\\ y_2=x_2+2x_3,\\ y_3=x_2,\end{cases}\quad\text{即}\quad\begin{cases}x_1=y_1-\dfrac{1}{2}y_2-\dfrac{1}{2}y_3,\\ x_2=y_3,\\ x_3=\dfrac{1}{2}y_2-\dfrac{1}{2}y_3,\end{cases}$$

则

$$f(x_1,x_2,x_3)=y_1^2+y_2^2.$$

所用线性变换的系数矩阵为 $C=\begin{pmatrix}1&-\frac{1}{2}&-\frac{1}{2}\\0&0&1\\0&\frac{1}{2}&-\frac{1}{2}\end{pmatrix}$，且 $|C|=-\dfrac{1}{2}\neq 0$.

例 6.17 用配平方法，求可逆线性变换 $x=Cy$，将二次型

$$f(x_1,x_2,x_3)=2x_1x_2+2x_1x_3-2x_2x_3$$

化为标准形.

解 由于该二次型中没有平方项，令

$$\begin{cases} x_1 = y_1 + y_2, \\ x_2 = y_1 - y_2, \\ x_3 = y_3, \end{cases} \tag{6.28}$$

即

$$\boldsymbol{x} = \boldsymbol{C}_1 \boldsymbol{y} ,$$

其中系数矩阵 $\boldsymbol{C}_1 = \begin{pmatrix} 1 & 1 & 0 \\ 1 & -1 & 0 \\ 0 & 0 & 1 \end{pmatrix}$，$\boldsymbol{x} = \begin{pmatrix} x_1 \\ x_2 \\ x_3 \end{pmatrix}$，$\boldsymbol{y} = \begin{pmatrix} y_1 \\ y_2 \\ y_3 \end{pmatrix}$，且 $|\boldsymbol{C}_1| = -2 \neq 0$.

将(6.28)代入原二次型，得

$$\begin{aligned} f(x_1, x_2, x_3) &= 2(y_1 + y_2)(y_1 - y_2) + 2(y_1 + y_2)y_3 - 2(y_1 - y_2)y_3 \\ &= 2y_1^2 - 2y_2^2 + 4y_2 y_3 = 2{y_1}^2 - 2(y_2 - y_3)^2 + 2y_3^2. \end{aligned} \tag{6.29}$$

令

$$\begin{cases} z_1 = y_1, \\ z_2 = y_2 - y_3, \\ z_3 = y_3, \end{cases} \quad \text{即} \quad \begin{cases} y_1 = z_1, \\ y_2 = z_2 + z_3, \\ y_3 = z_3, \end{cases} \tag{6.30}$$

式(6.30)的矩阵形式为

$$\boldsymbol{y} = \boldsymbol{C}_2 \boldsymbol{z} ,$$

其中系数矩阵 $\boldsymbol{C}_2 = \begin{pmatrix} 1 & 0 & 0 \\ 0 & 1 & 1 \\ 0 & 0 & 1 \end{pmatrix}$，$\boldsymbol{z} = \begin{pmatrix} z_1 \\ z_2 \\ z_3 \end{pmatrix}$，且 $|\boldsymbol{C}_2| = 1 \neq 0$.

将式(6.30)代入式(6.29)，得二次型的标准形为

$$f(x_1, x_2, x_3) = 2z_1^2 - 2z_2^2 + 2z_3^2 .$$

因此，要求的线性变换为

$$\boldsymbol{x} = \boldsymbol{C}_1 \boldsymbol{y} = \boldsymbol{C}_1 \boldsymbol{C}_2 \boldsymbol{z} ,$$

其中系数矩阵 $\boldsymbol{C} = \boldsymbol{C}_1 \boldsymbol{C}_2$，且 $|\boldsymbol{C}| = |\boldsymbol{C}_1||\boldsymbol{C}_2| = -2 \neq 0$.

求可逆线性变换 $\boldsymbol{x} = \boldsymbol{C}\boldsymbol{y}$，化二次型 $f(\boldsymbol{x}) = \boldsymbol{x}^{\mathrm{T}} \boldsymbol{A} \boldsymbol{x}$ 为标准形，即求可逆矩阵 $\boldsymbol{C}$，使 $\boldsymbol{C}^{\mathrm{T}} \boldsymbol{A} \boldsymbol{C} = \boldsymbol{\Lambda}$ 为对角矩阵. 由于 $\boldsymbol{C}$ 是可逆矩阵，因此，可以通过矩阵的初等变换求可逆矩阵 $\boldsymbol{C}$. 下面介绍利用矩阵的初等变换的方法，求可逆线性变换化二次型为标准形.

设 $\boldsymbol{C} = \boldsymbol{Q}_1 \boldsymbol{Q}_2 \cdots \boldsymbol{Q}_s$，其中 $\boldsymbol{Q}_i (i = 1, 2, \cdots, s)$ 都是初等矩阵，则

$$\boldsymbol{C} = \boldsymbol{E} \boldsymbol{Q}_1 \boldsymbol{Q}_2 \cdots \boldsymbol{Q}_s , \quad \boldsymbol{C}^{\mathrm{T}} \boldsymbol{A} \boldsymbol{C} = \boldsymbol{Q}_s^{\mathrm{T}} \cdots \boldsymbol{Q}_2^{\mathrm{T}} \boldsymbol{Q}_1^{\mathrm{T}} \boldsymbol{A} \boldsymbol{Q}_1 \boldsymbol{Q}_2 \cdots \boldsymbol{Q}_s . \tag{6.31}$$

由式(6.31)可知，对 $\boldsymbol{A}$ 和 $\boldsymbol{E}$ 施行相同的初等列变换的同时，再对 $\boldsymbol{A}$ 施行同样的初等行变换，当矩阵 $\boldsymbol{A}$ 化为对角矩阵 $\boldsymbol{\Lambda}$ 时，单位矩阵 $\boldsymbol{E}$ 化成可逆矩阵 $\boldsymbol{C}$.

用初等变换的方法，求可逆变换 $\boldsymbol{x} = \boldsymbol{C}\boldsymbol{y}$，化 n 元二次型 $f(x) = \boldsymbol{x}^{\mathrm{T}} \boldsymbol{A} \boldsymbol{x}$ 为标准

形的步骤如下：

(1) 构造 $2n\times n$ 矩阵 $\begin{pmatrix} \boldsymbol{A} \\ \boldsymbol{E} \end{pmatrix}$；

(2) 对矩阵 $\begin{pmatrix} \boldsymbol{A} \\ \boldsymbol{E} \end{pmatrix}$ 作初等列变换的同时，再作同样的初等行变换，当 $\boldsymbol{A}$ 化成对角矩阵 $\boldsymbol{\Lambda}$ 时，$\boldsymbol{E}$ 化成的就是可逆矩阵 $\boldsymbol{C}$，即

$$\begin{pmatrix} \boldsymbol{A} \\ \boldsymbol{E} \end{pmatrix} \to \begin{pmatrix} \boldsymbol{\Lambda} \\ \boldsymbol{C} \end{pmatrix},$$

其中 $\boldsymbol{\Lambda}=(d_1,d_2,\cdots,d_n)$；

(3) 要求的可逆线性变换为 $\boldsymbol{x}=\boldsymbol{C}\boldsymbol{y}$，二次型 $f(x)=\boldsymbol{x}^{\mathrm{T}}\boldsymbol{A}\boldsymbol{x}$ 化成的标准形为

$$f(x)=d_1y_1^2+d_2y_2^2+\cdots+d_ny_n^2.$$

例 6.18 用初等变换的方法，求可逆线性变换 $\boldsymbol{x}=\boldsymbol{C}\boldsymbol{y}$，将二次型

$$f(x_1,x_2,x_3)=2x_1x_2+2x_1x_3-6x_2x_3$$

化为标准形.

解 二次型 $f(x_1,x_2,x_3)$ 的对称矩阵 $\boldsymbol{A}=\begin{pmatrix} 0 & 1 & 1 \\ 1 & 0 & -3 \\ 1 & -3 & 0 \end{pmatrix}$，由于

$$\begin{pmatrix} \boldsymbol{A} \\ \boldsymbol{E} \end{pmatrix}=\begin{pmatrix} 0 & 1 & 1 \\ 1 & 0 & -3 \\ 1 & -3 & 0 \\ 1 & 0 & 0 \\ 0 & 1 & 0 \\ 0 & 0 & 1 \end{pmatrix} \xrightarrow[r_1+r_2]{c_1+c_2} \begin{pmatrix} 2 & 1 & -2 \\ 1 & 0 & -3 \\ -2 & -3 & 0 \\ 1 & 0 & 0 \\ 1 & 1 & 0 \\ 0 & 0 & 1 \end{pmatrix} \xrightarrow[r_2-\frac{1}{2}r_1]{c_2-\frac{1}{2}c_1} \begin{pmatrix} 2 & 0 & -2 \\ 0 & -\frac{1}{2} & -2 \\ -2 & -2 & 0 \\ 1 & -\frac{1}{2} & 0 \\ 1 & \frac{1}{2} & 0 \\ 0 & 0 & 1 \end{pmatrix}$$

$$\xrightarrow[r_3+r_1]{c_3+c_1} \begin{pmatrix} 2 & 0 & 0 \\ 0 & -\frac{1}{2} & -2 \\ 0 & -2 & -2 \\ 1 & -\frac{1}{2} & 1 \\ 1 & \frac{1}{2} & 1 \\ 0 & 0 & 1 \end{pmatrix} \xrightarrow[r_3-4r_2]{c_3-4c_2} \begin{pmatrix} 2 & 0 & 0 \\ 0 & -\frac{1}{2} & 0 \\ 0 & 0 & 6 \\ 1 & -\frac{1}{2} & 3 \\ 1 & \frac{1}{2} & -1 \\ 0 & 0 & 1 \end{pmatrix},$$

则 $C=\begin{pmatrix}1 & -\frac{1}{2} & 3\\ 1 & \frac{1}{2} & -1\\ 0 & 0 & 1\end{pmatrix}$，且 $|C|=1\neq 0$. 因此，要求可逆线性变换为 $x=Cy$，该二次型化成的标准形为

$$f(x)=2y_1^2-\frac{1}{2}y_2^2+6y_3^2.$$

在例 6.18 中，可逆线性变换和标准形都不是唯一的. 比如，由于

$$\begin{pmatrix}2 & 0 & 0\\ 0 & -\frac{1}{2} & 0\\ 0 & 0 & 6\\ 1 & -\frac{1}{2} & 3\\ 1 & \frac{1}{2} & -1\\ 0 & 0 & 1\end{pmatrix}\xrightarrow[-2r_2]{-2c_2}\begin{pmatrix}2 & 0 & 0\\ 0 & -2 & 0\\ 0 & 0 & 6\\ 1 & 1 & 3\\ 1 & -1 & -1\\ 0 & 0 & 1\end{pmatrix},$$

则矩阵 $C=\begin{pmatrix}1 & 1 & 3\\ 1 & -1 & -1\\ 0 & 0 & 1\end{pmatrix}$，且 $|C|=-2\neq 0$，因此，要求可逆线性变换为 $x=Cy$，该二次型化成的标准形为

$$f(x)=2y_1^2-2y_2^2+6y_3^2.$$

6.5.4　正定二次型

实际上，在可逆线性变换下，n 元二次型 $f(x)=x^{\mathrm{T}}Ax$ 的标准形中非零平方项的个数是二次型的秩，即二次型的对称矩阵 A 的秩.

例 6.17 和例 6.18 的结果说明所用的可逆线性变换不同，二次型的标准形不同，即二次型的标准形不是唯一的，但是标准形中非零平方项的项数是唯一的，且其中正项的个数也是唯一的. 从而有如下结论.

定理 6.11 (惯性定理)　设 n 元二次型 $f(x)=x^{\mathrm{T}}Ax$ 的秩为 $r(r\leqslant n)$，并且有两个可逆变换 $x=C_1y$ 和 $x=C_2z$，使

$$f(x)=d_1y_1^2+d_2y_2^2+\cdots+d_py_p^2-d_{p+1}y_{p+1}^2-\cdots-d_ry_r^2 \tag{6.32}$$

及

$$f(x)=c_1z_1^2+c_2z_2^2+\cdots+c_qz_q^2-c_{q+1}z_{q+1}^2-\cdots-c_rz_r^2\,, \tag{6.33}$$

其中 $d_i>0, c_i>0\ (i=1,2,\cdots,r)$，则 $p=q$，即标准形中正项的个数相等.

称二次型的标准形中正项的个数为二次型的**正惯性指数**，负项的个数称为**负惯性指数**. 秩为 r 的二次型的正惯性指数是 p 时，它的规范形为

$$f(x)=y_1^2+\cdots+y_p^2-y_{p+1}^2-\cdots-y_r^2\,.$$

由此可知，在不计 1 和 –1 的次序情况下，一个二次型的规范形是唯一的.

n 元二次型的正惯性指数或负惯性指数为 n 时，它是一种具有广泛应用的特殊实二次型——正定或负定二次型.

定义 6.13 设 n 元二次型为 $f(\boldsymbol{x})=\boldsymbol{x}^{\mathrm{T}}\boldsymbol{A}\boldsymbol{x}$，如果对于任意 $\boldsymbol{x}\neq\boldsymbol{0}$, 恒有 $f(\boldsymbol{x})>0$，称二次型 $f(\boldsymbol{x})=\boldsymbol{x}^{\mathrm{T}}\boldsymbol{A}\boldsymbol{x}$ 为**正定二次型**，并称对称矩阵 $\boldsymbol{A}$ 为**正定矩阵**；如果对于任意 $\boldsymbol{x}\neq\boldsymbol{0}$，恒有 $f(\boldsymbol{x})<0$，称二次型 $f(\boldsymbol{x})=\boldsymbol{x}^{\mathrm{T}}\boldsymbol{A}\boldsymbol{x}$ 为**负定二次型**，并称对称矩阵 $\boldsymbol{A}$ 为**负定矩阵**.

定理 6.12 n 元二次型为 $f(\boldsymbol{x})=\boldsymbol{x}^{\mathrm{T}}\boldsymbol{A}\boldsymbol{x}$ 为正定二次型的充分必要条件是它的标准形中 n 个平方项的系数都是正数.

根据定理 6.12，当 n 元二次型 $f(\boldsymbol{x})=\boldsymbol{x}^{\mathrm{T}}\boldsymbol{A}\boldsymbol{x}$ 为正定二次型时，它的正惯性指数为 n，其规范形的 n 个系数都为 1，即 $\boldsymbol{A}$ 和 n 阶单位矩阵 $\boldsymbol{E}$ 合同.

推论 6.7 n 元二次型 $f(\boldsymbol{x})=\boldsymbol{x}^{\mathrm{T}}\boldsymbol{A}\boldsymbol{x}$ 正定的充分必要条件是矩阵 $\boldsymbol{A}$ 的 n 个特征值都大于零.

定义 6.14 n 阶方阵 $\boldsymbol{A}=(a_{ij})$ 中前 k 行、前 k 列元素构成的 k 阶子式

$$D_k=\begin{vmatrix} a_{11} & a_{12} & \cdots & a_{1k} \\ a_{21} & a_{22} & \cdots & a_{2k} \\ \vdots & \vdots & & \vdots \\ a_{k1} & a_{k2} & \cdots & a_{kk} \end{vmatrix} \quad (k=1,2,\cdots,n)$$

称为矩阵 $\boldsymbol{A}$ 的 k 阶**顺序主子式**.

例如，3 阶矩阵 $\boldsymbol{A}=\begin{pmatrix} 1 & 3 & 3 \\ 2 & 1 & 1 \\ 1 & 2 & 0 \end{pmatrix}$ 的 3 个顺序主子式依次为

$$D_1=1,\quad D_2=\begin{vmatrix} 1 & 3 \\ 2 & 1 \end{vmatrix},\quad D_3=\begin{vmatrix} 1 & 3 & 3 \\ 2 & 1 & 1 \\ 1 & 2 & 0 \end{vmatrix}.$$

下面介绍对称矩阵 $\boldsymbol{A}$ 是正定或负定的定理.

定理 6.13　n 阶对称矩阵 $\boldsymbol{A}=(a_{ij})$ 为正定矩阵的充分必要条件是 $\boldsymbol{A}$ 的所有顺序主子式都大于零；n 阶对称矩阵 $\boldsymbol{A}=(a_{ij})$ 为负定矩阵的充分必要条件是 $\boldsymbol{A}$ 的奇数阶顺序主子式都小于零，而偶数阶顺序主子式都大于零，即

$$(-1)^r\begin{vmatrix} a_{11} & \cdots & a_{1r} \\ \vdots & & \vdots \\ a_{r1} & \cdots & a_{rr} \end{vmatrix}>0 \quad (r=1,2,\cdots,n).$$

例 6.19　判定二次型 $f(x_1,x_2,x_3)=x_1^2+2x_2^2-3x_3^2+4x_1x_2+2x_2x_3$ 的正定性.

解　该二次型的对称矩阵为 $\boldsymbol{A}=\begin{pmatrix} 1 & 2 & 0 \\ 2 & 2 & 1 \\ 0 & 1 & -3 \end{pmatrix}$，它的各阶顺序主子式分别为

$$a_{11}=1>0, \quad \begin{vmatrix} 1 & 2 \\ 2 & 2 \end{vmatrix}=-2<0, \quad |\boldsymbol{A}|=\begin{vmatrix} 1 & 2 & 0 \\ 2 & 2 & 1 \\ 0 & 1 & -3 \end{vmatrix}=5>0.$$

因此，该二次型既不是正定二次型，也不是负定二次型.

*6.6　MATLAB 实验

实验 6.1　(1) 已知矩阵 $\boldsymbol{A}=\begin{pmatrix} 2 & -1 & 2 \\ 5 & -3 & 3 \\ -1 & 1 & -1 \end{pmatrix}$，利用 MATLAB 软件，计算矩阵 $\boldsymbol{A}$ 的特征多项式、特征值和特征向量；

(2) 利用MATLAB软件，化二次型 $f(x_1,x_2,x_3)=2x_1x_2+2x_1x_3-6x_2x_3$ 为标准形.

(1) **实验过程**

```
A=[2,-1,2;5,-3,3;-1,1,-1]
poly(A) %计算特征多项式系数(特征多项式定义 det(λE-A)，由高次到低次)的命令
[kesai,lambda]=eig(A) %lambda 中对角线元素是 A 的特征值，kesai 各列是对应的特征向量
```

运行结果(依次显示)

```
ans=
  1.0000    2.0000   -1.0000   -2.0000
```

```
kesai=
  -0.5774    0.4082   -0.5774
  -0.8083    0.8165   -0.5774
  -0.1155   -0.4082    0.5774
lambda=
   1.0000           0          0
        0     -2.0000          0
        0           0    -1.0000
```

因此，$\boldsymbol{A}$ 的特征多项式为 $|\lambda \boldsymbol{E}-\boldsymbol{A}|=\lambda^3+2\lambda^2-\lambda-2$，特征值为 1，−2，−1，相应的一个特征向量分别为

$$\boldsymbol{\xi}_1=\begin{pmatrix}-0.5774\\-0.8083\\-0.1155\end{pmatrix},\quad \boldsymbol{\xi}_2=\begin{pmatrix}0.4082\\0.8165\\0.4082\end{pmatrix},\quad \boldsymbol{\xi}_3=\begin{pmatrix}-0.5774\\-0.5774\\0.5774\end{pmatrix}.$$

(2) **实验过程**

```
A=[0,1,1;1,0,-3;1,-3,0];
eig(A)  % 计算特征值的命令
```

运行结果

```
ans=
-3.5616
0.5616
3.0000
```

因此，该二次型化成的标准形为 $f(x_1,x_2,x_3)=-3.5616y_1^2+0.5616y_2^2+3.000y_3^2$.

实验 6.2 设椭圆方程的矩阵形式为 $\boldsymbol{X}^{\mathrm{T}}\boldsymbol{A}\boldsymbol{X}+F=0$，其中 $\boldsymbol{A}=\begin{pmatrix}a_1&a_2\\a_2&a_3\end{pmatrix}$，$\boldsymbol{X}=\begin{pmatrix}x\\y\end{pmatrix}$，而 $a_1=-0.33781$，$a_2=0.18916$，$a_3=-0.38177$，$F=3.24880$. 建立正交变换模型，借助 MATLAB 软件，计算该椭圆的短半轴和长半轴的值，并写出椭圆方程的标准形式.

实验过程

1. 模型假设和符号说明

设要求的正交(旋转)变换为 $\boldsymbol{X}=\boldsymbol{P}\boldsymbol{X}_1$，其中 $\boldsymbol{P}$ 是正交矩阵，$\boldsymbol{X}_1=\begin{pmatrix}x_1\\y_1\end{pmatrix}$.

2. 建立数学模型和求解

矩阵 $\boldsymbol{A}$ 的特征值分别为 $\lambda_1=-0.1694$，$\lambda_2=-0.5502$，相应的特征向量分别为

$\boldsymbol{\xi}_1=\begin{pmatrix}-0.7468\\-0.6650\end{pmatrix}$，$\boldsymbol{\xi}_2=\begin{pmatrix}-0.6656\\0.7468\end{pmatrix}$，并且是单位正交向量组.

因此，要求的正交(旋转)变换模型为 $\boldsymbol{X}=\boldsymbol{P}\boldsymbol{X}_1$，其中 $\boldsymbol{P}=\begin{pmatrix}-0.7468 & -0.6656\\-0.6650 & 0.7468\end{pmatrix}$.

从而椭圆方程化成的标准方程为 $\lambda_1 x_1^2+\lambda_2 y_1^2+F=0$，即

$$\frac{x_1^2}{a^2}+\frac{y_1^2}{b^2}=1,$$

其中椭圆方程的长半轴和短半轴分别为 $a=4.3799$，$b=2.4299$.

3. MATLAB 程序

```
a1=-0.3378;a2=0.1892;a3=-0.3818;
A=[a1,a2;a2,a3];
F=3.2488;
[V,d]=eig(A),%计算 A 的特征值和特征向量
a=sqrt(-F/d(2,2)), b=sqrt(-F/d(1,1)),
```

实验 6.3　假设 F 城市中的总人口是不变的，人口的分布只随居民在市区和郊区之间迁徙而变化，不计其他情况. 每年有 6% 的市区居民搬到郊区去住，而有 2% 的郊区居民搬到市区. 假如开始时 30%的居民住在市区，70% 的居民住在郊区，建立数学模型，确定第 10 年、第 30 年市区和郊区的居民人口所占的比例.

实验过程

1. 模型假设和符号说明

假设 F 城市中的总人口是 M(M 是常数)，人口的分布只随居民在市区和郊区之间迁徙而变化，不计其他情况；每年都是 6% 的市区居民搬到郊区去住，而 2% 的郊区居民搬到市区.

假设第 k 年 F 城市市区和郊区人口所占的比例分别为 x_1^k, x_2^k，用矩阵表示为

$$\boldsymbol{x}_k=\begin{pmatrix}x_1^k\\x_2^k\end{pmatrix},\quad k=0,1,2,\cdots,$$

其中 $\boldsymbol{x}_0=\begin{pmatrix}x_1^0\\x_2^0\end{pmatrix}=\begin{pmatrix}0.3\\0.7\end{pmatrix}$.

2. 建立数学模型和求解

从第 k 年到第 k+1 年 F 城市市区和郊区人口分别为

$$x_1^{k+1}M=(1-6\%)x_1^kM+2\%x_2^kM,$$
$$x_2^{k+1}M=6\%x_1^kM+(1-2\%)x_2^kM,$$

上式用矩阵表示为

$$\boldsymbol{x}_{k+1}=\begin{pmatrix}x_1^{k+1}\\x_2^{k+1}\end{pmatrix}=\boldsymbol{A}\boldsymbol{x}_k,\quad 即\quad \boldsymbol{x}_{k+1}=\boldsymbol{A}^{n+1}\boldsymbol{x}_0,\quad k=0,1,2,\cdots,$$

其中 $\boldsymbol{A}=\begin{pmatrix}1-6\% & 2\%\\6\% & 1-2\%\end{pmatrix}=\begin{pmatrix}0.94 & 0.02\\0.06 & 0.98\end{pmatrix}$.

第 10 年、第 30 年 F 城市市区和郊区的居民人口所占的比例用矩阵表示为

$$\boldsymbol{x}_{10}=\begin{pmatrix}x_1^{10}\\x_2^{10}\end{pmatrix}=\boldsymbol{A}^{10}\boldsymbol{x}_0,\quad \boldsymbol{x}_{30}=\begin{pmatrix}x_1^{30}\\x_2^{30}\end{pmatrix}=\boldsymbol{A}^{30}\boldsymbol{x}_0.$$

因此，第 10 年 F 城市市区和郊区的居民人口所占的比例分别是 27.17%，72.83%；第 30 年 F 城市市区和郊区的居民人口所占的比例分别是 25.41%，74.59%.

3. MATLAB 程序

```
A=[0.94,0.02;0.06,0.98];
[P,L]=eig(A);
x0=[0.3;0.7];
x10=P*(L^10)*inv(P)*x0,
x30=P*(L^30)*inv(P)*x0,
```

运行结果

```
x10=
0.2717
0.7283
x30=
0.2541
0.7459
```

4. 结论

第 10 年 F 城市市区和郊区的居民人口所占的比例分别是 27.17%，72.83%；第 30 年 F 城市市区和郊区的居民人口所占的比例分别是 25.41%，74.59%.

实验练习 6.1 (1) 利用 MATLAB 软件，计算矩阵 $\boldsymbol{A}=\begin{pmatrix}3 & 8 & 2 & 4\\6 & 1 & 5 & 3\\0 & 1 & 7 & 0\\-1 & 2 & 0 & 0\end{pmatrix}$ 的特征

多项式、特征值和特征向量.

(2) 利用 MATLAB 软件，化二次型

$$x_1^2+x_2^2+x_3^2+x_4^2-2x_1x_2+6x_1x_3-4x_1x_4-4x_2x_3+6x_2x_4-2x_3x_4$$

为标准形.

实验练习 6.2　在实验 6.3 题中，第 100 年和第 200 年 F 城市市区和郊区的居民人口所占的比例分别是多少？然后，分析很多年后，F 城市市区和郊区的居民人口所占比例的近似值是多少？

实验练习 6.3　假设农业从业人员中每年都有 0.75 的概率改为从事非农工作，非农从业人员中每年都有 0.05 的概率改为从事农业工作. 已知 2019 年年底 A 地从事农业工作和从事非农工作人员分别占全部劳动力的 20%和 80%，建立数学模型，借助矩阵的对角化，预测到 2029 年年底 A 地劳动力中农业从业人员和非农从业人员各占全部劳动力的百分比；分析经过多年之后 A 地劳动力从业情况的发展趋势.

习　题　6

1. 求向量 $\boldsymbol{\alpha}=(1,2,3,4)^{\mathrm{T}}$ 与 $\boldsymbol{\beta}=(4,3,2,1)^{\mathrm{T}}$ 的内积.

2. 用施密特正交化方法，将下列向量组正交化，然后单位化：

(1) $\boldsymbol{\alpha}_1=\begin{pmatrix}1\\0\\0\end{pmatrix}$，$\boldsymbol{\alpha}_2=\begin{pmatrix}1\\-1\\0\end{pmatrix}$，$\boldsymbol{\alpha}_3=\begin{pmatrix}2\\1\\1\end{pmatrix}$；

(2) $\boldsymbol{\alpha}_1=\begin{pmatrix}2\\2\\-1\end{pmatrix}$，$\boldsymbol{\alpha}_2=\begin{pmatrix}2\\-1\\2\end{pmatrix}$，$\boldsymbol{\alpha}_3=\begin{pmatrix}1\\-2\\-2\end{pmatrix}$.

3. 设向量 $\boldsymbol{\gamma}$ 与向量组 $\boldsymbol{\beta}_1,\boldsymbol{\beta}_2,\boldsymbol{\beta}_3,\boldsymbol{\beta}_4$ 中的每个向量都正交，证明向量 $\boldsymbol{\gamma}$ 与向量组 $\boldsymbol{\beta}_1,\boldsymbol{\beta}_2,\boldsymbol{\beta}_3,\boldsymbol{\beta}_4$ 的线性组合正交.

4. 设 $\boldsymbol{\alpha}$ 是 n 维列向量，且 $\boldsymbol{\alpha}^{\mathrm{T}}\boldsymbol{\alpha}=1$，证明矩阵 $\boldsymbol{A}=\boldsymbol{E}-2\boldsymbol{\alpha}\boldsymbol{\alpha}^{\mathrm{T}}$ 是对称正交矩阵，其中 $\boldsymbol{E}$ 是 n 阶单位矩阵.

5. 设 $\boldsymbol{A},\boldsymbol{B},\boldsymbol{A}+\boldsymbol{B}$ 均为 n 阶正交矩阵，证明 $(\boldsymbol{A}+\boldsymbol{B})^{-1}=\boldsymbol{A}^{-1}+\boldsymbol{B}^{-1}$.

第 5 题
视频讲解

6. 已知向量 $\boldsymbol{\alpha}_1=(1,2,1,2)^{\mathrm{T}}$，求非零向量 $\boldsymbol{\alpha}_2,\boldsymbol{\alpha}_3,\boldsymbol{\alpha}_4$，使 $\boldsymbol{\alpha}_1,\boldsymbol{\alpha}_2,\boldsymbol{\alpha}_3,\boldsymbol{\alpha}_4$ 为正交向量组.

7. 求下列矩阵 $\boldsymbol{A}$ 的特征值和特征向量：

(1) $\boldsymbol{A}=\begin{pmatrix}1&-2&2\\-2&-2&4\\2&4&-2\end{pmatrix}$；　(2) $\boldsymbol{A}=\begin{pmatrix}3&1&0\\-4&-1&0\\4&-8&-2\end{pmatrix}$；　(3) $\boldsymbol{A}=\begin{pmatrix}0&0&1\\0&1&0\\1&0&0\end{pmatrix}$.

8. 求 n 阶数量矩阵 $\boldsymbol{A}=2\boldsymbol{E}$ 的特征值和特征向量.

9. 设矩阵 $\boldsymbol{A}$ 满足 $\boldsymbol{A}^2+3\boldsymbol{A}+2\boldsymbol{E}=\boldsymbol{O}$，证明矩阵 $\boldsymbol{A}$ 的特征值只能是−1 或−2.

第 9 题
视频讲解

10. 已知3阶矩阵 $\boldsymbol{A}$ 的特征值为 $1,-1,2$，求 $|\boldsymbol{A}^*+3\boldsymbol{A}-2\boldsymbol{E}|$.

11. 设 $\boldsymbol{A}$ 是 n 阶(n 为奇数)正交矩阵，且 $|\boldsymbol{A}|=1$，证明 1 是 $\boldsymbol{A}$ 的特征值.

12. 设 $\lambda\neq 0$ 是矩阵 $\boldsymbol{A}_{m\times n}\boldsymbol{B}_{n\times m}$ 的特征值，证明 λ 也是矩阵 $\boldsymbol{B}_{n\times m}\boldsymbol{A}_{m\times n}$ 的特征值.

第 11 题
视频讲解

13. 设 n 阶矩阵 $\boldsymbol{A},\boldsymbol{B}$ 满足 $R(\boldsymbol{A})+R(\boldsymbol{B})<n$，证明 $\boldsymbol{A}$ 与 $\boldsymbol{B}$ 有公共的特征值和特征向量.

14. 设 $\boldsymbol{A},\boldsymbol{B}$ 都是 n 阶可逆矩阵，且 $\boldsymbol{A}$ 与 $\boldsymbol{B}$ 相似，证明矩阵 $\boldsymbol{A}^{-1}$ 与 $\boldsymbol{B}^{-1}$ 相似.

15. 设 $\boldsymbol{A},\boldsymbol{B}$ 都是 n 阶方阵，且 $\boldsymbol{A}$ 是可逆矩阵，证明矩阵 $\boldsymbol{AB}$ 与 $\boldsymbol{BA}$ 相似.

16. 已知矩阵 $\boldsymbol{A}=\begin{pmatrix}3&-1&-2\\2&0&-2\\2&-1&a\end{pmatrix}$ 和 $\boldsymbol{B}=\begin{pmatrix}0&0&0\\9&1&0\\8&2&b\end{pmatrix}$ 相似，求参数 a,b 的值.

17. 求可逆矩阵 $\boldsymbol{P}$，将下列矩阵 $\boldsymbol{A}$ 化为对角矩阵：

(1) $\boldsymbol{A}=\begin{pmatrix}2&-2&0\\-2&1&-2\\0&-2&0\end{pmatrix}$； (2) $\boldsymbol{A}=\begin{pmatrix}1&2&-3\\-1&4&-3\\1&-2&5\end{pmatrix}$.

18. 已知 3 阶矩阵 $\boldsymbol{A}$ 的特征值为 $\lambda_1=-1$，$\lambda_2=9$，$\lambda_3=0$，相应的特征向量依次为

$$\boldsymbol{p}_1=\begin{pmatrix}1\\-1\\0\end{pmatrix},\quad \boldsymbol{p}_2=\begin{pmatrix}1\\1\\2\end{pmatrix},\quad \boldsymbol{p}_3=\begin{pmatrix}1\\1\\1\end{pmatrix},$$

求矩阵 $\boldsymbol{A}$.

19. 求正交矩阵 $\boldsymbol{P}$，将下列对称矩阵 $\boldsymbol{A}$ 化为对角矩阵：

(1) $\boldsymbol{A}=\begin{pmatrix}3&-1&0\\-1&2&-1\\0&-1&3\end{pmatrix}$； (2) $\boldsymbol{A}=\begin{pmatrix}1&2&2\\2&1&2\\2&2&1\end{pmatrix}$.

20. 设 3 阶对称矩阵 $\boldsymbol{A}$ 的特征值为−2, 1, 1，矩阵 $\boldsymbol{A}$ 的属于特征值为−2 的一个特征向量为 $\boldsymbol{\xi}_1=(-1,-1,1)^{\mathrm{T}}$，求矩阵 $\boldsymbol{A}$.

21. 已知向量 $\boldsymbol{\alpha}_1=(-1,2,-1)^{\mathrm{T}}$，$\boldsymbol{\alpha}_2=(0,-1,1)^{\mathrm{T}}$ 是线性方程组 $\boldsymbol{Ax}=\boldsymbol{0}$ 的两个解，3 阶实对称矩阵 $\boldsymbol{A}$ 的各行元素之和均为 3.

(1) 计算矩阵 $\boldsymbol{A}$ 的特征值和相应的特征向量；

(2) 求正交矩阵 $\boldsymbol{P}$ 和对角矩阵 $\boldsymbol{\Lambda}$，使 $\boldsymbol{P}^{\mathrm{T}}\boldsymbol{AP}=\boldsymbol{\Lambda}$；

(3) 计算矩阵 $\boldsymbol{A}^{100}$.

22. 求正交线性变换 $\boldsymbol{x}=\boldsymbol{P}\boldsymbol{y}$，化下列二次型为标准形:

(1) $f(x_1,x_2,x_3)=2x_1^2+5x_2^2+5x_3^2+4x_1x_2-4x_1x_3-8x_2x_3$；

(2) $f(x_1,x_2,x_3)=x_1^2+2x_2^2+3x_3^2-4x_1x_2-4x_2x_3$.

23. 求正交线性变换，将二次方程

$$6x_1^2+3x_2^2+6x_3^2+4x_1x_2+8x_1x_3+4x_2x_3=6$$

的交叉项化为零.

24. 已知 n 元二次型为 $f(\boldsymbol{x})=\boldsymbol{x}^{\mathrm{T}}\boldsymbol{A}\boldsymbol{x}$，证明当 $\boldsymbol{x}\neq\boldsymbol{0}$ 时，$\dfrac{f(x)}{\boldsymbol{x}^{\mathrm{T}}\boldsymbol{x}}$ 的最大值是矩阵 $\boldsymbol{A}$ 的最大特征值.

25. 已知下列各题中 $\boldsymbol{A},\boldsymbol{B}$ 均为对称矩阵，求可逆矩阵 $\boldsymbol{C}$，使 $\boldsymbol{C}^{\mathrm{T}}\boldsymbol{A}\boldsymbol{C}=\boldsymbol{B}$:

(1) $\boldsymbol{A}=\begin{pmatrix}0&1&1\\1&0&-2\\1&-2&0\end{pmatrix}$，$\boldsymbol{B}=\begin{pmatrix}2&0&0\\0&-\dfrac{1}{2}&-\dfrac{3}{2}\\0&-\dfrac{3}{2}&-\dfrac{1}{2}\end{pmatrix}$；

(2) $\boldsymbol{A}=\begin{pmatrix}2&1&1\\1&0&1\\1&1&0\end{pmatrix}$，$\boldsymbol{B}=\begin{pmatrix}0&1&1\\1&2&1\\1&1&0\end{pmatrix}$.

26. 用配平方法和初等变换的方法，求可逆的线性变换 $\boldsymbol{x}=\boldsymbol{C}\boldsymbol{y}$，化下列二次型为标准形:

(1) $f(x_1,x_2,x_3)=x_1^2+2x_2^2+2x_1x_2-2x_1x_3$；

(2) $f(x_1,x_2,x_3)=x_1^2-x_3^2+2x_1x_2+2x_2x_3$.

27. 判断下列二次型是否正定二次型:

(1) $f(x_1,x_2,x_3)=5x_1^2+6x_2^2+4x_3^2-4x_1x_2-4x_2x_3$；

(2) $f(x_1,x_2,x_3)=x_1^2+2x_2^2+x_3^2+8x_1x_2+24x_1x_3-28x_2x_3$.

28. 设二次型 $f(x_1,x_2,x_3)=5x_1^2+6x_2^2+4x_3^2-2ax_1x_2-4x_2x_3$ 为正定二次型，确定参数 a 所满足的条件.

29. 对任何可逆矩阵 $\boldsymbol{A}$，证明矩阵 $\boldsymbol{A}\boldsymbol{A}^{\mathrm{T}}$ 和 $\boldsymbol{A}^{\mathrm{T}}\boldsymbol{A}$ 都是正定矩阵.

30. 证明对称矩阵 $\boldsymbol{A}$ 正定的充分必要条件是存在可逆矩阵 $\boldsymbol{U}$，使 $\boldsymbol{A}=\boldsymbol{U}^{\mathrm{T}}\boldsymbol{U}$.

第 6 章测试题　　第 6 章测试题参考答案

部分习题参考答案及提示

习 题 1

1. $A+B=\begin{pmatrix}4&-2&1&6\\1&3&9&4\\3&3&3&14\end{pmatrix}, 2A=\begin{pmatrix}-6&0&2&10\\4&-2&8&14\\2&6&0&12\end{pmatrix}$,

$3A-2B=\begin{pmatrix}-23&4&3&13\\8&-11&2&27\\-1&9&-6&2\end{pmatrix}$.

2. (1) $(9,3,10)$； (2) $\begin{pmatrix}12\\4\\5\end{pmatrix}$； (3) $\begin{pmatrix}35&-3\\6&2\\49&-5\end{pmatrix}$；

(4) $a_{11}x_1^2+a_{22}x_2^2+a_{33}x_3^2+2a_{12}x_1x_2+2a_{13}x_1x_3+2a_{23}x_2x_3$.

3. (1) $\begin{pmatrix}1&2&3\\0&1&2\\0&0&1\end{pmatrix}$；(2) $\begin{pmatrix}1&k\\0&1\end{pmatrix}$，其中$k$是正整数；(3) $\begin{pmatrix}a^3&0&0\\0&b^3&0\\0&0&c^3\end{pmatrix}$；

(4) $\begin{pmatrix}\lambda^k&k\lambda^{k-1}&\dfrac{k(k-1)}{2}\lambda^{k-2}\\0&\lambda^k&k\lambda^{k-1}\\0&0&\lambda^k\end{pmatrix}$，其中$k\,(k>1)$是正整数.

4. (1) $A=\begin{pmatrix}1&1\\-1&-1\end{pmatrix}$；(2) $A=\begin{pmatrix}0&0\\0&1\end{pmatrix}$；(3) $A=\begin{pmatrix}1&1\\-1&-1\end{pmatrix}$，$B=\begin{pmatrix}2&2\\-2&-2\end{pmatrix}$；

(4) $A=\begin{pmatrix}2&0\\0&0\end{pmatrix}$，$X=\begin{pmatrix}2&0\\0&2\end{pmatrix}$，$Y=\begin{pmatrix}2&0\\0&0\end{pmatrix}$；(5) $A=\begin{pmatrix}1&1\\0&1\end{pmatrix}$，$B=\begin{pmatrix}1&0\\1&1\end{pmatrix}$.

6. $A^{\mathrm T}=\begin{pmatrix}2&1&3\\1&3&-1\\3&-1&2\end{pmatrix},(AB)^{\mathrm T}=\begin{pmatrix}1&-2&4\\20&-10&20\end{pmatrix},B^{\mathrm T}A^{\mathrm T}=\begin{pmatrix}1&-2&4\\20&-10&20\end{pmatrix}$.

7. $10^{30}\boldsymbol{E}$ ， $10^{30}\begin{pmatrix}3 & 1\\ 1 & -3\end{pmatrix}$.

8. $-8^{99}\begin{pmatrix}2 & 4 & 8\\ 3 & 6 & 12\\ -4 & -8 & -16\end{pmatrix}$.

11. $\boldsymbol{A}+\boldsymbol{B}=\begin{pmatrix}5 & 0 & 0 & 0\\ 3 & -1 & 0 & 0\\ -1 & 3 & 2 & 2\\ 0 & 1 & 2 & 2\end{pmatrix}$， $\boldsymbol{AB}=\begin{pmatrix}7 & -4 & 0 & 0\\ 4 & -2 & 0 & 0\\ -1 & 3 & 1 & 2\\ 0 & 1 & 2 & 1\end{pmatrix}$， $\boldsymbol{A}^{\mathrm{T}}=\begin{pmatrix}3 & 2 & 0 & 0\\ 1 & 0 & 0 & 0\\ 0 & 0 & 1 & 0\\ 0 & 0 & 0 & 1\end{pmatrix}$.

13. $\begin{cases}y_1=5t_1+8t_2,\\ y_2=3t_1+14t_2,\\ y_3=6t_1+10t_2.\end{cases}$

14. (1) 地区 1 中人群 1，2 购买新品种水果的费用分别是 26 元和 22 元，地区 2 中人群 1，2 购买新品种水果的费用分别是 18 元和 16 元；

(2) 地区 1 消费品种 1，2，3 水果的数量分别为 5 千克，11 千克和 5 千克，地区 2 消费品种 1，2，3 水果的数量分别为 10 千克，22 千克和 10 千克.

习 题 2

1. (1) 0; (2) $3abc-a^3-b^3-c^3$; (3) $-2(b-a)(c-a)(c-b)$; (4) $-12(x^3+y^3)$;
(5) 8; (6) 0; (7) 72; (8) x^2y^2 ; (9) $[x+(n-1)a](x-a)^{n-1}$; (10) a^n-a^{n-2} ;
(11) $a_1a_2\cdots a_n\left(a_0-\sum\limits_{i=1}^{n}\dfrac{1}{a_i}\right)$; (12) $x^n-(-y)^n$ （提示：按第 1 列展开）;
(13) $(-1)^{n-1}2^{n-2}(n-1)$ （提示： $r_i-r_{i+1}, i=1,2,\cdots,n-1$ ）.

3. $-(\lambda-1)^2(\lambda-10)$ （提示： c_3+c_2 ）.

4. −2，64.

5. $2A_{21}-4A_{22}-A_{23}=\begin{vmatrix}-9 & 1 & 4 & 2\\ 2 & -4 & -1 & 0\\ 0 & 3 & 8 & 0\\ 1 & -2 & -1 & 0\end{vmatrix}=6$,

$$2M_{11}+2M_{21}+4M_{31}+M_{41}=\begin{vmatrix}2 & 1 & 4 & 2\\ -2 & -1 & -4 & -2\\ 4 & 3 & 8 & 0\\ -1 & -2 & -1 & 0\end{vmatrix}=0.$$

6. (1) 1，2，−2 (提示：利用范德蒙德行列式的结果)；

(2) −1 (提示：$r_i - r_1, i=2,3,4$；$c_4+c_3+c_2+c_1$).

7. 16，20，0.

8. 6.

9. $x_1=3, x_2=-3, x_3=1$.

10. (2) $\dfrac{3}{2}$.

习　题　3

1. (1) $\dfrac{1}{2}\begin{pmatrix} 8 & -3 \\ -2 & 1 \end{pmatrix}$；　(2) $\begin{pmatrix} \cos\theta & \sin\theta \\ -\sin\theta & \cos\theta \end{pmatrix}$；　(3) $\dfrac{1}{3}\begin{pmatrix} 5 & -2 & -1 \\ -1 & 1 & 2 \\ 1 & -1 & 1 \end{pmatrix}$；

(4) $\dfrac{1}{4}\begin{pmatrix} 1 & 1 & -1 \\ 4 & -8 & 4 \\ -3 & 5 & -1 \end{pmatrix}$；　(5) $\begin{pmatrix} 13 & -6 & 0 & 0 \\ -2 & 1 & 0 & 0 \\ 0 & 0 & -7 & 5 \\ 0 & 0 & 3 & -2 \end{pmatrix}$；　(6) $\begin{pmatrix} -3 & 2 & 0 & 0 & 0 \\ 2 & -1 & 0 & 0 & 0 \\ 0 & 0 & \frac{1}{2} & 0 & 0 \\ 0 & 0 & 0 & 1 & -6 \\ 0 & 0 & 0 & 0 & 1 \end{pmatrix}$.

2. $\begin{cases} y_1 = -7x_1 - 4x_2 + 9x_3, \\ y_2 = 6x_1 + 3x_2 - 7x_3, \\ y_3 = 3x_1 + 2x_2 - 4x_3. \end{cases}$

3. 4 或−5 (提示：r_3+r_2；$|\boldsymbol{A}| = -8(a-4)(a+5)$).

5. $\boldsymbol{A}^{-1} = \dfrac{1}{3}(\boldsymbol{A}+2\boldsymbol{E})$，$(\boldsymbol{A}+4\boldsymbol{E})^{-1} = -\dfrac{1}{5}(\boldsymbol{A}-2\boldsymbol{E})$.

7. $\boldsymbol{B}^{-1}(\boldsymbol{A}^{-1}+\boldsymbol{B}^{-1})^{-1}\boldsymbol{A}^{-1}$　或　$\boldsymbol{A}^{-1}(\boldsymbol{A}^{-1}+\boldsymbol{B}^{-1})^{-1}\boldsymbol{B}^{-1}$

(提示：$\boldsymbol{A}+\boldsymbol{B} = \boldsymbol{A}(\boldsymbol{A}^{-1}+\boldsymbol{B}^{-1})\boldsymbol{B}$ 或 $\boldsymbol{A}+\boldsymbol{B} = \boldsymbol{B}(\boldsymbol{A}^{-1}+\boldsymbol{B}^{-1})\boldsymbol{A}$).

8. 1.

11. 16，$\dfrac{1}{4}$，$-\dfrac{16}{27}$.

12. (1) $\begin{pmatrix} \boldsymbol{O} & \boldsymbol{B}^{-1} \\ \boldsymbol{A}^{-1} & \boldsymbol{O} \end{pmatrix}$ (提示：利用待定系数法)；

(2) $\begin{pmatrix} \boldsymbol{A}^{-1} & \boldsymbol{O} \\ -\boldsymbol{B}^{-1}\boldsymbol{C}\boldsymbol{A}^{-1} & \boldsymbol{B}^{-1} \end{pmatrix}$ (提示：利用待定系数法).

13. (1) $\begin{pmatrix} 1 \\ -1 \end{pmatrix}$; (2) $\frac{1}{3}\begin{pmatrix} 3 & 0 & 3 \\ 16 & -7 & -2 \end{pmatrix}$; (3) $\begin{pmatrix} -7 & -4 \\ -9 & -7 \\ 8 & 6 \end{pmatrix}$.

14. $\boldsymbol{B}=\begin{pmatrix} 4 & 1 & 0 \\ 2 & 6 & 0 \\ 0 & 0 & 5 \end{pmatrix}$.

15. $\boldsymbol{B}=\frac{1}{3}\begin{pmatrix} 4 & 4 & 4 \\ 2 & 4 & 4 \\ 2 & 2 & 4 \end{pmatrix}$, $\frac{16}{27}$.

16. $\begin{pmatrix} 6 & 0 & 0 & 0 \\ 12 & 6 & 0 & 0 \\ 0 & 0 & 6 & -3 \\ 0 & 0 & 0 & -1 \end{pmatrix}$.

17. $\begin{pmatrix} 2^{k+1}-1 & 2^k-1 \\ -2^{k+1}+2 & -2^k+2 \end{pmatrix}$.

18. $\begin{pmatrix} -1 & 0 & 0 \\ 0 & -1 & 0 \\ 0 & 0 & -1 \end{pmatrix}$.

19. (1) $x_1=\frac{7}{15}, x_2=-\frac{2}{15}, x_3=\frac{4}{15}$; (2) $x_1=-1, x_2=4, x_3=-1$.

20. -1 或-3 (提示：$|\boldsymbol{A}|=(\lambda+1)(\lambda+3)$).

21. $\lambda\neq-1$ 且 $\mu\neq1$ (提示：$|\boldsymbol{A}|=(\lambda+1)(\mu-1)$).

习 题 4

1. (1) $\begin{pmatrix} 1 & 0 & 0 & -1 \\ 0 & 1 & 0 & 2 \\ 0 & 0 & 1 & 1 \end{pmatrix}$; (2) $\begin{pmatrix} 1 & 0 & 1 & 3 & 4 \\ 0 & 1 & 1 & 2 & 3 \\ 0 & 0 & 0 & 0 & 0 \\ 0 & 0 & 0 & 0 & 0 \end{pmatrix}$; (3) $\begin{pmatrix} 1 & -1 & 0 & -\frac{1}{5} & \frac{11}{5} \\ 0 & 0 & 1 & -\frac{2}{5} & \frac{2}{5} \\ 0 & 0 & 0 & 0 & 0 \end{pmatrix}$.

2. (1) $\begin{pmatrix} a_{11} & a_{13} & a_{12} & a_{14} \\ a_{21} & a_{23} & a_{22} & a_{24} \\ a_{31} & a_{33} & a_{32} & a_{34} \end{pmatrix}$; (2) $\begin{pmatrix} a_{11} & a_{12} & a_{13} & a_{14} \\ a_{31} & a_{32} & a_{33} & a_{34} \\ a_{21} & a_{22} & a_{23} & a_{24} \end{pmatrix}$;

(3) $\begin{pmatrix} a_{11} & a_{12} & a_{13} & a_{14} \\ a_{21} & a_{22} & a_{23} & a_{24} \\ \lambda a_{31} & \lambda a_{32} & \lambda a_{33} & \lambda a_{34} \end{pmatrix}$；　(4) $\begin{pmatrix} a_{11} & \lambda a_{12} & a_{13}+a_{12} & a_{14} \\ a_{21} & \lambda a_{22} & a_{23}+a_{22} & a_{24} \\ a_{31} & \lambda a_{32} & a_{33}+a_{32} & a_{34} \end{pmatrix}$.

3. (1) $\begin{pmatrix} 1 & 0 & -1 \\ 1 & -1 & 2 \\ 1 & -1 & 1 \end{pmatrix}$；　(2) $\begin{pmatrix} 0 & 2 & -1 \\ -1 & -\frac{5}{2} & 2 \\ 1 & 1 & -1 \end{pmatrix}$；

(3) $\begin{pmatrix} 1 & 0 & 0 & 0 \\ -\frac{1}{2} & \frac{1}{2} & 0 & 0 \\ -\frac{1}{2} & -\frac{1}{6} & \frac{1}{3} & 0 \\ \frac{1}{8} & -\frac{5}{24} & -\frac{1}{12} & \frac{1}{4} \end{pmatrix}$；　(4) $\begin{pmatrix} 1 & -1 & 0 & 0 \\ 0 & 1 & -1 & 0 \\ 0 & 0 & 1 & -1 \\ 0 & 0 & 0 & 1 \end{pmatrix}$.

4. (1) $\begin{pmatrix} -\frac{3}{2} & 1 \\ \frac{5}{2} & \frac{1}{2} \\ -2 & -\frac{1}{2} \end{pmatrix}$；　(2) $\begin{pmatrix} 2 & -1 & -1 \\ -4 & 7 & 4 \end{pmatrix}$.

5. $\begin{pmatrix} -2 & 3 & -3 \\ 0 & -2 & 3 \\ 0 & 0 & -2 \end{pmatrix}$.

6. $\boldsymbol{P}=\begin{pmatrix} -\frac{7}{2} & 3 & -\frac{1}{2} \\ 3 & -3 & 1 \\ -\frac{1}{2} & 1 & -\frac{1}{2} \end{pmatrix}$，$\boldsymbol{F}=\begin{pmatrix} 1 & 0 & 0 & 0 \\ 0 & 1 & 0 & -1 \\ 0 & 0 & 1 & 2 \end{pmatrix}$.

7. (1) 秩为 2，一个最高阶非零子式为 $\begin{vmatrix} 1 & 2 \\ 5 & 7 \end{vmatrix}=-3$；

(2) 秩为 3，一个最高阶非零子式为 $\begin{vmatrix} 1 & 0 & 1 \\ 5 & 1 & 7 \\ -1 & 0 & 1 \end{vmatrix}=2$.

8. (1) $\lambda=1$；(2) $\lambda=-2$；(3) $\lambda\neq1$ 且 $\lambda\neq-2$.

提示：$\boldsymbol{A}\to\begin{pmatrix}1 & -2 & 3\lambda\\ 0 & 2(\lambda-1) & 3(\lambda-1)\\ 0 & 0 & -3(\lambda-1)(\lambda+2)\end{pmatrix}$.

11. (1) $\begin{cases}x_1=\dfrac{4}{3}c,\\ x_2=-3c,\\ x_3=\dfrac{4}{3}c,\\ x_4=c,\end{cases}$ 其中 c 是任意常数；

(2) $\begin{cases}x_1=-\dfrac{3}{2}c_1-c_2,\\ x_2=\dfrac{7}{2}c_1-2c_2,\\ x_3=c_1,\\ x_4=c_2,\end{cases}$ 其中 c_1，c_2 是任意常数；

(3) $\begin{cases}x_1=c,\\ x_2=-2c,\\ x_3=c,\\ x_4=0,\\ x_5=0,\end{cases}$ 其中 c 是任意常数；

(4) $\begin{cases}x_1=-c-1,\\ x_2=c,\\ x_3=3,\\ x_4=1,\end{cases}$ 其中 c 是任意常数；

(5) 无解；

(6) $\begin{cases}x_1=-\dfrac{9}{7}c_1+\dfrac{1}{2}c_2+1,\\ x_2=\dfrac{1}{7}c_1-\dfrac{1}{2}c_2-2,\\ x_3=c_1,\\ x_4=c_2,\end{cases}$ 其中 c_1，c_2 是任意常数.

12. (1) $\lambda\neq1$ 且 $\lambda\neq-2$；(2) $\lambda=-2$；

(3) $\lambda=1$，$\begin{cases}x_1=1-c_1-c_2,\\ x_2=c_1,\\ x_3=c_2,\end{cases}$ 其中 c_1，c_2 是任意常数.

13. $a=0, b=2$ ，$\begin{cases} x_1=-2+c_1+c_2+5c_3, \\ x_2=3-2c_1-2c_2-6c_3, \\ x_3=c_1, \\ x_4=c_2, \\ x_5=c_3, \end{cases}$ 其中 c_1，c_2，c_3 是任意常数.

14. $\begin{cases} x_1=c+a_1+a_2+a_3+a_4, \\ x_2=c+a_2+a_3+a_4, \\ x_3=c+a_3+a_4, \\ x_4=c+a_4, \\ x_5=c, \end{cases}$ 其中 c 是任意常数.

习　题　5

1. 能线性表示，$\boldsymbol{\beta}=\frac{1}{4}\boldsymbol{\alpha}_1+\frac{1}{2}\boldsymbol{\alpha}_2+\frac{1}{4}\boldsymbol{\alpha}_3$.

2. $a\neq 1$ ，b 是任意常数.

5. 判定下列向量组是否线性相关：

(1) 无关；(2) 相关.

8. (1) 无关；(2) 无关；(3) 无关；(4) 相关.

12. (1) 最大线性无关组为 $\boldsymbol{\alpha}_1,\boldsymbol{\alpha}_2,\boldsymbol{\alpha}_3$ ，秩为 3，且 $\boldsymbol{\alpha}_4=\boldsymbol{\alpha}_1+\boldsymbol{\alpha}_2+\boldsymbol{\alpha}_3$ ；

(2) 最大线性无关组为 $\boldsymbol{\alpha}_1,\boldsymbol{\alpha}_2$ ，秩为 2，且 $\boldsymbol{\alpha}_3=3\boldsymbol{\alpha}_1-\frac{10}{3}\boldsymbol{\alpha}_2$ ，$\boldsymbol{\alpha}_4=-\boldsymbol{\alpha}_1+\frac{5}{3}\boldsymbol{\alpha}_2$.

14. (1) $\boldsymbol{B}=\begin{pmatrix} 0 & 0 & 0 \\ 1 & 0 & 3 \\ 0 & 1 & -2 \end{pmatrix}$ ；(2) -4.

15. (1) $\boldsymbol{\xi}_1=(-1,1,1,0)^{\mathrm{T}}$ ，$\boldsymbol{\xi}_2=(2,1,0,1)^{\mathrm{T}}$ ，$(x_1,x_2,x_3,x_4)^{\mathrm{T}}=c_1\boldsymbol{\xi}_1+c_2\boldsymbol{\xi}_2$，其中 c_1,c_2 是任意常数；

(2) $\boldsymbol{\xi}_1=(2,1,0,0)^{\mathrm{T}}$ ，$\boldsymbol{\xi}_2=\left(\frac{1}{3},0,-\frac{4}{3},1\right)^{\mathrm{T}}$ ，$(x_1,x_2,x_3,x_4)^{\mathrm{T}}=c_1\boldsymbol{\xi}_1+c_2\boldsymbol{\xi}_2$，其中 c_1,c_2 是任意常数.

16. $\begin{cases} 2x_1-x_2-x_3=0, \\ 3x_1+2x_2-x_4=0. \end{cases}$

17. (1) $\overline{\boldsymbol{\xi}}_1=(5,-3,1,0)^{\mathrm{T}}$ ，$\overline{\boldsymbol{\xi}}_2=(-3,2,0,1)^{\mathrm{T}}$ ；

(2) 当 $a=-1$ 时，线性方程组(I)和(II)的公共非零解为

$$\boldsymbol{x}=c_1\begin{pmatrix}2\\-1\\1\\1\end{pmatrix}+c_2\begin{pmatrix}-1\\2\\4\\7\end{pmatrix}$$，其中 c_1，c_2 是不全为零的任意常数.

19. (1) 特解 $\boldsymbol{\eta}^*=\begin{pmatrix}-3\\-4\\0\\0\end{pmatrix}$，基础解系为 $\boldsymbol{\xi}_1=\begin{pmatrix}1\\1\\1\\0\end{pmatrix}$，$\boldsymbol{\xi}_2=\begin{pmatrix}-1\\1\\0\\1\end{pmatrix}$，通解为 $(x_1,x_2,x_3,x_4)^{\mathrm{T}}=\boldsymbol{\eta}^*+c_1\boldsymbol{\xi}_1+c_2\boldsymbol{\xi}_2$，其中 c_1,c_2 是任意常数；

(2) 特解 $\boldsymbol{\eta}^*=\begin{pmatrix}4\\0\\1\\0\end{pmatrix}$，基础解系为 $\boldsymbol{\xi}_1=\begin{pmatrix}-2\\1\\0\\0\end{pmatrix}$，$\boldsymbol{\xi}_2=\begin{pmatrix}1\\0\\2\\1\end{pmatrix}$，通解为 $(x_1,x_2,x_3,x_4)^{\mathrm{T}}=\boldsymbol{\eta}^*+c_1\boldsymbol{\xi}_1+c_2\boldsymbol{\xi}_2$，其中 c_1,c_2 是任意常数；

(3) 特解 $\boldsymbol{\eta}^*=\begin{pmatrix}4\\0\\0\\0\\0\end{pmatrix}$，基础解系为 $\boldsymbol{\xi}_1=\begin{pmatrix}4\\1\\0\\0\\0\end{pmatrix}$，$\boldsymbol{\xi}_2=\begin{pmatrix}-2\\0\\1\\0\\0\end{pmatrix}$，$\boldsymbol{\xi}_3=\begin{pmatrix}3\\0\\0\\1\\0\end{pmatrix}$，$\boldsymbol{\xi}_4=\begin{pmatrix}-6\\0\\0\\0\\1\end{pmatrix}$，通解为 $(x_1,x_2,x_3,x_4,x_5)^{\mathrm{T}}=\boldsymbol{\eta}^*+c_1\boldsymbol{\xi}_1+c_2\boldsymbol{\xi}_2+c_3\boldsymbol{\xi}_3+c_4\boldsymbol{\xi}_4$，其中 c_1,c_2,c_3,c_4 是任意常数.

20. $\boldsymbol{x}=\begin{pmatrix}2\\3\\4\\5\end{pmatrix}+c\begin{pmatrix}3\\3\\3\\3\end{pmatrix}$，其中 c 是任意常数.

21. $\boldsymbol{x}=\begin{pmatrix}1\\2\\3\\4\end{pmatrix}+c\begin{pmatrix}2\\0\\-1\\-1\end{pmatrix}$，其中 c 是任意常数.

23. $t_1^r\neq(-t_2)^r$ (利用行列式按行展开).

28. 基为 $\boldsymbol{\alpha}_1,\boldsymbol{\alpha}_2$，维数为 2.

29. 向量 $\boldsymbol{\beta}_1,\boldsymbol{\beta}_2$ 在该基下的坐标分别是 $-3, 3, 2$ 和 $\frac{10}{3},-1,-2$.

30. (1) $\boldsymbol{P}=\begin{pmatrix}0&1&1\\-1&-3&-2\\2&4&4\end{pmatrix}$；(2) 0，−4，5；(3) $\boldsymbol{\delta}=(0,0,0)^{\mathrm{T}}$.

习 题 6

1. 20.

2. (1) 正交向量组：$\boldsymbol{\beta}_1=\begin{pmatrix}1\\0\\0\end{pmatrix}$，$\boldsymbol{\beta}_2=\begin{pmatrix}0\\-1\\0\end{pmatrix}$，$\boldsymbol{\beta}_3=\begin{pmatrix}0\\0\\1\end{pmatrix}$，

单位正交向量组：$\gamma_1=\begin{pmatrix}1\\0\\0\end{pmatrix}$，$\gamma_2=\begin{pmatrix}0\\-1\\0\end{pmatrix}$，$\gamma_3=\begin{pmatrix}0\\0\\1\end{pmatrix}$；

(2) 正交向量组：$\boldsymbol{\alpha}_1=\begin{pmatrix}2\\2\\-1\end{pmatrix}$，$\boldsymbol{\alpha}_2=\begin{pmatrix}2\\-1\\2\end{pmatrix}$，$\boldsymbol{\alpha}_3=\begin{pmatrix}1\\-2\\-2\end{pmatrix}$，

单位正交向量组：$\gamma_1=\frac{1}{3}\begin{pmatrix}2\\2\\-1\end{pmatrix}$，$\gamma_2=\frac{1}{3}\begin{pmatrix}2\\-1\\2\end{pmatrix}$，$\gamma_3=\frac{1}{3}\begin{pmatrix}1\\-2\\-2\end{pmatrix}$.

5. 提示：$(\boldsymbol{A}+\boldsymbol{B})(\boldsymbol{A}^{-1}+\boldsymbol{B}^{-1})=(\boldsymbol{A}+\boldsymbol{B})(\boldsymbol{A}^{\mathrm{T}}+\boldsymbol{B}^{\mathrm{T}})=(\boldsymbol{A}+\boldsymbol{B})(\boldsymbol{A}+\boldsymbol{B})^{\mathrm{T}}=\boldsymbol{E}$.

6. $\boldsymbol{\alpha}_2=\begin{pmatrix}-2\\1\\0\\0\end{pmatrix}$，$\boldsymbol{\alpha}_3=\frac{1}{5}\begin{pmatrix}-1\\-2\\5\\0\end{pmatrix}$，$\boldsymbol{\alpha}_4=\frac{1}{3}\begin{pmatrix}-1\\-2\\-1\\3\end{pmatrix}$.

7. (1) 矩阵 $\boldsymbol{A}$ 的特征值为 −7, 2, 2. 矩阵 $\boldsymbol{A}$ 的属于特征值−7 的特征向量为 $c_1\begin{pmatrix}1\\2\\-2\end{pmatrix}$（$c_1$ 是非零的任意常数)；矩阵 $\boldsymbol{A}$ 的属于特征值 2 的特征向量为 $c_2\begin{pmatrix}-2\\1\\0\end{pmatrix}+c_3\begin{pmatrix}2\\0\\1\end{pmatrix}$（$c_2$，$c_3$ 是不全为零的任意常数).

(2) 矩阵 $\boldsymbol{A}$ 的特征值为 −2, 1, 1. 矩阵 $\boldsymbol{A}$ 的属于特征值 −2 的特征向量为 $c_1\begin{pmatrix}0\\0\\1\end{pmatrix}$（$c_1$ 是非零的任意常数)；矩阵 $\boldsymbol{A}$ 的属于特征值 1 的特征向量为 $c_2\begin{pmatrix}3\\-6\\20\end{pmatrix}$（$c_2$ 是不为零的任意常数).

(3) 矩阵 $\boldsymbol{A}$ 的特征值为 −1, 1, 1. 矩阵 $\boldsymbol{A}$ 的属于特征值 −1 的特征向量为 $c_1\begin{pmatrix}-1\\0\\1\end{pmatrix}$ (c_1是非零的任意常数)；矩阵 $\boldsymbol{A}$ 的属于特征值 1 的特征向量为 $c_2\begin{pmatrix}0\\1\\0\end{pmatrix}+c_3\begin{pmatrix}1\\0\\1\end{pmatrix}$ (c_2，c_3是不全为零的任意常数).

8. 特征值都是 2，特征向量为 $c_1\begin{pmatrix}1\\0\\\vdots\\0\end{pmatrix}+c_2\begin{pmatrix}0\\1\\\vdots\\0\end{pmatrix}+\cdots+c_n\begin{pmatrix}0\\0\\\vdots\\1\end{pmatrix}$，其中 c_1，c_2，…，c_n 是不全为零的任意常数.

10. 9.

16. $a=-1$，$b=1$.

17. (1) $\boldsymbol{P}=\begin{pmatrix}2&2&1\\1&-2&2\\-2&1&2\end{pmatrix}$，$\boldsymbol{P}^{-1}\boldsymbol{AP}=\begin{pmatrix}1&&\\&4&\\&&-2\end{pmatrix}$；

(2) $\boldsymbol{P}=\begin{pmatrix}1&2&-3\\1&1&0\\-1&0&1\end{pmatrix}$，$\boldsymbol{P}^{-1}\boldsymbol{AP}=\begin{pmatrix}6&&\\&2&\\&&2\end{pmatrix}$.

18. $\boldsymbol{A}=\begin{pmatrix}-5&-4&9\\-4&-5&9\\-9&-9&18\end{pmatrix}$.

19. (1) $\boldsymbol{P}=\begin{pmatrix}\frac{1}{\sqrt{2}}&\frac{1}{\sqrt{3}}&\frac{1}{\sqrt{6}}\\0&-\frac{1}{\sqrt{3}}&\frac{2}{\sqrt{6}}\\-\frac{1}{\sqrt{2}}&\frac{1}{\sqrt{3}}&\frac{1}{\sqrt{6}}\end{pmatrix}$，$\boldsymbol{P}^{-1}\boldsymbol{AP}=\begin{pmatrix}3&&\\&4&\\&&1\end{pmatrix}$；

(2) $\boldsymbol{P}=\begin{pmatrix}\frac{1}{\sqrt{3}}&-\frac{1}{\sqrt{2}}&-\frac{1}{\sqrt{6}}\\\frac{1}{\sqrt{3}}&\frac{1}{\sqrt{2}}&-\frac{1}{\sqrt{6}}\\\frac{1}{\sqrt{3}}&0&\frac{2}{\sqrt{6}}\end{pmatrix}$，$\boldsymbol{P}^{-1}\boldsymbol{AP}=\begin{pmatrix}5&&\\&-1&\\&&-1\end{pmatrix}$.

20. $A=\begin{pmatrix}0 & -1 & 1\\ -1 & 0 & 1\\ 1 & 1 & 0\end{pmatrix}$.

21. (1) 矩阵 A 的特征值为 3，0，0. 矩阵 A 的属于特征值 3 的特征向量为 $c_1\begin{pmatrix}1\\1\\1\end{pmatrix}$ (c_1 是非零的任意常数)；矩阵 A 的属于特征值 0 的特征向量为 $c_2\begin{pmatrix}-1\\2\\-1\end{pmatrix}+c_3\begin{pmatrix}0\\-1\\1\end{pmatrix}$ (c_2, c_3 是不全为零的任意常数).

(2) $P=\begin{pmatrix}\frac{1}{\sqrt{3}} & -\frac{1}{\sqrt{6}} & -\frac{1}{\sqrt{2}}\\ \frac{1}{\sqrt{3}} & \frac{2}{\sqrt{6}} & 0\\ \frac{1}{\sqrt{3}} & -\frac{1}{\sqrt{6}} & \frac{1}{\sqrt{2}}\end{pmatrix}$，$P^{-1}AP=\Lambda=\begin{pmatrix}3 & & \\ & 0 & \\ & & 0\end{pmatrix}$.

(3) $A^{100}=3^{99}\begin{pmatrix}1 & 1 & 1\\ 1 & 1 & 1\\ 1 & 1 & 1\end{pmatrix}$.

22. (1) 正交变换 $\begin{cases}x_1=-\frac{2}{\sqrt{5}}y_1+\frac{2}{3\sqrt{5}}y_2+\frac{1}{3}y_3,\\ x_2=\frac{1}{\sqrt{5}}y_1+\frac{4}{3\sqrt{5}}y_2+\frac{2}{3}y_3,\\ x_3=\frac{5}{3\sqrt{5}}y_2-\frac{2}{3}y_3;\end{cases}$

二次型的标准形为 $y_1^2+y_2^2+10y_3^2$.

(2) 正交变换 $\begin{cases}x_1=\frac{2}{3}y_1-\frac{2}{3}y_2+\frac{1}{3}y_3,\\ x_2=\frac{2}{3}y_1+\frac{1}{3}y_2-\frac{2}{3}y_3,\\ x_3=\frac{1}{3}y_1+\frac{2}{3}y_2+\frac{2}{3}y_3;\end{cases}$

二次型的标准形为 $-y_1^2+2y_2^2+5y_3^2$.

23. 正交变换$\begin{cases} x_1 = \dfrac{2}{3}y_1 - \dfrac{1}{\sqrt{5}}y_2 - \dfrac{4}{3\sqrt{5}}y_3, \\ x_2 = \dfrac{1}{3}y_1 + \dfrac{2}{\sqrt{5}}y_2 - \dfrac{2}{3\sqrt{5}}y_3, \\ x_3 = \dfrac{2}{3}y_1 + \dfrac{5}{3\sqrt{5}}y_3, \end{cases}$二次方程化为$11y_1^2 + 2y_2^2 + 2y_3^2 = 6$.

25. (1) $\boldsymbol{C} = \begin{pmatrix} 1 & -\dfrac{1}{2} & \dfrac{1}{2} \\ 1 & \dfrac{1}{2} & \dfrac{1}{2} \\ 0 & 0 & 1 \end{pmatrix}$; (2) $\boldsymbol{C} = \begin{pmatrix} 1 & 0 & 0 \\ -1 & 1 & 1 \\ 0 & 1 & 0 \end{pmatrix}$.

26. (1) 配平方法：$\begin{cases} x_1 = y_1 - y_2 + 2y_3, \\ x_2 = y_2 - y_3, \\ x_3 = y_3, \end{cases}$ $y_1^2 + y_2^2 - 2y_3^2$，

初等变换的方法：$\begin{cases} x_1 = y_1 - y_2 + 2y_3, \\ x_2 = y_2 - y_3, \\ x_3 = y_3, \end{cases}$ $y_1^2 + y_2^2 - 2y_3^2$.

(2) 配平方法：$\begin{cases} x_1 = y_1 - y_2 - y_3, \\ x_2 = y_2 + y_3, \\ x_3 = y_3, \end{cases}$ $y_1^2 - y_2^2$，

初等变换的方法：$\begin{cases} x_1 = y_1 - y_2 - y_3, \\ x_2 = y_2 + y_3, \\ x_3 = y_3, \end{cases}$ $y_1^2 - y_2^2$.

27. (1) 正定二次型；(2) 既不是正定也不是负定二次型.

28. $(-5, 5)$.

参考文献

陈建龙, 周建华, 张小向, 等. 2016. 线性代数. 2 版. 北京：科学出版社.
陈骑兵. 2015. 线性代数与数学模型. 北京：科学出版社.
任功全, 封建湖, 薛宏智. 2015. 线性代数. 3 版. 北京: 科学出版社.
上海交通大学数学系. 2007. 线性代数. 2 版. 北京：科学出版社.
同济大学数学系. 2014. 工程数学——线性代数. 6 版. 北京：高等教育出版社.
王秀琴, 徐琛梅, 刘华珂. 2009. 线性代数及其应用. 2 版. 开封：河南大学出版社.
吴赣昌. 2011. 线性代数. 4 版. 北京：中国人民大学出版社.
萧树铁. 2006. 数学实验. 2 版. 北京：高等教育出版社.
徐琛梅, 王秀琴. 2019. 线性代数. 北京: 科学出版社.
徐萃薇, 孙绳武. 2007. 计算方法引论. 3 版. 北京：高等教育出版社.
易昆南. 2014. 基于数学建模的数学实验. 北京：中国铁道出版社.
Anton H, Rorres C. 2013. Elementary linear algebra. 11th ed. New York: Wiley.
Leon S J. 2019. Linear algebra with applications. 北京: 机械工业出版社.

附录 A　MATLAB 软件简介

MATLAB 是 matrix 和 laboratory 两个词的组合，意为矩阵工厂(矩阵实验室)，是由美国 MathWorks 公司发布的，主要面对科学计算、可视化以及交互式程序设计的高科技计算环境.

A.1　矩阵的输入

MATLAB 的主要数据对象是矩阵，标量、行向量(数组)、列向量都是它的特例，最基本的功能是进行矩阵运算，但 MATLAB 对于矩阵有一些特殊的运算方式.

A.1.1　矩阵的直接输入

MATLAB 中直接输入矩阵时，不用描述矩阵的类型和维数，它们由输入的格式和内容决定. 小规模的矩阵可以用排列各个元素的方法输入，元素放在方括号中，同一行元素用逗号或空格分开，不同行的元素用分号或回车分开. 例如，在命令窗口中输入(在 >> 表示的命令窗口中的提示符下输入，↙表示回车)

```
>>A=[1,2,3;4,5,6]↙
```

或

```
>>A=[1 2 3;4 5 6]↙
```

或

```
>>A=[1 2 3↙
4 5 6]↙
```

都是输入了一个 2×3 矩阵 $\boldsymbol{A}$，屏幕上显示的输出为

```
A=
    1    2    3
    4    5    6
```

矩阵中的元素可以用它的行、列数(放在圆括号中)进行访问，例如(以下在回车符↙后直接给出屏幕上显示的输出)，

```
>> a=A(2,3)↙   %MATLAB 区分大小写字母，a 和 A 是不同的变量
   a=
        6
```

或不指定输出变量，MATLAB 将回应 ans (answser 的缩写)，例如，

```
>> A(2,2)↙
ans =
        5
```

矩阵中的元素也可以仅用一个下标来访问，此时元素是按矩阵的列优先排序的，例如，

```
>> b=A(5)↙
b=
        3
```

A 输入后一直保存在内存工作区(Workspace)中，也会显示在工作区窗口内(包括变量名、维数、具体取值等). 工作区内的变量可随时直接调用，除非被清除或替代.

可以直接修改矩阵的元素，例如，

```
>> A(2,1)=9↙
A =
        1    2    3
        9    5    6
>> A(3,4)=1↙
A =
        1    2    3    0
        9    5    6    0
        0    0    0    1
```

原来的矩阵 ***A*** 没有 3 行 4 列，MATLAB 自动增加行列数，对未输入值的元素赋值 0.

A.1.2 矩阵的生成

MATLAB 提供了一些函数来构造特殊矩阵，例如，

```
>> w=zeros(2,3)↙   %2×3 的零矩阵
w =
     0     0     0
     0     0     0
>> u=ones(3)↙   %3×3 的元素全为 1 的矩阵，方阵只需输入行数，这几个矩阵生成函数均如此
u =
     1     1     1
     1     1     1
     1     1     1
>> v=eye(3)↙   %3 阶单位矩阵
v =
     1     0     0
     0     1     0
     0     0     1
>> x=rand(1,3)↙   %1×3 的(0,1)均匀分布随机矩阵
x =
  0.8147    0.9058    0.1270
```

A.1.3 矩阵的裁剪与拼接

从一个矩阵中取出若干行(列)构成新矩阵称为**裁剪**，MATLAB 中 “:” 是非常重要的裁剪工具，例如

```
>> A(2,:)↙   %A 的第二行
ans =
     9     5     6     0
>> A(:,3)↙   %A 的第三列
ans =
     3
     6
     0
```

```
>> B=A(1:2,:)↙  %A 的 1~2 行
B =
          1     2     3     0
          9     5     6     0
>> C=B(:,2:3)↙  %B 的第 2~3 列
C =
          2     3
          5     6
```

>> D=A(2:end,[2,4])↙ %A 的第 2 行到最后一行，第 2，4 列；end 表示最后可能的下标值

```
D =
          5     0
          0     1
>> D(:,1)=[]↙  %删除 D 的第一列，[]为空集符号
  D =
          0
          1
```

将几个矩阵接在一起称为**拼接**. 左右拼接时，矩阵的行数要相同；上下拼接时，矩阵的列数要相同，例如

```
>> E=[C,ones(2,3)]↙
E =
          2     3     1     1     1
          5     6     1     1     1
>> F=[A(1:2,:);ones(1,4)]↙
F =
          1     2     3     0
          9     5     6     0
          1     1     1     1
>> G=[C,zeros(2);9,F(2,:)]↙
G =
          2     3     0     0     0
          5     6     0     0     0
          9     9     5     6     0
```

```
>> H=C(:)↙    %C 按列拼接成列向量
H =
          2
          5
          3
          6
```

A.2　矩阵的运算

A.2.1　矩阵的基本运算

MATLAB 中提供了矩阵运算符：+ (加法)、− (减法)、' (转置)、* (乘法)、^ (乘幂)、\ (左除)、/ (右除).

它们要符合矩阵运算的规律，如果矩阵行列数不符合运算符要求，将产生错误信息. 对于左除与右除的定义如下：

设 $\boldsymbol{A}$ 是可逆矩阵，$\boldsymbol{AX}=\boldsymbol{B}$ 的解是 $\boldsymbol{A}$ 左除 $\boldsymbol{B}$，即 $\boldsymbol{X}=\boldsymbol{A}\backslash\boldsymbol{B}$ (当 $\boldsymbol{B}$ 为列向量时得到方程组的解)；$\boldsymbol{XA}=\boldsymbol{B}$ 的解是 $\boldsymbol{A}$ 右除 $\boldsymbol{B}$，即 $\boldsymbol{X}=\boldsymbol{B}/\boldsymbol{A}$.

还应注意标量与矩阵进行上述运算的含义. 例如，

>> E=E+3↙　(E 的每个元素加 3，即标量 3 相当于元素全为 3 的与 E 同维数的矩阵)

```
E =
          5     6     4     4     4
          8     9     4     4     4
```

A.2.2　矩阵的特殊运算

MATLAB 为矩阵提供了特殊的"点"运算：.* ("点"乘法)、.^ ("点"乘幂)、.\ ("点"左除)、./ ("点"右除).

"点"运算实际上是对相同维数的矩阵的对应元素进行相应的运算. 例如，

```
>> A=[1 0 2;3 4 0]↙   %对 A 重新赋值
A =
      1     0     2
      3     4     0
>> B=E(:,1:3)↙   %对 B 重新赋值
```

```
B =
        5       6       4
        8       9       4
>> A.*B↙
ans =
        5       0       8
        24      36      0
>> B.^A↙
ans =
        5           1           16
        512         6561        1
>> A.\B↙  %与B./A结果相同
ans =
        5.0000       Inf    2.0000
        2.6667       2.2500    Inf  %Inf表示正无穷
>> B.\A↙  %与A./B结果相同
ans =
        0.2000          0           0.5000
        0.3750          0.4444      0
```

应注意上述运算中两个矩阵的维数应相同. 至于标量与矩阵进行上述运算的含义. 例如,

```
>> 2.^A↙   %标量2相当于元素全为2的与A同维数的矩阵
ans =
        2     1     4
        8    16     1
>> A.^2↙
ans =
        1     0     4
        9    16     0
```

附录 B　线性代数中简单的数值计算

为了介绍线性方程组的迭代解法和矩阵的特征值与特征向量的近似算法，先学习矩阵序列、矩阵级数等基本概念.

B.1　矩 阵 级 数

B.1.1　矩阵级数的概念

本节在数列和数项级数的基础上，讨论矩阵序列和矩阵级数及矩阵序列和矩阵级数的收敛性问题，为了简单起见，省略结论的证明.

如果

$$\boldsymbol{A}^{(k)} = (a_{ij}^{(k)})_{m\times n}, \quad k=1,2,\cdots$$

都是 m 行 n 列的矩阵，称

$$\boldsymbol{A}^{(1)}, \boldsymbol{A}^{(2)}, \cdots, \boldsymbol{A}^{(k)}, \cdots \tag{B.1}$$

和

$$\sum_{k=1}^{\infty} \boldsymbol{A}^{(k)} = \boldsymbol{A}^{(1)} + \boldsymbol{A}^{(2)} + \cdots \tag{B.2}$$

分别为**矩阵序列**和**矩阵级数**.

定义 B.1　如果矩阵序列(B.1)满足

$$\lim_{k\to\infty} a_{ij}^{(k)} = a_{ij}, \quad i=1,2,\cdots,m; \quad j=1,2,\cdots,n,$$

称**矩阵序列** (B.1) **收敛**，并称 $\boldsymbol{A}=(a_{ij})_{m\times n}$ 为该**矩阵序列的极限**，记作

$$\lim_{k\to\infty} \boldsymbol{A}^{(k)} = \boldsymbol{A}.$$

定义 B.2　如果矩阵级数 (B.2) 的部分和序列

$$\boldsymbol{B}^{(k)} = \boldsymbol{A}^{(1)} + \boldsymbol{A}^{(2)} + \cdots + \boldsymbol{A}^{(k)}, \quad k=1,2,\cdots$$

收敛，称**矩阵级数** (B.2) **收敛**，并称 $\lim\limits_{k\to\infty} \boldsymbol{B}^{(k)} = \boldsymbol{B}$ 为该**矩阵级数的和**，记为

$$\sum_{k=1}^{\infty} \boldsymbol{A}^{(k)} = \boldsymbol{B} .$$

例如，已知矩阵序列 $\boldsymbol{A}^{(k)} = \begin{pmatrix} \dfrac{1}{2^k} & \dfrac{1}{k} \\ \dfrac{2k}{k+1} & \dfrac{1}{3^k} \end{pmatrix}$， $k=1,2,\cdots$， 则 $\lim\limits_{k\to\infty} \boldsymbol{A}^{(k)} = \begin{pmatrix} 0 & 0 \\ 2 & 0 \end{pmatrix}$.

例如，向量级数 $\sum\limits_{k=1}^{\infty}\left(\dfrac{1}{2^k},\dfrac{1}{k}\right)$ 是发散的，因为数项级数 $\sum\limits_{k=1}^{\infty}\dfrac{1}{k}$ 发散.

B.1.2 关于矩阵极限的几个基本定理

定理 B.1 对于 n 阶矩阵 $\boldsymbol{A}$， $\lim\limits_{k\to\infty} \boldsymbol{A}^k = \boldsymbol{O}$ 的充分必要条件是矩阵 $\boldsymbol{A}$ 的所有特征值的模小于 1.

引理 B.1 对于 n 阶方阵 $\boldsymbol{A}=(a_{ij})$，如果

$$\sum_{j=1}^{n} \left|a_{ij}\right| < 1, \quad i=1,2,\cdots,n, \tag{B.3}$$

或

$$\sum_{i=1}^{n} \left|a_{ij}\right| < 1, \quad j=1,2,\cdots,n \tag{B.4}$$

成立，则 $\boldsymbol{A}$ 的所有特征值的模均小于 1.

由引理 B.1 和定理 B.1，可得如下结论.

定理 B.2 如果矩阵 $\boldsymbol{A}=(a_{ij})_{n\times n}$ 满足

$$\sum_{j=1}^{n} \left|a_{ij}\right| < 1 \quad (i=1,2,\cdots,n) ,$$

或

$$\sum_{i=1}^{n} \left|a_{ij}\right| < 1 \quad (j=1,2,\cdots,n) ,$$

则 $\lim\limits_{k\to\infty} \boldsymbol{A}^k = \boldsymbol{O}$.

定理 B.3 矩阵级数 $\sum\limits_{k=0}^{\infty} \boldsymbol{A}^k$ 收敛的充分必要条件是 $\lim\limits_{k\to\infty} \boldsymbol{A}^k = \boldsymbol{O}$, 且当 $\lim\limits_{k\to\infty} \boldsymbol{A}^k = \boldsymbol{O}$ 时，有

$$\sum_{k=0}^{\infty} \boldsymbol{A}^k = (\boldsymbol{E}-\boldsymbol{A})^{-1} .$$

B.2　线性方程组的迭代法

在实际问题中，常常会遇到线性方程组的系数矩阵是大型的稀疏矩阵的情况. 对于高阶的稀疏矩阵，经过初等变换之后，一般不能保持它的稀疏性. 因此，利用初等变换解线性方程组的计算量非常大. 而线性方程组的迭代法是能够充分利用系数矩阵稀疏性特点的一种算法，从而该算法可以减少运算量.

B.2.1　线性方程组的迭代法的基本概念

设线性方程组为

$$\begin{cases} a_{11}x_1 + a_{12}x_2 + \cdots + a_{1n}x_n = b_1, \\ a_{21}x_1 + a_{22}x_2 + \cdots + a_{2n}x_n = b_2, \\ \cdots\cdots \\ a_{n1}x_1 + a_{n2}x_2 + \cdots + a_{nn}x_n = b_n, \end{cases} \tag{B.5}$$

用矩阵表示为

$$\boldsymbol{A}\boldsymbol{x} = \boldsymbol{b}, \tag{B.6}$$

其中 $\boldsymbol{A} = \begin{pmatrix} a_{11} & a_{12} & \cdots & a_{1n} \\ a_{21} & a_{22} & \cdots & a_{2n} \\ \vdots & \vdots & & \vdots \\ a_{n1} & a_{n2} & \cdots & a_{nn} \end{pmatrix}$ 称为线性方程组(B.5)的**系数矩阵**，$\boldsymbol{x} = (x_1, x_2, \cdots, x_n)^{\mathrm{T}}$ 称为线性方程组(B.5)的**解向量**，$\boldsymbol{b} = (b_1, b_2, \cdots, b_n)^{\mathrm{T}}$ 称为线性方程组(B.5)的**常数项向量**.

将线性方程组(B.5)或(B.6)转换形式(转换的形式不是唯一的)，并用矩阵表示为

$$\boldsymbol{x} = \boldsymbol{M}\boldsymbol{x} + \boldsymbol{f},$$

则线性方程组(B.5)或(B.6)的迭代格式为

$$\boldsymbol{x}^{(k+1)} = \boldsymbol{M}\boldsymbol{x}^{(k)} + \boldsymbol{f}, \quad k = 0, 1, 2, \cdots, \tag{B.7}$$

其中 $\boldsymbol{M}$ 称为迭代格式(B.7)的**迭代矩阵**，$\boldsymbol{f}$ 称为迭代格式(B.7)的**常数项**.

由迭代格式(B.7)计算向量序列 $\{\boldsymbol{x}^{(k)}\}$ 的方法称为**迭代方法**. 可以证明如果向量序列 $\{\boldsymbol{x}^{(k)}\}$ 收敛，则收敛于线性方程组(B.6)的准确解，此时称**迭代格式 (B.7) 收敛或迭代方法收敛**.

下面举例说明线性方程组的迭代解法.

例 B.1　用迭代法，计算线性方程组

$$\begin{cases}20x_1+x_2+4x_3-2x_4=23,\\-2x_1+12x_2+x_3-x_4=10,\\x_1+2x_2+21x_3+3x_4=27,\\x_1+x_2+3x_3+11x_4=16\end{cases}$$

的近似解，并观察所使用迭代方法的收敛性. 该线性方程组的准确解为 $\boldsymbol{x}=(1,1,1,1)^{\mathrm{T}}$.

解 将上述线性方程组转化为

$$\begin{cases}x_1=-\dfrac{1}{20}x_2-\dfrac{1}{5}x_3+\dfrac{1}{10}x_4+\dfrac{23}{20},\\x_2=\dfrac{1}{6}x_1-\dfrac{1}{12}x_3+\dfrac{1}{12}x_4+\dfrac{5}{6},\\x_3=-\dfrac{1}{21}x_1-\dfrac{2}{21}x_2-\dfrac{3}{21}x_4+\dfrac{27}{21},\\x_4=-\dfrac{1}{11}x_1-\dfrac{1}{11}x_2-\dfrac{3}{11}x_3+\dfrac{16}{11},\end{cases}$$

并用矩阵表示为

$$\boldsymbol{x}=\boldsymbol{M}\boldsymbol{x}+\boldsymbol{f},$$

其中矩阵 $\boldsymbol{M}=\begin{pmatrix}0&-\dfrac{1}{20}&-\dfrac{1}{5}&\dfrac{1}{10}\\\dfrac{1}{6}&0&-\dfrac{1}{12}&\dfrac{1}{12}\\-\dfrac{1}{21}&-\dfrac{2}{21}&0&-\dfrac{3}{21}\\-\dfrac{1}{11}&-\dfrac{1}{11}&-\dfrac{3}{11}&0\end{pmatrix}$，常数项 $\boldsymbol{f}=\begin{pmatrix}\dfrac{23}{20}\\\dfrac{5}{6}\\\dfrac{27}{21}\\\dfrac{16}{11}\end{pmatrix}$.

从而线性方程组的迭代格式为

$$\boldsymbol{x}^{(k+1)}=\boldsymbol{M}\boldsymbol{x}^{(k)}+\boldsymbol{f},\quad k=0,1,2,\cdots,\tag{B.8}$$

其中 $\boldsymbol{M}$ 为迭代格式的迭代矩阵，$\boldsymbol{f}$ 为迭代格式的常数项.

取 $\boldsymbol{x}^{(0)}=(0,0,0,0)^{\mathrm{T}}$ 作为初始解向量，计算得该方程组的一系列近似解如下:

$$\boldsymbol{x}^{(1)}=(1.1500,0.8333,1.2857,1.4545)^{\mathrm{T}},$$

$$\boldsymbol{x}^{(2)}=(0.9966,1.0391,0.9438,0.9236)^{\mathrm{T}},$$

$$\boldsymbol{x}^{(3)}=(1.0016,0.9978,1.0074,1.0121)^{\mathrm{T}},$$

$$\boldsymbol{x}^{(4)}=(0.9998,1.0007,0.9984,0.9980)^{\mathrm{T}},$$

$$\boldsymbol{x}^{(5)}=(1.0001,0.9999,1.0002,1.0004)^{\mathrm{T}},$$

$$x^{(6)}=(1.0000,1.0000,0.9999,0.9999)^{\mathrm{T}},$$

$$x^{(7)}=(1.0000,1.0000,1.0000,1.0000)^{\mathrm{T}}.$$

由上可知，由迭代格式(B.8)计算的向量序列收敛，并且收敛于线性方程的准确解.

如果将上述线性方程组转化为如下形式

$$\begin{cases}x_1=-19x_1-x_2-4x_3+2x_4+23,\\ x_2=2x_1-11x_2-x_3+x_4+10,\\ x_3=-x_1-2x_2-20x_3-3x_4+27,\\ x_4=-x_1-x_2-3x_3-10x_4+16,\end{cases}$$

并用矩阵表示为

$$\boldsymbol{x}=\boldsymbol{M}\boldsymbol{x}+\boldsymbol{f},$$

其中矩阵 $\boldsymbol{M}=\begin{pmatrix}-19&-1&-4&2\\2&-11&-1&1\\-1&-2&-20&-3\\-1&-1&-3&-10\end{pmatrix}$，$\boldsymbol{f}=\begin{pmatrix}23\\10\\27\\16\end{pmatrix}$.

线性方程组的迭代格式为

$$\boldsymbol{x}^{(k+1)}=\boldsymbol{M}\boldsymbol{x}^{(k)}+\boldsymbol{f},\quad k=0,1,2,\cdots, \tag{B.9}$$

其中 $\boldsymbol{M}$ 为迭代格式的迭代矩阵，$\boldsymbol{f}$ 为迭代格式的常数项.

取 $\boldsymbol{x}^{(0)}=(0,0,0,0)^{\mathrm{T}}$ 作为初始解向量，计算得该方程组的一系列近似解如下.

$$\boldsymbol{x}^{(1)}=(23,10,27,16)^{\mathrm{T}},$$

$$\boldsymbol{x}^{(2)}=(-500,-65,-604,-258)^{\mathrm{T}},$$

$$\boldsymbol{x}^{(3)}=(11488,71,13511,4973)^{\mathrm{T}},$$

$$\boldsymbol{x}^{(4)}=(-262418,-13667,-296742,-101806)^{\mathrm{T}},$$

$$\boldsymbol{x}^{(5)}=(5955654,-480227,6475369,2157053)^{\mathrm{T}},$$

$$\boldsymbol{x}^{(6)}=(-134264546,12875499,-140973712,-46472048)^{\mathrm{T}}.$$

再继续计算可以看出，由迭代格式(B.9)计算的向量序列不收敛.

下面仅介绍线性方程组的迭代格式收敛的基本条件.

B.2.2 线性方程组的迭代格式收敛的条件

定理 B.4 线性方程组的迭代格式 (B.7) 计算的向量序列 $\{\boldsymbol{x}^{(k)}\}$ 收敛的充分必要条件是迭代矩阵 $\boldsymbol{M}$ 的特征值的模均小于 1.

由引理 B.1，可得如下结论.

定理 B.5 如果线性方程组的迭代格式(B.7)的迭代矩阵 $\boldsymbol{M}=(m_{ij})_{n\times n}$ 满足

$$\sum_{j=1}^{n}\left|m_{ij}\right|<1, \quad i=1,2,\cdots,n$$

或

$$\sum_{i=1}^{n}\left|m_{ij}\right|<1, \quad j=1,2,\cdots,n,$$

则迭代格式(B.7)收敛.

B.3 矩阵的特征值和特征向量的近似算法

振动问题、稳定问题和许多工程实际问题的求解，最终归结为求某些矩阵的特征值和特征向量的问题. 由于计算矩阵的特征值需要使用矩阵的特征多项式，但当矩阵的阶数比较高时，高次多项式的根很难求出，并且这种方法对舍入误差非常敏感，对最终的结果影响特别大；实际上，某些问题只需要计算矩阵的特殊特征值的近似值，比如求矩阵的按模最大或最小的特征值和相应的特征向量的近似值. 下面介绍计算矩阵的特殊特征值和特征向量的近似算法.

B.3.1 幂法

幂法是通过计算矩阵的近似特征向量，从而求出矩阵的特征值的近似值的一种迭代法. 它主要用于计算大型稀疏矩阵的按模最大的特征值及其相应的特征向量的近似值问题. 其优点是算法简单，容易在机器上实现；缺点是收敛速度较慢，其有效性依赖于矩阵的特征值的分布情况.

假设 n 阶矩阵 $\boldsymbol{A}$ 能对角化，且矩阵 $\boldsymbol{A}$ 的 n 个特征值按模的大小依次为

$$|\lambda_1|\geqslant|\lambda_2|\geqslant\cdots\geqslant|\lambda_n|,$$

其相应的特征向量依次为

$$\boldsymbol{\alpha}_1,\boldsymbol{\alpha}_2,\cdots,\boldsymbol{\alpha}_n,$$

并且 $\boldsymbol{\alpha}_1,\boldsymbol{\alpha}_2,\cdots,\boldsymbol{\alpha}_n$ 线性无关，则

$$\boldsymbol{A}\boldsymbol{\alpha}_i=\lambda_i\boldsymbol{\alpha}_i, \quad i=1,2,\cdots,n.$$

对于任意 n 维非零的列向量 $\boldsymbol{\alpha}^{(0)}$，存在常数 $c_1,c_2,\cdots,c_n$，使

$$\boldsymbol{\alpha}^{(0)}=c_1\boldsymbol{\alpha}_1+c_2\boldsymbol{\alpha}_2+\cdots+c_n\boldsymbol{\alpha}_n.$$

不妨假定 $c_1\neq 0$ (否则重新取 $\boldsymbol{\alpha}^{(0)}$)，迭代公式为

$$\boldsymbol{\alpha}^{(k+1)}=\boldsymbol{A}\boldsymbol{\alpha}^{(k)}, \quad k=0,1,2,\cdots, \tag{B.10}$$

则

$$\boldsymbol{\alpha}^{(k)}=\boldsymbol{A}\boldsymbol{\alpha}^{(k-1)}=\boldsymbol{A}^2\boldsymbol{\alpha}^{(k-2)}=\cdots=\boldsymbol{A}^k\boldsymbol{\alpha}^{(0)}$$
$$=\boldsymbol{A}^k(c_1\boldsymbol{\alpha}_1+c_2\boldsymbol{\alpha}_2+\cdots+c_n\boldsymbol{\alpha}_n).$$

根据 $\boldsymbol{A}\boldsymbol{\alpha}_i=\lambda_i\boldsymbol{\alpha}_i(i=1,2,\cdots,n)$，得

$$\boldsymbol{\alpha}^{(k)}=c_1\lambda_1^k\boldsymbol{\alpha}_1+c_2\lambda_2^k\boldsymbol{\alpha}_2+\cdots+c_n\lambda_n^k\boldsymbol{\alpha}_n. \tag{B.11}$$

为简单起见，下面讨论 n 阶矩阵 $\boldsymbol{A}$ 的特征值的几种特殊情况.

1. 矩阵 A 的按模最大的特征值 λ_1 是单实根

此时，式(B.11)可转化为

$$\boldsymbol{\alpha}^{(k)}=\lambda_1^k\left[c_1\boldsymbol{\alpha}_1+c_2\left(\frac{\lambda_2}{\lambda_1}\right)^k\boldsymbol{\alpha}_2+\cdots+c_n\left(\frac{\lambda_n}{\lambda_1}\right)^k\boldsymbol{\alpha}_n\right],$$

由于 $c_1\neq 0,\left|\frac{\lambda_i}{\lambda_1}\right|<1(i\geqslant 2)$，当 k 充分大时，

$$\boldsymbol{\alpha}^{(k)}\approx\lambda_1^k c_1\boldsymbol{\alpha}_1,$$

则

$$\boldsymbol{\alpha}^{(k+1)}\approx\lambda_1^{k+1}c_1\boldsymbol{\alpha}_1\approx\lambda_1\boldsymbol{\alpha}^{(k)}, \tag{B.12}$$

从而

$$\lambda_1\approx\left(\boldsymbol{\alpha}^{(k+1)}\right)_j\Big/\left(\boldsymbol{\alpha}^{(k)}\right)_j\quad(j=1,2,\cdots,n), \tag{B.13}$$

其中 $(\boldsymbol{\alpha}^{(k)})_j\ (j=1,2,\cdots,n)$ 表示 $\boldsymbol{\alpha}^{(k)}$ 的第 j 个分量.

利用(B.10)和(B.12)，可得

$$\boldsymbol{A}\boldsymbol{\alpha}^{(k)}\approx\lambda_1\boldsymbol{\alpha}^{(k)},$$

因此，$\boldsymbol{\alpha}^{(k)}$ 是矩阵 $\boldsymbol{A}$ 的特征值 λ_1 对应的特征向量的近似值.

这种求矩阵 $\boldsymbol{A}$ 的按模最大的特征值和相应的特征向量的近似值的方法称为**幂法**.

从上面的分析可以看出，幂法的收敛速度虽然与初始向量 $\boldsymbol{\alpha}^{(0)}$ 的选择有关，但更主要地依赖于比值 $|\lambda_2/\lambda_1|$. 比值 $|\lambda_2/\lambda_1|$ 越小，收敛越快；当比值接近于 1 时，收敛速度会很慢，这是幂法的缺点. 在收敛慢的情况下，可以利用矩阵的特征值的性质，采用原点移位法的方法加速收敛.

2. 矩阵 A 的按模最大的特征值是实数，但不是单根

不妨设 $\lambda_1=-\lambda_2$，$|\lambda_1|>|\lambda_i|\ (i=3,4,\cdots,n)$. 式(B.11)可化为

$$\boldsymbol{\alpha}^{(k)}=\lambda_1^k\left[c_1\boldsymbol{\alpha}_1+(-1)^k c_2\boldsymbol{\alpha}_2+\sum_{i=3}^{n}c_i\left(\frac{\lambda_i}{\lambda_1}\right)^k\boldsymbol{\alpha}_i\right],$$

当 k 充分大时，上式可以转化为

$$\boldsymbol{\alpha}^{(k)} \approx \lambda_1^k\left[c_1\boldsymbol{\alpha}_1+(-1)^k c_2\boldsymbol{\alpha}_2\right]. \tag{B.14}$$

从式(B.14)可以看出，向量序列 $\{\boldsymbol{\alpha}^{(k)}\}$ 的分量变化规律和情况 1 不同，序列的分量随 k 的增大而发生规律性摆动，出现时大时小的情况.

由式(B.14)可知

$$\boldsymbol{\alpha}^{(k+2)} \approx \lambda_1^{k+2}\left[c_1\boldsymbol{\alpha}_1+(-1)^{k+2} c_2\boldsymbol{\alpha}_2\right] \approx \lambda_1^2\boldsymbol{\alpha}^{(k)},$$

从而

$$\lambda_1^2 \approx \left(\boldsymbol{\alpha}^{(k+2)}\right)_j \Big/ \left(\boldsymbol{\alpha}^{(k)}\right)_j \quad 或 \quad \left|\lambda_1\right| \approx \sqrt{\left(\boldsymbol{\alpha}^{(k+2)}\right)_j \Big/ \left(\boldsymbol{\alpha}^{(k)}\right)_j}, \quad j=1,2,\cdots,n, \tag{B.15}$$

根据式(B.14)，可得

$$\boldsymbol{\alpha}^{(k+1)}+\lambda_1\boldsymbol{\alpha}^{(k)} \approx 2\lambda_1^{k+1}c_1\boldsymbol{\alpha}_1, \quad \boldsymbol{\alpha}^{(k+1)}-\lambda_1\boldsymbol{\alpha}^{(k)} \approx 2\lambda_1^{k+1}c_2\boldsymbol{\alpha}_2,$$

因此，$\boldsymbol{\alpha}^{(k+1)}+\lambda_1\boldsymbol{\alpha}^{(k)}$ 和 $\boldsymbol{\alpha}^{(k+1)}-\lambda_1\boldsymbol{\alpha}^{(k)}$ 分别是矩阵 $\boldsymbol{A}$ 的与特征值 λ_1 和 λ_2 对应的特征向量的近似值.

3. 矩阵 $\boldsymbol{A}$ 的按模最大的特征值是一对共轭复数

为说明问题方便起见，假设矩阵 $\boldsymbol{A}$ 的特征值中只有一对共轭复数. 由于所讨论的矩阵 $\boldsymbol{A}$ 是实矩阵，若特征值 $\lambda_1=\rho\mathrm{e}^{\mathrm{i}\theta}$，则必有 $\lambda_2=\overline{\lambda}_1=\rho\mathrm{e}^{-\mathrm{i}\theta}$ (其中 $\overline{\lambda}_1$ 表示 λ_1 的共轭复数，以下类同)，并且 $\boldsymbol{\alpha}_2=\overline{\boldsymbol{\alpha}}_1$，因此任意的 n 维非零列向量 $\boldsymbol{\alpha}^{(0)}$ 总可表示为

$$\boldsymbol{\alpha}^{(0)}=c_1\boldsymbol{\alpha}_1+\overline{c}_1\overline{\boldsymbol{\alpha}}_1+c_3\boldsymbol{\alpha}_3+\cdots+c_n\boldsymbol{\alpha}_n.$$

不妨假定 $c_1 \neq 0$ (否则重新取 $\boldsymbol{\alpha}^{(0)}$)，从而

$$\begin{aligned}\boldsymbol{\alpha}^{(k)} &= c_1\lambda_1^k\boldsymbol{\alpha}_1+\overline{c}_1\overline{\lambda}_1^k\overline{\boldsymbol{\alpha}}_1+c_3\lambda_3^k\boldsymbol{\alpha}_3+\cdots+c_n\lambda_n^k\boldsymbol{\alpha}_n \\ &= \rho^k\left[c_1\boldsymbol{\alpha}_1\mathrm{e}^{\mathrm{i}k\theta}+\overline{c}_1\overline{\boldsymbol{\alpha}}_1\mathrm{e}^{-\mathrm{i}k\theta}+\sum_{i=3}^{n}c_i\left(\frac{\lambda_i}{\rho}\right)^k\boldsymbol{\alpha}_i\right],\end{aligned}$$

当 k 充分大时，上式可以转化为

$$\boldsymbol{\alpha}^{(k)} \approx \rho^k\left[c_1\boldsymbol{\alpha}_1\mathrm{e}^{\mathrm{i}k\theta}+\overline{c}_1\overline{\boldsymbol{\alpha}}_1\mathrm{e}^{-\mathrm{i}k\theta}\right]. \tag{B.16}$$

设向量 $c_1\boldsymbol{\alpha}_1$ 的第 j 个分量为 $r_j\mathrm{e}^{\mathrm{i}\phi}(j=1,2,\cdots,n)$，根据(B.16)，得

$$\left(\alpha^{(k)}\right)_j \approx \rho^k\left(r_j\mathrm{e}^{\mathrm{i}\phi}\mathrm{e}^{\mathrm{i}k\theta}+r_j\mathrm{e}^{-\mathrm{i}\phi}\mathrm{e}^{-\mathrm{i}k\theta}\right)=2\rho^k r_j\cos(\phi+k\theta), \tag{B.17}$$

由(B.17)可知，随着 k 的增大，$\left(\boldsymbol{\alpha}^{(k)}\right)_j$ 的变化是不规则的，这与情况 1 和情况 2 都不同，并且

$$\left(\boldsymbol{\alpha}^{(k+1)}\right)_j \approx 2\rho^{k+1} r_j \cos\left[\phi+(k+1)\theta\right],$$

$$\left(\boldsymbol{\alpha}^{(k+2)}\right)_j \approx 2\rho^{k+2} r_j \cos\left[\phi+(k+2)\theta\right].$$

由于 $\lambda_1+\lambda_2=2\rho\cos\theta, \lambda_1\lambda_2=\rho^2$，从而

$$\left(\boldsymbol{\alpha}^{(k+2)}\right)_j+(\lambda_1+\lambda_2)\left(\boldsymbol{\alpha}^{(k+1)}\right)_j+\lambda_1\lambda_2\left(\boldsymbol{\alpha}^{(k)}\right)_j \approx 0, \quad j=1,2,\cdots,n. \tag{B.18}$$

在(B.18)中，令 $\lambda_1+\lambda_2=p,\ \lambda_1\lambda_2=q$，从方程组(B.18)中任取两个方程解 p 和 q 或用最小二乘原理解 p 和 q，再计算

$$\lambda_1=-\frac{p}{2}+\mathrm{i}\sqrt{q^2-\left(\frac{p}{2}\right)^2}, \quad \lambda_2=-\frac{p}{2}-\mathrm{i}\sqrt{q^2-\left(\frac{p}{2}\right)^2}.$$

根据式(B.16)，容易检验

$$\boldsymbol{\alpha}^{(k+1)}-\lambda_2\boldsymbol{\alpha}^{(k)} \approx \lambda_1^k(\lambda_1-\lambda_2)c_1\boldsymbol{\alpha}_1,$$

$$\boldsymbol{\alpha}^{(k+1)}-\lambda_1\boldsymbol{\alpha}^{(k)} \approx \lambda_2^k(\lambda_2-\lambda_1)\overline{c_1}\overline{\boldsymbol{\alpha}}_1,$$

因此，$\boldsymbol{\alpha}^{(k+1)}-\lambda_2\boldsymbol{\alpha}^{(k)}$ 和 $\boldsymbol{\alpha}^{(k+1)}-\lambda_1\boldsymbol{\alpha}^{(k)}$ 分别是矩阵 $\boldsymbol{A}$ 的与特征值 λ_1 和 λ_2 对应的特征向量的近似值.

例 B.2　用幂法计算矩阵

$$\boldsymbol{A}=\begin{pmatrix}1 & 2 & 3\\ 2 & 1 & 3\\ 3 & 3 & 6\end{pmatrix}$$

的按模最大的特征值与相应的特征向量的近似值(迭代 5 次).

解　取初始向量 $\boldsymbol{\alpha}^{(0)}=(1,0,0)^{\mathrm{T}}$，迭代公式为

$$\boldsymbol{\alpha}^{(k+1)}=\boldsymbol{A}\boldsymbol{\alpha}^{(k)}, \quad k=0,1,2,3,4.$$

计算结果，如表 B.1 所示.

表 B.1　5 次迭代得到的向量序列的分量结果

迭代次数	$\left(\boldsymbol{\alpha}^{(k)}\right)_1$	$\left(\boldsymbol{\alpha}^{(k)}\right)_2$	$\left(\boldsymbol{\alpha}^{(k)}\right)_3$
1	1	2	3
2	14	13	27
3	121	122	243
4	1094	1093	2187
5	9841	9842	19683

由表 B.1 可见，矩阵 $\boldsymbol{A}$ 的按模最大的特征值的近似值为

$$\lambda \approx \frac{1}{3}\left(\frac{9841}{1094}+\frac{9842}{1093}+\frac{19683}{2187}\right) \approx 9.0000 ,$$

相应的特征向量的近似值为 $\boldsymbol{\alpha}=(1094, 1093, 2187)^{\mathrm{T}}$.

B.3.2 反幂法

反幂法是用来求矩阵 $\boldsymbol{A}$ 的按模最小的特征值和特征向量的近似值的方法. 设矩阵 $\boldsymbol{A}$ 没有零特征值，则 $\boldsymbol{A}^{-1}$ 存在. 若 $\boldsymbol{A}$ 的特征值为 $\lambda_i(i=1,2,\cdots,n)$, $\boldsymbol{\alpha}_i$ 是相应的特征向量，则 $\dfrac{1}{\lambda_i}(i=1,2,\cdots,n)$ 为 $\boldsymbol{A}^{-1}$ 的特征值，相应的特征向量仍为 $\boldsymbol{\alpha}_i$. 由此可知，若 λ_n 是矩阵 $\boldsymbol{A}$ 按模最小的特征值，则 $\dfrac{1}{\lambda_n}$ 就是矩阵 $\boldsymbol{A}^{-1}$ 的按模最大的特征值，于是计算矩阵 $\boldsymbol{A}$ 的按模最小的特征值转为计算 $\boldsymbol{A}^{-1}$ 的按模最大的特征值. 用幂法求矩阵 $\boldsymbol{A}^{-1}$ 的按模最大的特征值，从而得到 $\boldsymbol{A}$ 的按模最小的特征值的方法称为**反幂法**.

任取初始向量 $\boldsymbol{\alpha}^{(0)}$，令

$$\boldsymbol{\alpha}^{(k+1)}=\boldsymbol{A}^{-1}\boldsymbol{\alpha}^{(k)}, \quad k=0,1,2,\cdots , \tag{B.19}$$

计算出向量序列 $\left\{\boldsymbol{\alpha}^{(k)}\right\}$，从而求出 $\boldsymbol{A}^{-1}$ 按模最大的特征值 $\dfrac{1}{\lambda_n}$ 及相应的特征向量 $\boldsymbol{\alpha}_n$，即求出了矩阵 $\boldsymbol{A}$ 按模最小的特征值 λ_n 及相应的特征向量 $\boldsymbol{\alpha}_n$.

用(B.19)计算向量序列 $\left\{\boldsymbol{\alpha}^{(k)}\right\}$ 时，首先计算出 $\boldsymbol{A}^{-1}$，但是对于实际问题中产生的矩阵 $\boldsymbol{A}$，其逆矩阵 $\boldsymbol{A}^{-1}$ 不一定很容易计算，为了克服这种困难，在实际运算时，通常将(B.19)改写为

$$\boldsymbol{A}\boldsymbol{\alpha}^{(k+1)}=\boldsymbol{\alpha}^{(k)}, \quad k=0,1,2,\cdots . \tag{B.20}$$

当 $\boldsymbol{\alpha}^{(k)}$ 已知的条件下，通过解线性方程组(B.20)确定 $\boldsymbol{\alpha}^{(k+1)}$，从而计算出向量序列 $\left\{\boldsymbol{\alpha}^{(k)}\right\}$，然后得到 $\boldsymbol{A}^{-1}$ 按模最大的特征值 $\dfrac{1}{\lambda_n}$ 及相应的特征向量 $\boldsymbol{\alpha}_n$ 的近似值，最后得到 $\boldsymbol{A}$ 的按模最小的特征值 λ_n 和相应的特征向量 $\boldsymbol{\alpha}_n$ 的近似值.